"十四五"职业教育国家规划教材

机床维修电工

（第3版）

主　编　董国军　胥　进　李建君
副主编　敬瑞雪　刘清华　何寿廷
　　　　李柠灼
主　审　范　军

北京理工大学出版社
BEIJING INSTITUTE OF TECHNOLOGY PRESS

内容简介

本书以项目为载体，项目由浅到深，由单一技能到综合技能，循序渐进，难度呈螺旋式上升，每个项目包含“任务书”“学习指导”“工作单”和“课后练习”，设计新颖，项目贴近企业实际，完成项目的过程就是企业工作任务流程。

项目一和项目二作为基础电工和维修电工入门基础知识，项目三至项目十是对维修电工进行单项电路安装训练，项目十一是以 CDS6132 车床为例，对车床维修进行综合实训，项目十二介绍电动机点动运行 PLC 控制。

本书既可作为中职机电类专业用书，也可作为维修电工工作手册、职业技能鉴定参考书。

图书在版编目（CIP）数据

机床维修电工/董国军，胥进，李建君主编. —3版. —北京：北京理工大学出版社，2023.7重印

ISBN 978-7-5682-7771-6

Ⅰ.①机…　Ⅱ.①董…　②胥…　③李…　Ⅲ.①机床-电气控制装置-维修　Ⅳ.①TG502.7

中国版本图书馆CIP数据核字（2019）第239853号

出版发行 / 北京理工大学出版社有限责任公司
社　　址 / 北京市海淀区中关村南大街 5 号
邮　　编 / 100081
电　　话 / （010）68914775（总编室）
（010）82562903（教材售后服务热线）
（010）68944723（其他图书服务热线）
网　　址 / http：//www.bitpress.com.cn
经　　销 / 全国各地新华书店
印　　刷 / 定州启航印刷有限公司
开　　本 / 710 毫米 ×1000 毫米　1/16
印　　张 / 14
字　　数 / 320 千字
版　　次 / 2023 年 7 月第 3 版第 2 次印刷
定　　价 / 39.00 元

责任编辑 / 陆世立
文案编辑 / 陆世立
责任校对 / 周瑞红
责任印制 / 边心超

前言

党的二十大报告提出："教育、科技、人才是全面建设社会主义现代化国家的基础性、战略性支撑。必须坚持科技是第一生产力、人才是第一资源、创新是第一动力，深入实施科教兴国战略、人才强国战略、创新驱动发展战略，开辟发展新领域新赛道，不断塑造发展新动能新优势。"本书以党的二十大报告精神为指导，以落实立德树人为根本任务，以培养适应社会主义现代化的机电行业创新人才为目标，结合教育部颁布的中等职业学校专业教学标准和课程思政要求，参照国家职业技能标准和行业职业技能鉴定有关要求编写而成。为了适应新时代职业教育发展新要求，深入推进课程思政进教材，达到知识传授与技术技能培养并重，适应三教改革，专业建设，课程建设，教学模式改革，保障教材质量，本课程从内容和形式上进行了大胆创新，整书贯彻"工作过程导向"的设计思路，遵循"学用结合、学以致用"的原则，突出实用性和实践性，采用"项目教学法"，结合生产、生活实际，使每一教学内容有具体的项目、形象的描述、明确的任务，强调教学内容与生产生活实际的紧密联系，重构全新的教材内容体系，激发学习兴趣，注重学生基本职业技能与职业素养的培养。

本书主要任务是使学生掌握电工基础知识和技能，熟悉机床维修电工的基础知识、识别和绘制电气控制电路图和对机床进行简单故障的维修的基本技能，使学生具有识读电气控制电路图和对机床电气故障进行维修的能力，具备一定的空间想象能力、空间思维能力和创新思维能力，形成严谨细致的工作作风，为以后从事机床操作和维修工作，以及学生职业生涯的发展奠定基础。

本书以项目为载体，每个项目的实训任务可以作为职业技能鉴定的模拟题，也可以作为技能项目模拟赛题，后面配有评分表，评分表是按照技能大赛要求和职业技能鉴定标准设置的，可以对照检验本项目的掌握情况。本书以理论为辅，实训为主，坚持"做中学，学中做"，大力培育和弘扬新时代工匠精神。前面简单的项目可以上连堂课，2 至 4 节课时为宜，后面有难度的项目可以参考工作单的课时。

本书项目 1、项目 11 由特级教师、正高级教师董国军编写，项目 2、项目 7

由特级教师胥进编写，项目3由李建君老师编写，项目4由高级教师刘清华编写，项目5、项目6由高级教师敬瑞雪编写，项目8、项目9由企业总工程师何寿廷编写。李柠灼对全书进行了修订和课程思政内容的补充工作。全书由范军教授主审。

由于编者经验和水平所限，本书难免存在不足和错漏之处，诚请有关专家、读者批评指正。

编　者

目　录

项目 1　供电与用电

新中国成立以来，我国电力事业得到了飞跃式的发展。我国发电量从 1949 年低于印度 43 亿千瓦到 2021 年世界第一的 8 万亿千瓦，电能已经成为人们日常生活和工作中不可缺少的能源，有力地保障了人民的幸福生活。电到底是怎样产生的？发电过程和送电过程是怎样的？我们在使用过程中又应该注意些什么？接下来我们就去寻找这些答案吧。

1.1　任务书

一、任务单

<table>
<tr><td>项目 1</td><td>供电与用电</td><td>工作任务</td><td colspan="2">1. 安全用电与节约用电；
2. 触电急救</td></tr>
<tr><td>学习内容</td><td colspan="2">1. 安全操作；
2. 防雷技术；
3. 预防触电；
4. 人工急救</td><td>教学时间/学时</td><td>6</td></tr>
<tr><td>学习目标</td><td colspan="4">1. 了解安全用电的要求；
2. 能说出触电种类和方式；
3. 能列举 5 条以上安全用电和节约用电的方法；
4. 能及时、正确处理触电现场，会实施人工呼吸</td></tr>
<tr><td rowspan="6">思考题</td><td colspan="4">1. 发电形式有哪些？</td></tr>
<tr><td colspan="4"></td></tr>
<tr><td colspan="4">2. 电工安全操作规程有哪些？</td></tr>
<tr><td colspan="4"></td></tr>
<tr><td colspan="4">3. 如何正确实施触电急救？</td></tr>
<tr><td colspan="4"></td></tr>
</table>

二、资讯途径

序号	资讯类型	序号	资讯类型
1	上网查询	4	观摩现场急救演练
2	安全用电常识	5	查阅相关电工材料手册
3	电工安全操作规程		

1.2 学习指导

一、训练目的

（1）知晓电工安全操作规程。
（2）能正确实施人工呼吸。
（3）能正确实施胸外心脏按压。
（4）增强安全观念、树立自护、自救的观念。

二、训练重点及难点

（1）电工安全操作规程。
（2）触电急救。

三、供电与用电的相关理论知识

（一）供电与配电知识

供电与配电需要电力系统来完成，电力系统是指将发电厂、变/配电所和电力用户联系起来，形成发电、送电、变电、配电和用电的一个系统。电能一般由发电厂产生，经过升压变压器升压后，再由输电线路输至区域变电所，经区域变电所降压后，再供给各用户使用，如图 1-1 所示。

发电过程是将其他形式的能转换成电能的过程，包括火力发电、水力发电和原子能发电等。我国由发电厂提供的电能绝大多数是正弦交流电，其频率为 50 Hz，

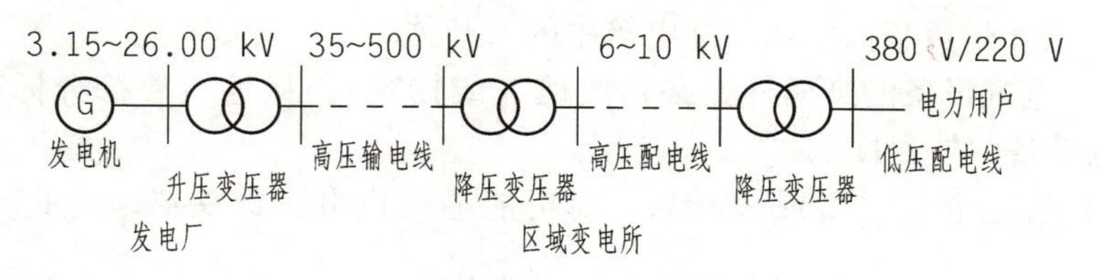

图 1-1 发电、输电和配电系统框图

又称“工频”。

送电过程是指电能的输送过程。送电的距离越长，送电的容量越大，则送电的电压就要升得越高。一般情况下，送电距离在 50 km 以下时，采用 35 kV 电压；送电距离在 100 km 左右时，采用 110 kV 电压；送电距离在 2 000 km 以上时，采用 220 kV 或更高电压。电能的输送要经过变、输、配三个环节。变电指变换电压等级，它可分为升压和降压两种。变电通常是由变电站（所）来完成的，相应地可分为升压变电站（所）和降压变电站（所）。输电指电力的输送，一般由输电电网来实现，输电电网通常由 35 kV 及以上的输电线路和与其相连的变电站组成。配电指电力的分配，通常由配电电网来实现，配电电网一般由 10 kV 以下的配电线路组成，现有的配电电压等级为 10 kV，6 kV，3 kV，380 V/220 V 等多种，农村常采用 10 kV/0. 4 kV 变/配电站及 380 V/220 V 配电线路。

（二）电工安全操作规程

为了确保用电安全，电工不仅要了解供电与配电知识，还应熟悉安全操作规程。

（1）工作前必须检查工具、测量仪表和防护用具是否完好。

（2）任何电气设备内部未经验明无电时，一律应视为有电，不准用手触及。

（3）不准在运行中拆卸、修理电气设备。检修电气设备时必须停车，切断电源，验明无电后，方可取下熔丝（体），挂上“禁止合闸，有人工作”的警示牌。

（4）在总配电盘及母线上进行工作时，验明无电后应挂临时接地线，装拆接地线必须由值班电工进行。

（5）临时工作中断后或每班开始工作前，必须重新检查电源是否已断开，并确保无电。

（6）由专门检修人员修理电气设备时，值班电工要负责进行登记，完工后要做好交代，共同检查，然后方可送电。

（7）低压配电设备上带电进行工作时，必须经领导批准，并有专人监护。

（8）工作时要戴安全帽，穿长袖衣服，戴绝缘手套，使用绝缘工具，并站在绝缘物上进行操作，邻相带电部分和接地金属部分应用绝缘板隔开。严禁使用锉刀、钢尺等金属工具进行工作。

(9) 禁止带负载操作动力配电箱中的刀开关。

(10) 电气设备的金属外壳必须接地（或接零），接地线要符合标准，不准断开带电设备的外壳接地线。

(11) 拆除电气设备或线路后，对可能继续供电的线头必须立即用绝缘布包好。

(12) 安装灯头时，开关必须接在相线上，灯头（座）螺纹端必须接在零线上。

(13) 对临时装设的电气设备，必须将金属外壳接地。严禁将电动工具的外壳接地线和工作零线接在一起插入插座。必须使用两线带地或三线插座，或者将外壳接地线单独接到干线上，以防接触不良引起外壳带电。

(14) 动力配电盘、配电箱、开关、变压器等各种电气设备附近，不准堆放易燃、易爆、潮湿和其他影响操作的物件。

(15) 熔断器的容量要与设备和线路安装容量相适应。

(16) 使用梯子时，梯子与地面之间的角度以60°左右为宜。在水泥地面上使用梯子时，要有防滑措施。

(17) 使用喷灯时，油量不得超过容器容积的3/4，打气要适当，不得使用漏油、漏气的喷灯，不准在易燃、易爆物品的附近将喷灯点燃。

(18) 使用一类电动工具时，要戴绝缘手套，并站在绝缘垫上。

(19) 用橡胶软电缆接移动设备时，专供保护接零的芯线中不许有工作电流通过。

(20) 当电气设备发生火灾时，要立刻切断电源，然后使用“1211”灭火器或二氧化碳灭火器灭火，严禁用水或泡沫灭火器灭火。

(三) 节约用电的意义和措施

节约用电是指在满足生产、生活所必需的用电条件下，减少电能的消耗，提高用户的电能利用率和减少供电网络的电能损耗。供电网络的电能损耗包括供电线路上的电能损耗、变压器的电能损耗及因管理不善而造成的供电系统中跑、冒、滴、漏等现象。

1. 节约用电的意义

(1) 可节约发电所需的一次能源（电能是由一次能源转换而成的二次能源），从而降低能源和交通运输的紧张程度。

(2) 耗电量的减少可以使发电、输电、变电、配电所需要的设备容量减少，这意味着节约国家在能源方面的投资。

(3) 依靠科学与技术的进步，在不断采用新技术、新材料、新工艺、新设备的情况下，在节约用电的同时必定会促进工农业生产水平的发展与提高。

(4) 依靠用电的科学管理，可以改善企业的经营管理工作，提高企业的管理水平。

(5) 能够减少不必要的电能损失，为企业减少电费支出，降低成本，提高经济效益，从而使有限的电力发挥更大的社会经济效益，提高电能的利用率。

2. 节约用电的措施

节约用电的措施包括采用有效的节电技术和加强节电管理两方面，具体措施如下：

(1) 改造或更新用电设备，推广节能新产品，提高设备运行效率。正在运行的设备（如电动机、变压器）和生产机械（如风机、水泵）是电能的直接消耗对象，它们的运行性能优劣，直接影响到电能消耗的多少。因此，对设备进行节电技术改造是开展节约用电工作的重要措施。

(2) 采用高效率、低消耗的生产新工艺替代低效率、高消耗的老工艺，降低产品电耗，大力推广节电新技术。新技术和新工艺的应用会促使劳动生产率的提高，以及改善产品的质量和降低电能消耗。

(3) 提高电气设备的经济运行水平。设备实行经济运行的目的是降低电能消耗，使运行成本减少到最低限度。

(4) 加强单位产品电耗定额的管理和考核，加强照明管理，节约非生产用电，积极开展企业电能平衡工作。

(5) 加强电网的经济调度，努力减少线损，整顿和改造电网。

(6) 应用余热发电，提高余热发电机组的运行率。

总之，节约用电应不断提高认识、更新观念，增强全民节电意识，积极筹集节电资金，拓展节电资金渠道，加强并不断完善用电定额管理，组织节电教育和技术培训等。

（四）防雷技术

1. 雷电的形成与活动规律

闪电和雷鸣是大气层中强烈的放电现象。在云块的形成过程中，由于摩擦和其他原因，有些云块可能积累正电荷，另一些云块可能积累负电荷，随着云块间正负电荷的积累，云块间的电场越来越强，电压越来越高。当这个电压高达一定值或带异种电荷的云块接近到一定距离时，将会使其间的空气击穿，发生强烈放电。云块间的空气被击穿时电离，发出耀眼闪光，形成闪电；空气被击穿时受高热而急速膨胀，发出爆炸的轰鸣，形成雷声。

人们在长期的生产实践和科学实验中总结出了雷电活动的规律。在我国，雷电发生的总趋势是南方比北方多，山区比平原多，陆地比海洋多，热而潮湿的地方比冷而干燥的地方多，夏季比其他季节多。具体地说，下列物体或地点容易受雷击，应注意安全：

（1）空旷地区的孤立物体、高于 20 m 的建筑物，如宝塔、天线和电线杆塔等。

（2）冒出热气的烟囱、排出导电尘埃的厂房、金属结构的屋面和砖木结构的建筑物等。

（3）山谷风口处，在山顶行走的人畜等。

2. 防雷技术

（1）雷雨时应关好门窗以防止球形雷飘入，不要站在窗前和阳台上。

（2）雷雨时尽量不要使用家用电器，应将电器的电源插头拔下。

（3）躲避雷雨时应选择有屏蔽作用的建筑物，如金属箱体、汽车、混凝土房屋等，不能站在孤立的大树、电线杆、烟囱和高墙下。

（4）安装避雷针时，避雷针的接地体与输电线路接地体在地下至少应相距 10 m，以免避雷针上的高电压通过输电线路进入室内。

（5）将进户线最后一个支撑物上的绝缘子铁脚可靠接地；进户线最后一根电线杆上的中性线应重复接地，以防止感应雷沿架空线进入室内。

（五）触电急救

作为一名机床维修电工人员，避免不了经常与电打交道，如用万用表在路检测机床运行情况，因此必须掌握安全用电常识。

1. 触电原因及其危害

1）触电原因

（1）缺乏安全用电常识。

（2）作业时没有严格遵守电工安全操作规程或粗心大意。

（3）电气设备的安装过于简陋，不符合安全要求。

（4）电气设备老化有缺陷，或破损严重，维修维护不及时。

2）触电造成的伤害

触电对人体的伤害主要有两种：电击和电伤。电击是触电者直接接触设备的带电部分，电流通过人的身体，当电流达到一定的数值后，就会将人击倒。电伤是指触电后皮肤的局部创伤，主要是由于电流的热效应、化学效应、机械效应以及在电流的作用下，使熔化和蒸发的金属微粒侵袭人体皮肤而遭受灼伤。一般当通过人体的交流电流（频率为 50 Hz）超过 10 mA 时，直流电流超过 50 mA 时，就有生命危险。同时，人体接触的电压越高，通过的电流越大，时间越长，造成的伤害也就越严重。

2. 触电形式

常见的触电形式有单相触电、两相触电和跨步电压触电等，如表 1-1 所示。

表 1-1　常见的触电形式

触电形式	含义及描述	图　示
单相触电 扫一扫	单相触电是指人体的一部分触及一根相线，或者接触到漏电电气设备的外壳，而另一部分触及大地（或中性线）时，电流从相线经人体流入大地（或中性线）形成回路。此时人体承受的电压为相电压（220 V）。 单相触电常见于家庭用电，因为家用电器使用的都是单相交流电	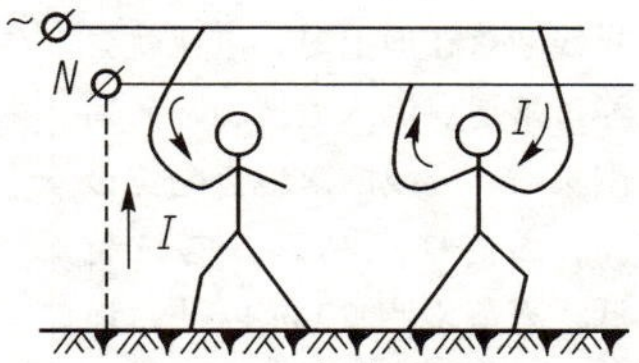 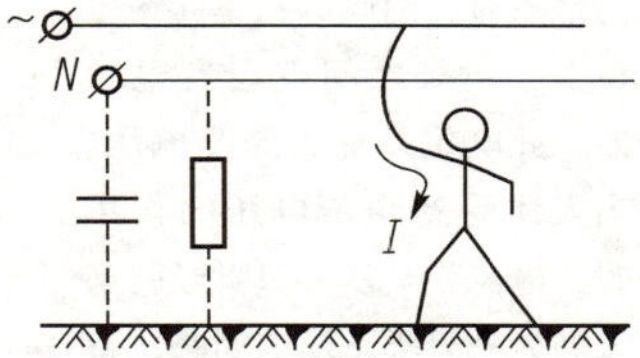  ~ N I (a) ~ N I (b) I (c)
两相触电 扫一扫	两相触电是指人体两个部位同时触及两根不同相的带电相线，电流流经人体形成回路。此时，加在人体上的电压是线电压（380 V）。 两相触电后果比单相触电更为严重，常见于电工电线杆上带电作业时发生的触电事故	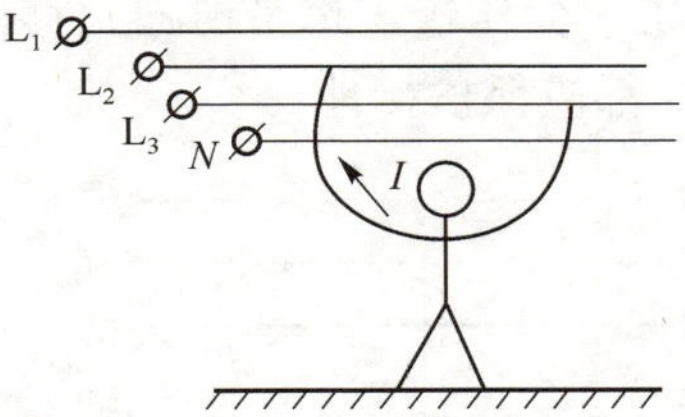 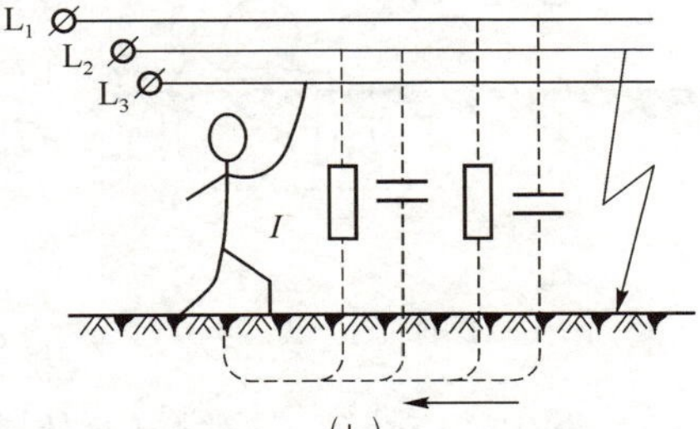 L_1 L_2 L_3 N I (a) L_1 L_2 L_3 I (b)

续表

触电形式	含义及描述	图　示
跨步电压触电 扫一扫	当架空电力线路的一根带电导线断落在地上时，电流就会经过落地点流入大地，并向周围扩散。导线的落地点电位最高，离落地点越远，电位越低，离落地点 20 m 以外，地面的电位近似于零。当人走近落地点时，两脚踩在不同的电位上，两脚之间就会有电位差，此电位差称为跨步电压。当人体受到跨步电压的作用时，电流就会从一只脚经胯部流到另一只脚下形成回路，造成跨步触电	

3. 防止触电的措施

1）保护接地

电气设备的任何部分与大地间都有着良好的电气连接，叫作接地。保护接地是指用导线将电气设备的外壳与地面的接地装置（电阻一般应小于 4 Ω）相连，此时，当人体接触电气设备时，人体与接地装置并联，由于人体的电阻很大，电流就流经接地装置形成回路，从而减轻人体触电，如图 1-2 所示。在正常情况下，电动机、变压器、携带电器及移动式用电器具等较大功率的电气设备的外壳（或底座）都应保护接地。

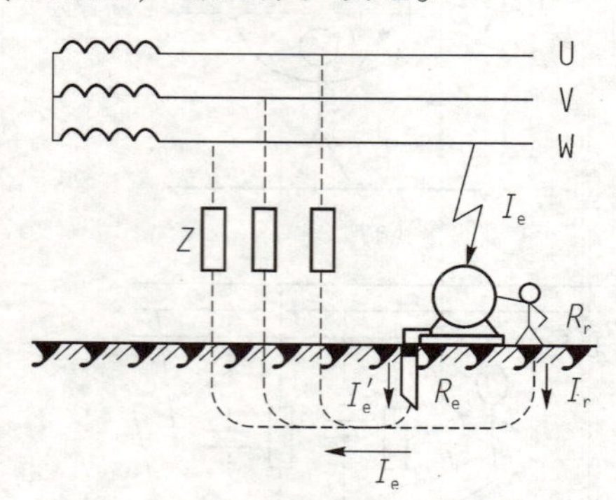

图 1-2　保护接地

2）保护接零

如图 1-3 所示，保护接零是指电气设备发生漏电后，相电压经机壳到零线形成回路，从而产生短路电流，使电路中的保护电器动作，切断电源。在切除故障前，由于人体的电阻远远大于短路电阻，单相短路电流几乎全部通过保护接零电路。

4. 触电急救措施

尽管人们为了防止触电实施了很多保护措施，但并不能完全保证触电事故不会发生，一旦发生就应快速采取触电急救措施。当发现有人触电后，应立即拉断附近的电源开关闸刀或拔掉电源插头。救护人员应及时根据现场条件，采取适当的

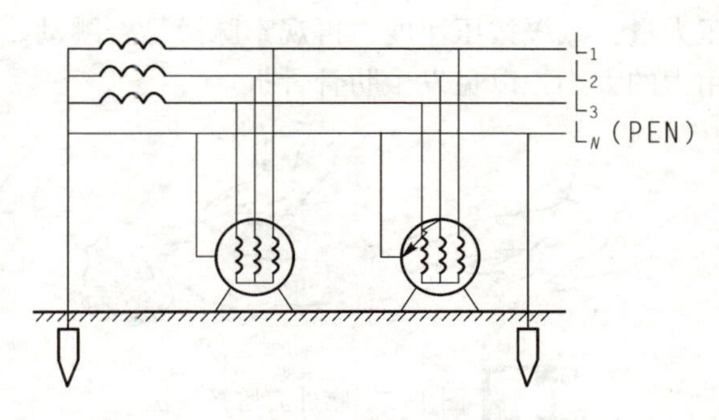

图 1-3 保护接零

方法和措施使触电人员迅速脱离电源，进行紧急抢救，抢救的方法有人工呼吸法和胸外心脏挤压法。

1）人工呼吸法

人工呼吸的急救方法很多，其中，口对口呼吸法效果最好，且简单易学，容易掌握。口对口人工呼吸法操作步骤如图 1-4 所示。

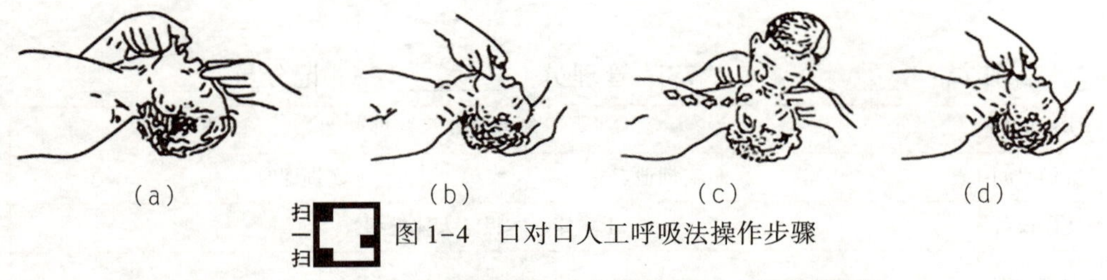

扫一扫 图 1-4 口对口人工呼吸法操作步骤

(a) 头部后仰；(b) 捏鼻掰嘴；(c) 贴紧吹气；(d) 放松换气

首先使触电者仰卧，打开气道，然后一只手捏紧触电者的鼻子，另一只手掰开触电者的嘴，直接用嘴或隔一层纱布对其吹气，每次吹气要以触电者的胸部微微鼓起为宜，时间约为 2 s。吹气停止后，要立即将嘴移开，放松捏鼻的手，让触电者自行呼吸，时间约为 3 s。每次吹气的速度要均匀，反复多次，直到触电者能够自行呼吸为止。如果触电者的嘴不易掰开，可捏紧嘴，向鼻孔吹气。

2）胸外心脏按压法

胸外心脏按压法如图 1-5 所示，较适用于触电者心跳停止或不规则的情况，其目的是通过人工操作，有节律地使心脏收缩，从而达到恢复触电者心跳的目的。具体方法是：先让触电者仰卧在硬板或平地上，保持呼吸道畅通，以保证按压的效果；救护者跪在触电者的一侧或骑在其腰部两侧，两手相叠，手掌根部放在比心窝稍高一点的地方，掌根用力垂直向下按压，压出心脏里的血液。对成人压陷 3~4 cm，每分钟按压 60 次为宜；对于儿童，压胸仅用一只手，深度较成人浅，每分钟大约 90 次为宜。按压后，掌根迅速放松，让触电者胸部自动复原，让血液充满心脏。心脏按压有效果时，会摸到颈动脉的搏动，如果按压时摸不到脉搏，应加大按压力量，减缓按压速度，再观察脉搏是否跳动。按压时要十分注意压胸的位置和用力的大小，以免发生肋骨骨折。

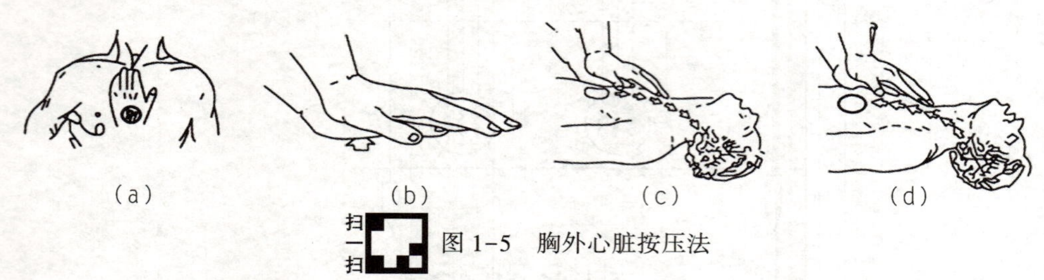

扫一扫 图 1-5　胸外心脏按压法

(a) 正确压点；(b) 叠手姿势；(c) 向下按压；(d) 突然放松

1.3　工作单

操作员：________　　"7S" 管理员：________　　记分员：________

<table>
<tr><td>实训项目</td><td colspan="5">触电急救</td></tr>
<tr><td>实训时间</td><td colspan="2"></td><td>实训地点</td><td></td><td>实训课时　3</td></tr>
<tr><td>使用设备</td><td colspan="5">干木棒、木板、人体模型</td></tr>
<tr><td>制订实训计划</td><td colspan="5"></td></tr>
<tr><td rowspan="2">实施</td><td>人工呼吸救护</td><td>操作步骤</td><td colspan="3"></td></tr>
<tr><td>心脏胸外按压救护</td><td>操作步骤</td><td colspan="3"></td></tr>
<tr><td rowspan="4">评价</td><td colspan="2">项目评定</td><td colspan="3">根据项目器材准备、实施步骤、操作规范三方面评定成绩</td></tr>
<tr><td colspan="2">学生自评</td><td colspan="3">根据评分表打分</td></tr>
<tr><td colspan="2">学生互评</td><td colspan="3">互相交流，取长补短</td></tr>
<tr><td colspan="2">教师评价</td><td colspan="3">综合分析，指出好的方面和不足的方面</td></tr>
</table>

项目评分表

本项目合计总分：________

1. 功能考核标准（90分）

工位号________ 成绩________

项目	评分项目	分值		评分标准	得分
器材准备	实训所需器材	30分		干木棒、木板、人体模型全部准备到位得30分，少准备一件器材扣10分	
实施过程	人工呼吸救护	60分	30分	能正确、标准按步骤完成每步动作	
	心脏胸外挤压救护		30分	能正确、标准按步骤完成每步动作	

2. 安全操作评分标准（10分）

工位号________ 成绩________

项目	评分点	配分	评分标准	得分
职业与安全知识	完成工作任务的所有操作是否符合安全操作规程	5分	符合要求得5分，基本符合要求得3分，一般得1分	
	工具摆放、包装物品等的处理，是否符合职业岗位的要求	3分	符合要求得3分，有两处错误得1分，两处以上错误不得分	
	遵守现场纪律，爱惜现场器材，保持现场整洁	2分	符合要求得2分，未做到扣2分	
项目	加分项目及说明			加分
奖励	1. 整个操作过程进行“7S”现场管理和工具器材摆放规范到位的加10分； 2. 用时最短的3个工位（时间由短到长排列）分别加3分、2分、1分			
项目	扣分项目及说明			扣分
违规	1. 违反操作规程使自身或他人受到伤害扣10分； 2. 不符合职业规范的行为，视情节扣5~10分； 3. 完成项目用时最长的3个工位（时间由长到短排列）分别扣3分、2分、1分			

1.4 课后练习

一、判断题

1. 人体电阻为800~1 000 Ω。 (　　)

2. 一般情况下，送电距离在50 km以下时，采用220 kV电压，因为电压越高越好。 (　　)

3. 电工在工作时只要穿戴了绝缘装备就绝对安全。 (　　)

4. 为了保证用电安全，电力系统和设备常采用保护接地和保护接零措施。 (　　)

5. 雷雨天气时，应尽量躲在建筑物墙脚下，避免淋雨和雷击。 (　　)

二、填空题

1. 人体触电的种类有________和________。

2. 人体常见触电的形式有________、________和________三种。

3. 触电急救首先应使触电者________。

三、简答题

1. 如何防雷？

2. 简述机床维修电工安全操作规程。

3. 如何实施人工呼吸救护？

4. 如何实施心脏胸外挤压救护？

四、社会实践题

调查家庭、学校等同学们身边的场所的用电安全隐患，并提出改进建议。

项目 2 电工基本知识

作为一名维修电工，应具备电工的基本知识和技能，包括掌握常用电工工具及仪表的使用方法，熟悉电工材料的种类和用途，并能对导线进行基本的加工操作等。本项目将对这些内容予以介绍。

2.1 任务书

一、任务单

<table>
<tr><td>项目 2</td><td colspan="2">电工基本知识</td><td>工作任务</td><td colspan="2">1. 电工工具和仪表的使用；
2. 电工材料的识别；
3. 导线加工</td></tr>
<tr><td>学习内容</td><td colspan="3">1. 电工刀、剥线钳等电工工具的使用；
2. 万用表、兆欧表等电工仪表的使用；
3. 电工材料的分类和用途；
4. 对导线加工的基本操作</td><td>教学时间/学时</td><td>10</td></tr>
<tr><td>学习目标</td><td colspan="5">1. 能规范地使用电工工具对导线进行加工，以及按照操作规程对电气设备进行检修；
2. 能熟练说出电工材料的用途；
3. 能使用电工仪表对电路及其相关的元器件进行尽可能精确的检测</td></tr>
<tr><td rowspan="3">思考题</td><td colspan="5">1. 常用电工工具有哪些？</td></tr>
<tr><td colspan="5">2. 常用电工仪表有哪些？</td></tr>
<tr><td colspan="5">3. 能否说出日常生活中见到的电工材料的类型和名字？</td></tr>
</table>

二、资讯途径

序号	资讯类型	序号	资讯类型
1	上网查询	3	查阅相关电工材料手册
2	常用电工工具和仪表的使用说明书		

2.2 学习指导

一、训练目的

（1）能够熟练使用电工工具。

（2）能够正确使用电工仪表对电路进行检测。

（3）能够根据具体的场合正确选择和使用电工材料。

（4）培养规范意识和精益求精的精神。

二、训练重点及难点

（1）常用电工工具的使用。

（2）万用表和兆欧表的使用。

三、电工基本技能的相关理论知识

在机床电气设备的维修、安装和检修过程中，会经常用到一些常见的电工工具和仪表，正确地使用这些工具和仪表，不但能提高工作效率，顺利完成机床电气设备的各项检修任务，而且能减少体力消耗，确保操作的安全并延长工具和仪表的使用寿命。

（一）电工工具

1. 电工刀

电工刀是切割和剥削电工材料的专用工具，如图 2-1 所示。常用的有普通型和专用型两种，普通型按刀口部分的长度分为大号和小号两种规格；专用型增加了锯片和锥子，用来锯小木板和锥孔等。

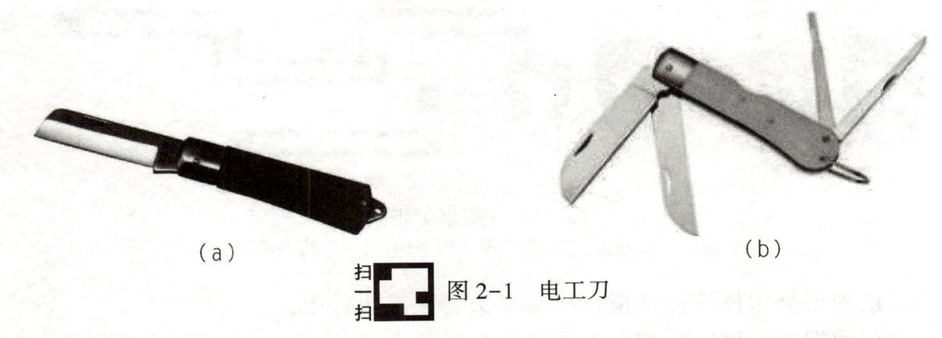
(a) (b)

扫一扫 图 2-1 电工刀

使用电工刀时应注意将刀口向外剥削，避免切割坚硬的材料，以保护刀口。切削导线的绝缘层时，应使刀面与导线呈较小的锐角，以免割伤芯线。刀口用钝后可用油石磨，用完后应立即把刀身折入刀柄。电工刀的刀柄不绝缘，不能在带电体上使用电工刀进行操作，以防触电。

2. 活络扳手

活络扳手是用来紧固和放松螺母的一种专用工具，如图 2-2 所示。它由头部和柄部组成。头部由定扳唇、动扳唇、蜗轮和轴销等组成。旋转蜗轮可调节扳口的大小。

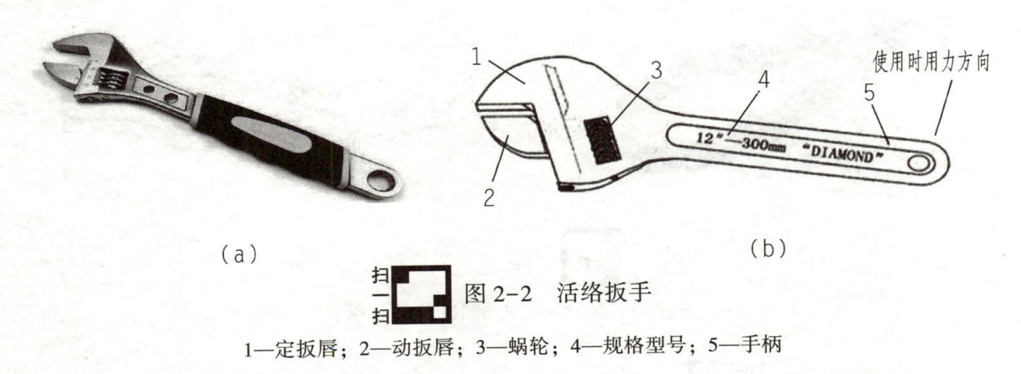

(a) (b)

扫一扫 图 2-2 活络扳手

1—定扳唇；2—动扳唇；3—蜗轮；4—规格型号；5—手柄

使用时，旋转蜗轮使扳口正好卡在螺母上，然后扳动扳手，即可把螺母紧固或旋松。扳动规格较大的螺母时，必须将扳唇放在用力方向的内侧，手应握在近柄尾处；扳动小螺母时，手应握在近头部处，以便拇指随时调节蜗轮，收紧扳唇，防止打滑。

3. 套筒扳手

当螺母或螺栓头的空间位置有限，用普通扳手不能工作时，就需采用套筒扳手，如图 2-3 所示。

使用套筒扳手的方法是：

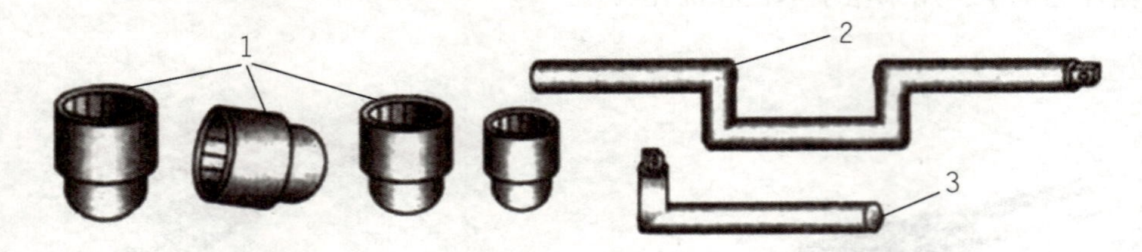

图 2-3　套筒扳手组成

1—套筒扳手系列头；2—套筒扳手长手柄；3—套筒扳手短手柄

（1）根据被扭件选择规格，将扳手头套在被扭件上。

（2）根据被扭件所在位置大小选择合适的手柄。

（3）扭动前必须把手柄接头安装稳定才能用力，防止打滑脱落伤人。

（4）扭动手柄时用力要平稳，用力方向与被扭件的中心轴线垂直。

3. 钢丝钳

钢丝钳也叫断线钳，由钳头和钳柄两部分组成，钳柄一般带绝缘套管，如图 2-4 所示。钢丝钳有多种用途，刀口用来剪断导线或剖切软导线绝缘层；钳口用来夹持或弯曲导线线头。使用时，要握在钳柄的后部。不要用钢丝钳来松紧螺母，带电作业时不能一次剪断带电的双股胶线，否则会引起短路。

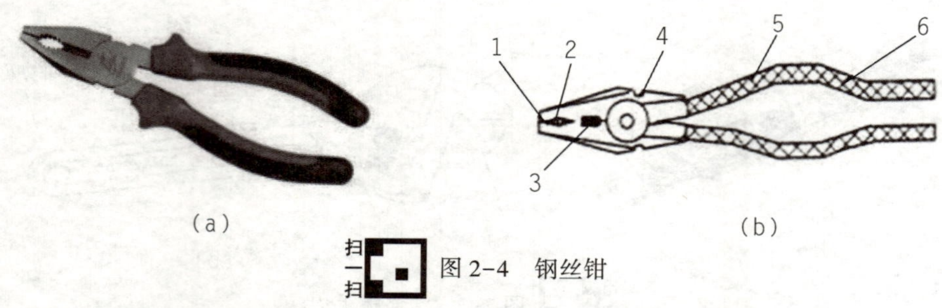

扫一扫　图 2-4　钢丝钳

1—钳口；2—齿口；3—刀口；4—铡口；5—钳柄；6—绝缘套

4. 剥线钳　扫一扫

剥线钳是用来剥除小线径电线、电缆端头橡胶皮或塑料绝缘层的专用工具，如图 2-5 所示。它由钳头和手柄两部分组成，手柄是绝缘的。钳口部分由压线口和切口组成，可分直径为 0.5~3.0 mm 的多个切口，以适应不同规格的芯线。剥线时，电线必须放在稍大于线芯直径的切口中，然后用手握钳柄，导线的绝缘层被切破自动弹出。当需要剥削稍长一段绝缘层时，应分段进行。

5. 电烙铁

电烙铁是锡焊焊接工具，用于焊接电路元件接点及软导线的连接等，由发热

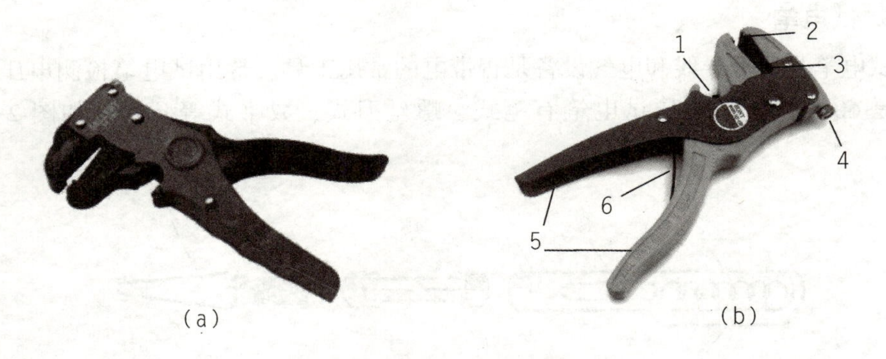

图 2-5　剥线钳

1—切线区；2—剥线区；3—规格尺；4—压力调整；5—双色手柄握感舒适；6—带弹簧使用方便

元件（电阻丝）、烙铁头和手柄组成，如图 2-6 所示。电烙铁有外热式、内热式和感应式三种。常用的电烙铁规格有 15 W、25 W、45 W、100 W 和 300 W 等多种。焊接弱电元件时，一般采用 45 W 以下规格的小功率电烙铁；焊接强电元件时，应采用 45 W 以上规格的电烙铁。

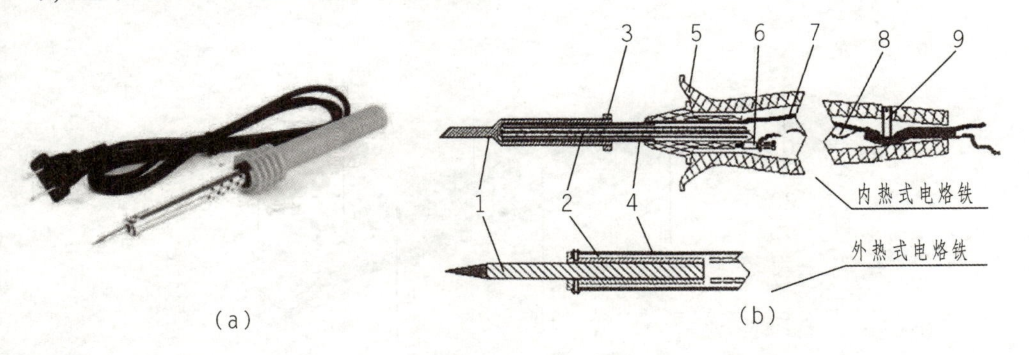

图 2-6　电烙铁

1—烙铁头；2—加热体；3—卡箍；4—外壳；5—手柄；6—接线柱；
7—接地线；8—电源线；9—紧固螺钉

焊接材料有焊料和焊剂两类。焊料是焊锡或纯锡，常用的有锭状或丝状两种。丝状焊料中心含有松香。焊接前应将被焊工件表面擦净，涂上一层焊锡层，以免虚焊。焊接时，先将电烙铁沾上焊料，再沾一些焊剂，对准焊接点焊接，停留时间应根据焊件的大小决定。当焊液在焊点四周充分熔开后，快速向上提起烙铁头，使焊接点表面光滑、牢固。焊接完毕后，要用棉纱蘸适量的酒精清除焊接处的残留焊剂。使用电烙铁时，必须注意使电烙铁的金属外壳妥善接地，以防电烙铁漏电，发生意外。电烙铁一旦使用完毕，应立即断电，让其自然冷却。

6. 试电笔

试电笔是检查导线和电气设备是否带电的常用工具。常用试电笔检测电压的范围是60~500 V。低压试电笔有笔式、螺丝刀式、数字式等几种，如图2-7所示。

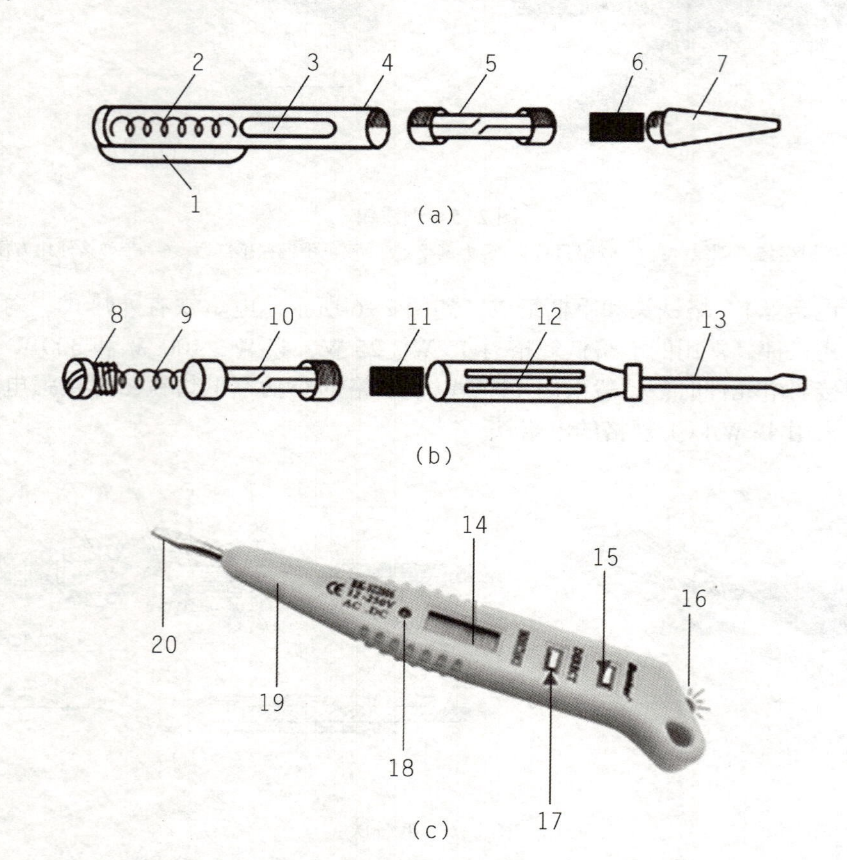

图2-7 试电笔

(a) 笔式；(b) 螺丝刀式；(c) 数字式

1—金属笔挂；2，9—弹簧；3，12—观察孔；4—笔身；5，10—氖管；6，11—电阻；7—笔尖探头；8—金属端盖；13—刀体探头；14—数字显示（带夜光显示）；15—直接测量电极；16—照明灯；17—感应测量电极；18—指示灯；19—工程塑料壳体；20—触头

笔式和螺丝刀式试电笔的前端是金属探头，身部依次装有安全电阻、氖管和弹簧，弹簧和后端金属部分接触，使用者手应触及后端金属部分，金属探头接触被检测导线、机床或电气设备，使氖管小窗背光朝向自己，如图2-8所示。氖管发光说明被测体带电，否则不带电。

使用试电笔前，必须在正常的电源上检查氖管泡能否正常发光，以确认试电

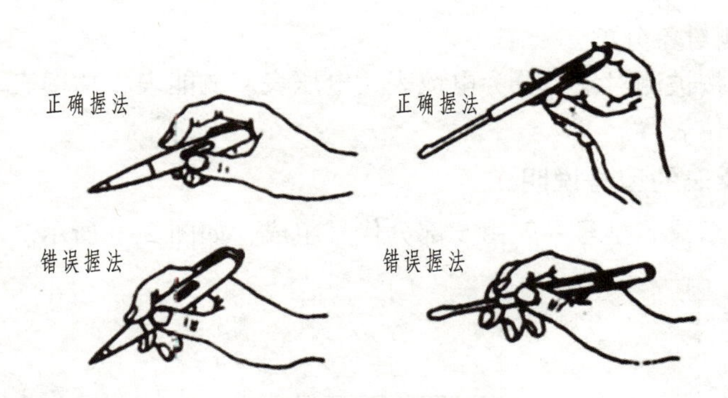

图 2-8 试电笔的使用方法

笔验电可靠。试电笔的探头多制成螺丝刀形状，但不能承受较大的扭矩，不能作为旋具使用。

（二）电工仪表

1. 电工仪表的分类

1）按作用原理分类

电工仪表按作用原理，分为磁电系仪表、电磁系仪表、电动系仪表和感应系仪表4种。

（1）磁电系仪表根据通电导体在磁场中产生电磁力的原理来工作，如直流电流表、直流电压表、万用表、兆欧表等。

（2）电磁系仪表根据铁磁物质在磁场中被磁化后产生电磁力的相互作用原理制成，如交流电流表、交流电压表等。

（3）电动系仪表根据两个通电线圈之间产生电动力的原理制成，如功率表等。

（4）感应系仪表根据交变磁场中的导体感应涡流与磁场产生电磁力的原理制成，如电能表等。

2）按准确度等级分类

电工仪表按准确度等级分为0.1级、0.2级、0.5级、1.0级、1.5级、2.5级、5.0级及7.0级。所谓几级是指仪表测量时，可能产生的误差占满刻度的百分之几，表示级别的数字越小，表明表的准确度越高。例如，用0.2级和2.5级两种10 A量程的电流表，分别去测量8 A的电流，0.2级可能产生的误差为10 A×0.2%=0.02 A，而2.5级表可能产生的误差为10 A×2.5%=0.25 A。通常0.1级和0.2级仪表用作标准表，0.5级至1.5级仪表用于实验测量，1.5级以上的仪表用于工程计量。

3）按防护性能分类

电工仪表按防护性能，分为普通、防尘、防水、防爆等类型。

4）按被测对象分类

电工仪表按被测对象，分为电流表、电压表、电能表、功率表、兆欧表、功率因数表、相位表等。

2. 电工仪表的型号说明

安装式指示仪表型号一般由5部分代号组成，如图2-9所示。

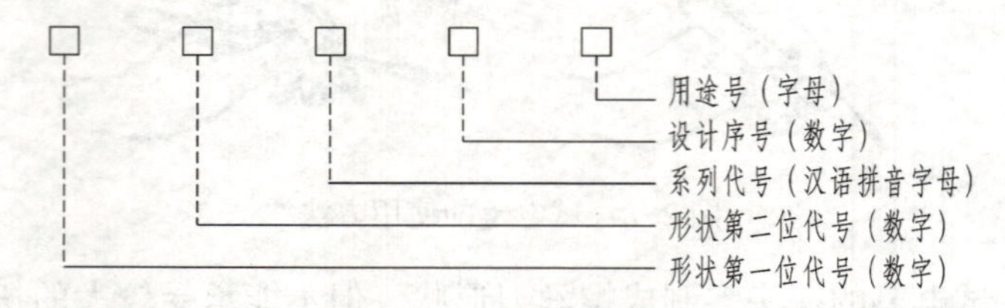

图2-9　仪表型号组成

形状第一位代号（数字）按仪表面板形状的最大尺寸编制；形状第二位代号（数字）按仪表外壳尺寸编制；系列代号（汉语拼音字母）按仪表工作原理的系列编制，如磁电系列代号为“C”、电磁系列代号为“T”、电动系列代号为“D”、感应系列代号为“G”等。例如，44C2-A型电流表，其中“44”为形状代号，“C”表示磁电系仪表，“2”表示设计序号，“A”表示用于电流测量。

3. 电工仪表的选择

（1）根据准确度选择仪表时，不能只考虑“准确度越高越精确”。事实上，准确度高的仪表，要求的工作条件也越高。在实际测量中，若达不到仪表所要求的测量条件，则仪表带来的误差将更大。

（2）正确选择表的量限测量值，越接近表的偏满值误差越小，应尽量使测量的数值在仪表量限的2/3以上位置。

（3）有合适的灵敏度要求，对变化的被测量有敏锐的反应。

（4）有良好的阻尼性要求，阻尼时间要短，一般不超过4~6 s。

（5）受外界的影响小，即温度、电场、磁场等外界因素对仪表影响所产生的误差小。

（6）仪表本身的能耗小，并有良好的读数装置等。

4. 电工仪表的正确使用

（1）严格按说明书上的要求使用、存放。

（2）不能随意拆装和调试，以免影响准确度和灵敏度。

（3）电工仪表长期使用后，要根据电气计量的规定，定期进行校验和校正。

（4）交流、直流电表（挡）要分清，多量程表在测量中不应更换挡位，严格按说明接线，以免出现烧表事故。

5. 电工仪表的测量原理

常用电工仪表的测量原理可分为磁电系、电磁系、电动系和感应系等几种类型。电工仪表的测量机构一般包括驱动机构、指示机构、阻尼机构、调零机构和产生机械反作用转矩的机构等几部分。驱动机构一般由固定部分和可动部分构成。固定部分主要产生磁场，可动部分产生电磁转矩。

1）磁电系仪表

磁电系仪表的测量机构及工作原理如图 2-10 所示。

驱动机构是由一个固定不动的马蹄形永久磁铁和一个可绕轴转动的可动线圈构成；指示机构由固定在转轴上的指针和刻度盘组成。马蹄形永久磁铁产生磁场。当可动线圈通过被测电流时，线圈受到一个电磁转矩作用，带动指针偏转，同时与转轴相连的游丝发生变形，游丝产生的反作用弹性力矩与偏转角的大小成正比，这个弹性力矩将阻止可动线圈的偏转。当磁场的力矩和游丝的弹性力矩相等时，可动线圈处于平衡状态，指针不再偏转，表盘显示读数。

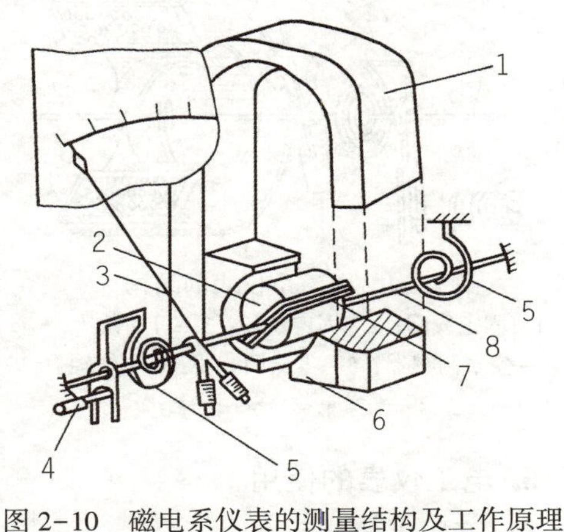

图 2-10 磁电系仪表的测量结构及工作原理

1—马蹄形永久磁铁；2—软铁铁芯；3— 指针；4— 零点调节器；5— 游丝；6— 磁极；7—可动线圈；8—转轴

2）电磁系仪表

电磁系仪表的结构如图 2-11 所示。它是由固定线圈和装在线圈内的固定铁片、与轴相连的可动铁片、空气阻尼器等组成。当线圈通电后，线圈内产生磁场，固定铁片和可动铁片同时被磁化，成为两片磁铁。两片磁铁同一端的极性相同，互相排斥，使可动铁片绕转轴顺时针转动，并带动指针一起转动，直至铁片的转矩与游丝的弹性力矩相平衡，指针静止，表盘显示读数。如果电流方向改变，两铁片的磁性也同时改变，结果转轴的转向不变，所以这种仪表既可以用于直流电路的测量，也可用于交流电路的测量。

3）电动系仪表

电动系仪表的测量机构如图 2-12 所示。它的驱动机构由固定线圈和可动线圈构成。为了在可动线圈附近获得较为均匀的磁场，常把固定线圈分成两半，两个线圈串联或并联，引出两个接线端。固定线圈由较粗的绝缘导线绕成。可动线圈在固定线圈里面，匝数较多，导线较细，允许通过的电流较小。可动线圈、指针和空气阻尼器都固定在转轴上。可动线圈的电流由游丝引入。当固定线圈通入电流时，在线圈内部产生磁场；当可动线圈通入电流后，受到磁场的作用而产生一个力矩，带动转轴和指针转动。电动系仪表既可用于直流电路的测量，也可用于交流电路的测量。

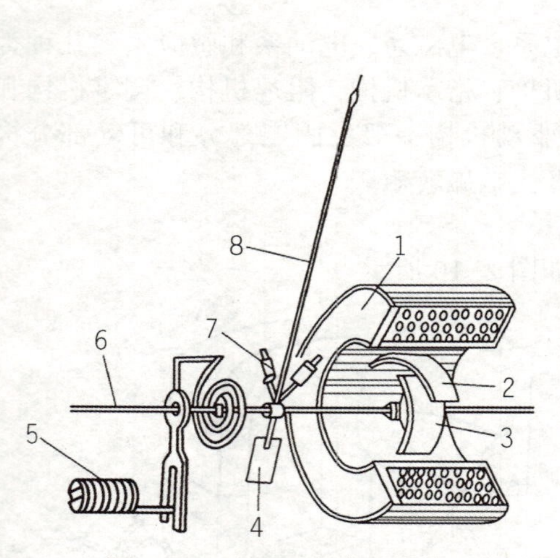

图 2-11　电磁系仪表的结构

1—固定线圈；2—固定铁片；3—可动铁片；
4—空气阻尼器；5—零点调节器；6— 转轴；
7—平衡重物；8—指针

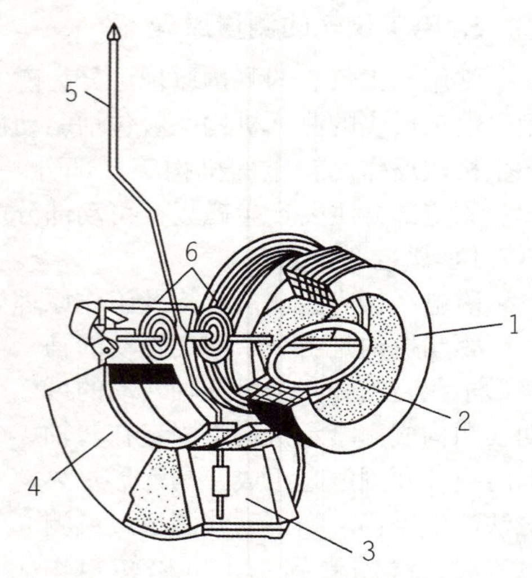

图 2-12　电动系仪表的测量机构

1—固定线圈；2—可动线圈；3—空气阻尼器；
4—阻尼盒；5— 指针；6—游丝

6. 电工仪表的使用

1）万用表的使用

万用表主要分为数字式和指针式两大类：数字式万用表由直流数字电压表、模数转换器、发光二极管显示器或液晶显示器及保护电路等组成；指针式万用表主要由表盘、转换开关、表笔和测量电路（内部）4 部分组成。这里主要介绍 MF47 型指针式万用表的结构和使用方法。

MF47 型指针式万用表是设计新颖的磁电系整流式便携式多量程万用电表。可供测量直流电流，交、直流电压，直流电阻等 26 个基本量程和电平、电容、电感、晶体管直流参数等 7 个附加参考量程。刻度盘与挡位盘如图 2-13 和图 2-14 所示。

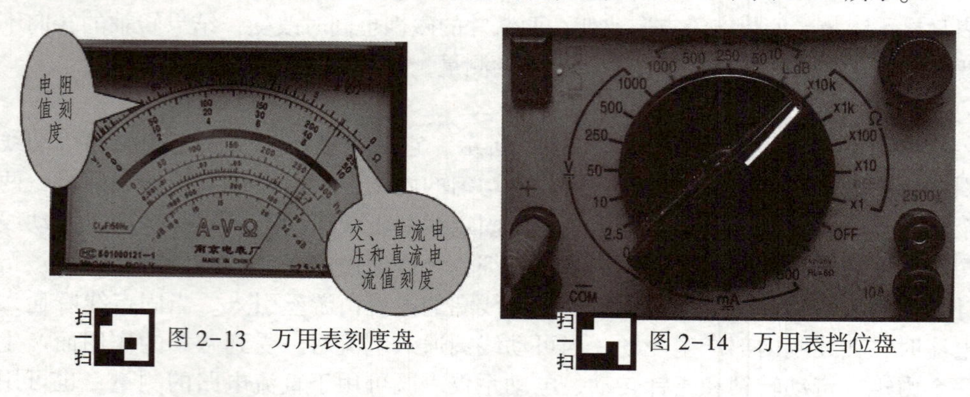

扫一扫　图 2-13　万用表刻度盘

扫一扫　图 2-14　万用表挡位盘

刻度盘与挡位盘印制成黑、绿、红三色。表盘颜色分别按交流红色、晶体管绿色、其余黑色对应制成，使用时读数便捷。刻度盘共有 6 条刻度线，从上到下依次是：第一条专供测电阻用；第二条供测交、直流电压，直流电流用；第三条供测晶体管放大倍数用；第四条供测量电容用；第五条供测电感用；第六条供测音频电平用。刻度盘上装有反光镜，以消除视差。除交、直流 2 500 V 和直流 5 A 分别有单独插座之外，其余各挡只需转动一个选择开关，使用方便。

使用方法：只要求掌握电阻和交流电压的测量，其他功能查阅使用说明书。

（1）使用前准备。

① 在使用前应检查指针是否指在机械零位上，如不指在零位时，可旋转表盖的调零器使指针指示在零位上（称为机械调零）。

② 将测试棒红、黑插头分别插入“+”“COM”插座中，如测量交、直流 2 500 V或直流 5 A 时，红插头应分别插到标有“2 500 V”或“5 A”的插座中。机械调零旋钮如图 2-15 所示。

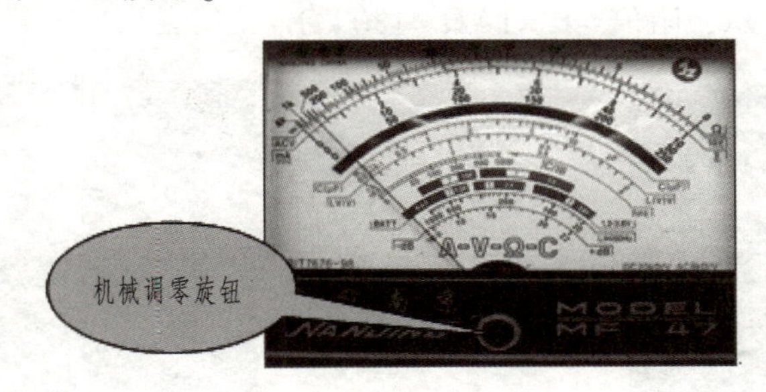

图 2-15　机械调零旋钮

（2）电阻测量。

① 量程的选择。

第一步：试测。首先把万用表放置于水平状态，先粗略估计所测电阻阻值，再选择合适量程，如果被测电阻不能估计其值，一般情况将开关拨在 R×100 Ω 或 R×1 kΩ 的位置进行初测，看指针是否停在中线附近，如果是，说明挡位合适；如果指针太靠近零，则要减小挡位；如果指针太靠近无穷大，则要增大挡位。第二步：确定合适挡位。测量时，应注意：由于“Ω”刻度线左部读数较密，难以看准，因此测量时应选择适当的欧姆挡，使指针尽量能够指向表刻度盘中间 1/3 区域，如图 2-16 中箭头所示。

② 欧姆调零。

欧姆调零如图 2-17 所示，将红、黑表笔搭在一起短接，观察指针向右偏转，随即调整“Ω”调零旋钮（称欧姆调零），使指针恰好指到零，若始终不能调到欧姆零位（机械调零已调好的情况下），则说明电池电压不足，应更换电池。

③ 读数。

读数时，从右向左读，且目光应与表盘刻度垂直，眼睛、指针、镜像三线合一。

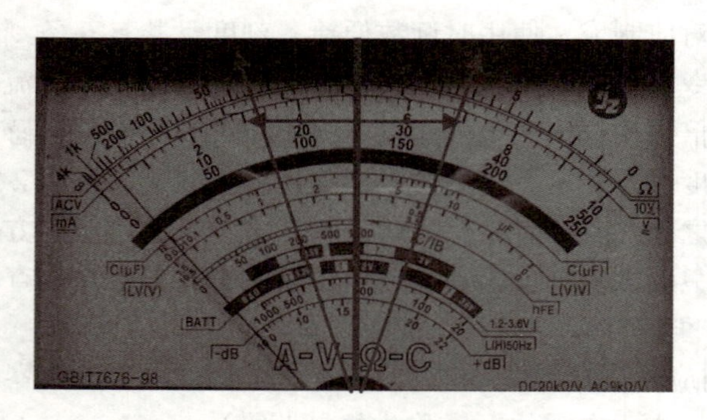

图 2-16　指针应指在两射线之间的区域

所测电阻阻值为：

$$阻值 = 刻度值 \times 倍率$$

如图 2-18 所示，阻值 = 18×1 kΩ = 180 kΩ。

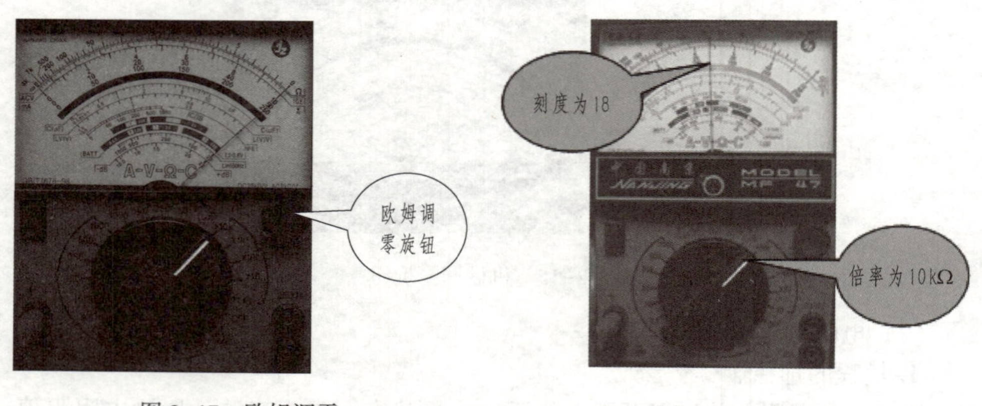

图 2-17　欧姆调零　　　　图 2-18　读数

④ 挡位复位。

万用表使用完之后，应将挡位开关拨至 OFF 位置或交流电压 1 000 V 挡。

(3) 交流电压的测量。

交流电没有正、负之分，因此测量交流时，表笔也就无须分正、负极。首先估计一下被测电压的大小，然后将转换开关拨至适当的交流电压挡。必须注意的是，测量交流电压时必须选择“交流电压挡”（在测量前必须确认已选择交流电压挡后，方可进行测量）。读数方法：观察第二条线上的指针所指数字来读出被测电压的大小。如果测量低于 10 V 的电压，可以直接读 0～10 的指示数字；如果测量 10～50 V的电压，可以直接读 0～50 的指示数字；如果测量 50～250 V 的电压，可以直接读 0～250 的指示数字；如果测量 250～500 V 的电压，可以直接读 0～50 的指示数字后加 0；如果测量 500～1 000 V 的电压，可以直接读 0～10 的指示数字后面加 00。当然，挡位开关应拨在每个测量电压区间的上限值挡位，如测 0～50 V 的电压，挡位就应拨在 50 V 挡。如测量单相照明电压，它介于 50 V 和 250 V 之间，直接读 0~250的指示数字，指针所指为 220，所以为 220 V，如图 2-19 所示。

图 2-19　交流电压读数

（4）使用万用表时须注意的安全事项。

万用表虽有双重保护装置，但使用时仍应遵守下列规程，避免意外损失。

① 测量电路中的电阻时，应先切断电路电源，如电路中有电容应先进行放电。

② 每次更换电阻挡，都应重新将两只表笔短接，重新调整指针到零位（欧姆调零），才能测量。

③ 测量电阻时不能两手同时接触电阻引脚或表笔金属头，否则测量时就接入了人体电阻，导致测量结果不准确（阻值偏小）。

④ 测量高压或大电流时，为避免烧坏开关，应在切断电源的情况下变换量程。

⑤ 测未知量电压或电流时，应先选择最高挡，待第一次读取数值后，方可逐渐转至适当位置以取得较准读数并避免烧坏电路。

⑥ 偶然发生因过载而烧断保险丝的情况时，可打开表盒换上相同型号的保险丝（0.5 A/250 V）。

⑦ 测量高压时，要站在干燥绝缘板上，并单手操作，防止意外事故。

⑧ 电阻各挡所用干电池应定期检查及更换，以保证测量精度。不用万用表时，应将挡位盘拨到 OFF 挡或交流 1 000 V 挡；如长期不用，应取出电池，以防止电池液溢出腐蚀而损坏其他零件。

⑨ 使用万用表时，应按要求正确放置。

2）兆欧表的使用

测量电阻的仪表和方法很多，小电阻（1 Ω 以下）可用双臂电桥测量；中值电阻（1 Ω~0.1 MΩ）可采用欧姆表和伏安法测量，若需要精密测量可选用单臂电桥法测量；绝缘电阻的测量一般使用兆欧表。兆欧表俗称摇表，是一种便携式仪表，主要用来测量电气设备、供电线路的绝缘电阻，常用的兆欧表有 ZC-7 系列、ZC-11 系列等。兆欧表的额定电压有 500 V、1 000 V、2 500 V 等几种，测量范围有 500 MΩ、1 000 MΩ、2 000 MΩ 等几种。

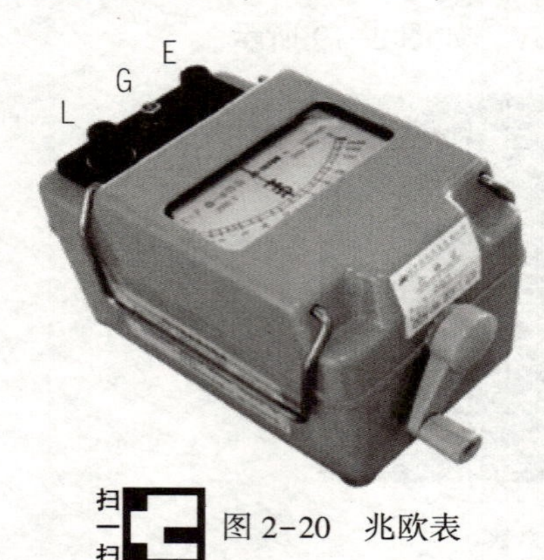

扫一扫 图 2-20 兆欧表

ZC-7 型兆欧表的外形如图 2-20 所示。一般兆欧表上有 3 个接线柱，正极接线柱“L”、接地接线柱“E”、屏蔽接线柱“G”。

（1）兆欧表的选择。

绝缘材料因受潮、发热、污染、老化等原因，造成绝缘强度降低，为了便于检查修复后的设备绝缘性能是否达到要求，都要用兆欧表经常测量其绝缘电阻。

兆欧表的手摇直流发电机，其额定电压一般有 500 V、1 000 V、2 000 V、2 500 V 等几种不同的规格，可根据被测设备的工作电压来选用。兆欧表的额定电压与被测电气设备或线路的工作电压相适应，电压高的电气设备需使用电压高的兆欧表进行测量。例如，瓷瓶的绝缘电阻总在 1 000 MΩ 以上，至少要用 2 500 V 以上的兆欧表才能测量；而测量电压不足 500 V 的电气设备及线路的绝缘电阻时，可选用 500 V 的兆欧表。兆欧表的测量范围应与被测绝缘电阻的范围一致。有的兆欧表的刻度不是从零开始，而是从 1 MΩ 或 2 MΩ 开始，这样兆欧表不宜用于测量潮湿环境中低压电气设备的绝缘电阻，因为在这种潮湿环境中，电气设备的绝缘电阻比较小，有可能小于 1 MΩ，在兆欧表上得不到读数而误以为绝缘电阻为零，从而得出错误的结论。

（2）兆欧表的使用与维护。

测量时，将正极接线柱“L”与被测物和大地绝缘的导体部分相连接；将接地接柱“E”与被测物的外壳或其他导体部分相连接；将屏蔽接线柱“G”与被测物上的保护遮蔽环或其他无须测量的部分相连接。一般测量时只用“L”和“E”两接线柱，“G”只在被测物表面漏电严重时才使用，如图 2-21 所示。

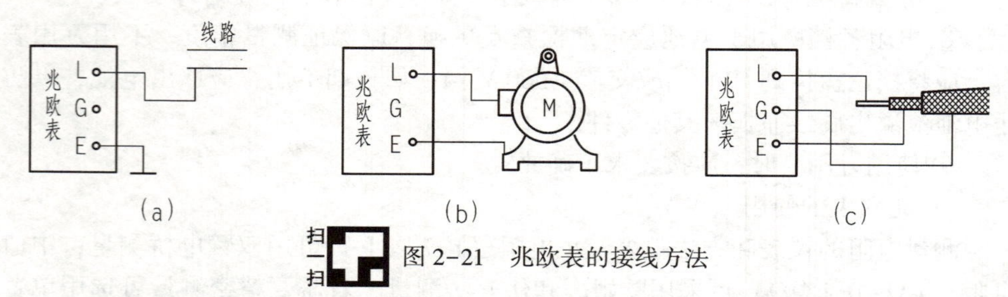

扫一扫 图 2-21 兆欧表的接线方法

（a）测量照明或动力线路绝缘电阻；（b）测量电动机绝缘电阻；（c）测量电缆绝缘电阻

使用兆欧表时应注意以下事项：

① 兆欧表应平稳放置，放置地点必须远离有大电流的导体和有外磁场的场

合，以免影响读数。

② 在测量绝缘电阻之前，必须对兆欧表本身检查一次。检查方法如下：使“L”“E”两个接线柱处在开路状态，转动手柄到额定转速，这时指针应指在“∞”位置，然后再将“L”“E”接线柱短接，缓慢转动手柄（注意：必须缓慢转动，以免电流过大烧坏线圈），观察指针是否指到“0”处，若开路时指针能指到“∞”，短路时能指到“0”，说明兆欧表良好。

③ 凡用兆欧表测量电气设备的绝缘电阻时，必须在停电以后进行，并对被测设备进行充分放电，否则可能发生人身和设备事故。

④ 接线柱至被测物间的测量导线，不能使用双股并行导线或多股绞合导线去接“L”“E”“G”接线柱，以免线间的绝缘电阻影响测量结果，应使用单股绝缘良好的导线，并保持兆欧表表面的清洁和干燥，以免兆欧表本身带来测量误差。

⑤ 使用兆欧表时，发电机的手柄应由慢渐快地摇动，速度切忌忽快忽慢，以免指针摆动引起误差，一般转速规定为 120 r/min，可以有±20%的变化。在摇转过程中，若发现指针指零，说明被测绝缘物有短路现象，这时不能继续摇动，以防表内动圈因发热而损坏。

⑥ 绝缘电阻一般规定摇测 1 min 后的读数为准，遇到电容量特别大的被测物时，可等到指针稳定不变时读数。

⑦ 当兆欧表没有停转和被测物没有放电之前，不可用手接触被测物体的测量部分，也不能进行导线拆除工作。测量具有大电容设备的绝缘电阻以后，必须先将被测物对地放电，然后再停止兆欧表发电机手柄的转动，这主要是为了防止电容器因放电而损坏兆欧表。

3）电度表的选择与安装

（1）电度表的结构。

电度表又叫电能表，是用来测量某一段时间内发电机发出的电能或负载消耗电能的仪表，分为有功电度表和无功电度表，其中有功电度表有单相电度表、三相三线制电度表、三相四线制电度表。

（2）电度表的选择。

① 根据实测电路选择电度表的类型。单相用电（如照明电路）选用单相电度表；三相用电时，可选用三相电度表或 3 只单相电度表，有时在配套电气设备中或电动机负载电路中，采用三相三线制电度表；为测无功电度数，电路中还安装了无功电度表。图 2-22 所示为单相电度表的外形及接线图，三相电度表与单相电度表的外形相似。

② 根据负载的最大电流及额定电压，以及要求测量的准确度选择电度表的型号。选择时，电度表的额定电压与负载的额定电压一致，而电度表的额定电流应不小于负载的最大电流。

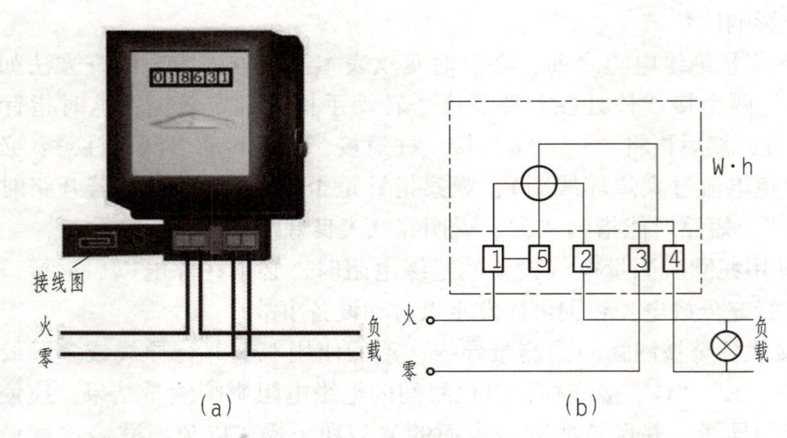

图 2-22 电度表外形及接线图

(a) 外形；(b) 接线图

③ 当没有负载时，电度表的铝盘应该静止不转。当电度表的电流线路中无电流而电压线路上有额定电压时，其铝盘转动应不超过潜动允许值，即在限定时间内潜动不应超过 1 整转。

(3) 电度表的安装。

① 电度表一般要与配电装置装在一起，如图 2-22 所示。装电度表的木板正面及四周边缘应涂漆防潮，木板为实板，且必须坚实干燥，不应有裂缝，拼接处要紧密平整。

② 电度表的安装场所要干燥、整洁，无振动、无腐蚀、无灰尘、无杂乱线路，表板的下沿离地面至少 1.8 m。

③ 为了使导线走向简洁而不混乱，电度表应装在进线侧。为抄表方便，明装电度表箱底面距地 1.8 m，特殊情况下为 1.2 m，暗装电度表箱底面距地 1.4 m。如需并列安装多只电度表，则两表间的距离不应小于 200 mm。

④ 不同电价的用电线路应分别安装表，同一电价的用电线路应合并装表。

⑤ 安装电度表时，表身必须与地面垂直，否则会影响电度表的准确度。

⑥ 电度表不允许安装在 10%负载以下的电路中使用。

⑦ 电度表在使用过程中，电路上不允许经常出现短路或负载超过额定值 125%的情况，否则会影响电度表的准确度和寿命。

（三）电工材料

1. 导电材料

导电材料用于输送和传递电流。铜、铝、钢铁等都是常用的导电材料，用它们制成各种导线和母线等。按照导线的性能结构，可以分为裸导线、电磁线、电气设备用电线电缆等几种类型。

1）裸导线

裸导线是导线表面没有绝缘材料的导线。裸导线按结构可分为圆单线、型线、绞合线和软接线等。圆单线的型号、用途及使用情况如表 2-1 所示。

表 2-1　圆单线的型号、用途及使用情况

名称	型号	用途
软圆铝单线 硬圆铝单线 半硬圆铝单线	LR LY LYB	小容量小距离架空线路用 作电线、电缆的线芯 作绕组用
硬圆铜单线 软圆铜单线	TY TR	与 LY 相同 与 LR 相同
镀锌铁线	G	常用作电话线和小功率电力线

（1）型线。型线通常是指非圆形截面的裸导线。配电设备中使用的硬母线（又称汇流排）就属于型线。

（2）绞合线。绞合线是由多股单线绞合而成的导线，以改善其导电性能和力学性能。绞合线具有结构简单、制造方便、容易架设和维修、线路造价低等优点，主要用在电力架空线路中。

（3）软接线。软接线是指柔软的铜绞线、各种编织线和铜铂，主要用于需耐振动和弯曲的场合。

2）电磁线

电磁线是指专用于电能与磁能相互转换的带有绝缘层的导线，常用于电动机、电工仪表作绕组或元件时的绝缘导线。它通过电磁感应实现电磁互换。常用的电磁线，按使用的绝缘材料不同分为漆包线、绕包线、无机绝缘电磁线等，如表 2-2 所示。

3）电气设备用电线电缆

机床电气设备用电线电缆的分类、型号及选用机床电气设备用电线电缆的品种很多，使用范围广泛，一般分为通用电线电缆和专用电线电缆两大类，常用的有塑料绝缘电线、橡胶绝缘电线、塑料绝缘护套线、通用橡套电缆、塑料绝缘控制电缆和橡胶绝缘控制电缆等。在各种系列中，根据它们的特性及导电线芯、绝缘层、保护层的材料不同又分为若干种，如表 2-3 所示。

2. 绝缘材料

绝缘材料按其正常运行条件下允许的最高工作温度分级（耐热等级）。绝缘材料的耐热性对电气产品正常运行影响很大，是选择绝缘材料首先考虑的重要因素之一，如表 2-4 所示。

表 2-2　电磁线的类型、结构和用途

类型	结构	用途
漆包线	表面涂有漆膜做保护层，漆膜薄而牢固，均匀光滑	主要用于制造中小型电动机、变压器、电器线圈等。在电动机修理中，最好采用与原来同型号的漆包线，不要轻易改变；当无法搞清原来漆包线的型号时，可根据电动机的使用条件、工艺和漆包线性能等要求进行选择
绕包线	用绝缘物（如绝缘纸、玻璃丝或合成树脂等）绕包在裸导线芯（或漆包线芯）上形成绝缘层的电磁线，绕包好后的绕包线经过浸漆处理，成为组合绝缘	绕包线具有绝缘层厚、电气性能优良、过载力强等特点，常用于大中型、耐高温的设备中
无机绝缘电磁线	有铜质和铝质两种，形状各异，其优点在于耐高温、耐辐射等，如 YMLB 型氧化膜扁铝线耐温可达 250 ℃以上	常用于高温制动器线圈等

表 2-3　机床电气设备用电线电缆的类型、用途及特点

类型	用途及特点
B 系列橡皮塑料绝缘电线	此系列电线结构简单、质量轻、价格较低，有良好的电气、力学性能，能工作在交流 500 V、直流 1 000 V 的动力、配电和照明线路中
R 系列橡皮塑料绝缘软线	此系列软线的线芯是用多根细导线（铜线）绞合而成的，其特点是柔软、电气性能和力学性能良好，常用作机床各种仪器的内部连线
Y 系列通用橡套电缆	适用于各种电气设备、电动工具、仪器和日用电器的移动式电源线，所以也称为移动电缆，长期工作温度不得超过 65 ℃

表 2-4　绝缘材料及用途

类型		用途
绝缘漆		主要分为浸渍漆、覆盖漆、漆包线漆和硅钢片
绝缘胶		主要用于浇注电缆接头、套管，按用途分为电气浇注胶和电缆浇注胶两类
液体绝缘材料		俗称绝缘油，主要由矿物油和合成油组成。矿物油具有良好的化学稳定性和电气稳定性，应用广泛，在电气设备中除起绝缘、冷却和润滑的作用外，还起到灭弧的作用，一般用于电力变压器、断路器、高压电缆、油浸纸电容器等电力设备中
纤维制品	漆布或漆带	主要用作电动机、电器的衬垫和线圈的绝缘。常用的是 2432 醇酸玻璃漆布，它有良好的电气性能、耐油性、防霉性，可用于油浸变压器中，耐热等级为 B。使用漆布时，要包绕严密，不可出现皱褶和气囊，更不能出现机械损伤，以免影响其电气性能。当漆布和浸渍漆用在一起时，注意两者的相容性

续表

类型		用途
纤维制品	漆管（也称黄蜡管）	可代替油性漆管，用作电动机、电器的引出线或连线绝缘套管。常用的有2730醇酸玻璃漆管，它具有良好的电气性能和力学性能，耐油性、耐热性、耐潮性好，但弹性稍差，可用于油浸变压器中
	绑扎带	主要用于绑扎变压器铁芯和电动机转子绕组的端部，常用的是1317玻璃纤维无纬胶带。使用时，缠绕的张力不能过大或过小，一般将缠绕拉力控制在180 N/cm左右，并且在绑扎工件时，工件应预热至一定温度，绑完后进行烘干固化
	绝缘纸	主要用作电力电缆、控制电缆和通信电缆的电缆纸，用作电信电缆绝缘的电话纸等
	绝缘纸板	主要用于变压器，作绝缘保护和补强材料，其中硬钢纸板（白板）适宜做电动机、电器的支撑绝缘件或小电动机槽楔
	绝缘纱、带、绳和管	绝缘纱一般用于电缆电线中，而绝缘带用作电动机线圈的绑扎，绝缘管可作电动机、电器的引出线绝缘管
	层压制品	常用的层压制品有3240层压玻璃布板、3640层压玻璃布管、3840层压玻璃布棒，它们都能作为电动机、电器的绝缘零件，且有较高的电气和力学性能，耐热性、耐潮性良好
其他绝缘材料	云母制品	主要使用白云母和金云母两种原料。常用的有5434醇酸玻璃云母带及5438-1环氧玻璃粉云母带，均有良好的电气和力学性能，适宜作电动机、电器线圈的绝缘或衬垫
	电瓷材料	电瓷具有良好的绝缘性能和化学稳定性，并且有较高的热稳定性和机械强度。常用来制造高、低压绝缘子和低压电器绝缘瓷件
	薄膜和薄膜复合制品	薄膜常用的有6020聚酯薄膜，有良好的电气性能和机械强度，质地柔软，适用于电动机槽的绝缘、匝间绝缘和相间绝缘以及其他电工产品线圈的绝缘
	电工橡胶电工用橡胶	分天然橡胶和合成橡胶两类。天然橡胶柔软，富有弹性，但易燃，易老化，不耐油，一般用于户内作电线电缆的绝缘层和护套。合成橡胶常用的是氯丁橡胶和丁腈橡胶，能耐油，但电气性能不高，只作引出线套管、衬垫等绝缘材料和保护材料
	电工塑料	常用的电工塑料有ABS和尼龙1010两种，前者适用于各种结构的零件，也用作电动工具的引出线或外壳、支架等；后者宜作绝缘套、插座、线圈骨架、接线板等零件
	绝缘包扎带	绝缘包扎带有黑胶布带（俗称黑包布）和聚氯乙烯带两种，主要用作包缠电线和电缆的接头。聚氯乙烯带还能制成不同颜色用来包扎电缆接头

（四）导线加工基本操作

1. 绝缘层的去除

对绝缘导线进行连接时，必须去除接头处的绝缘层，以保证接头处有良好的导电特性。绝缘层要去除得干净、彻底，否则通电后接头处会发热。此外，还要保证接头处的机械强度不小于其他部位的。绝缘导线接头处绝缘层切剥的常用工具是电工刀和钢丝钳。

1）电磁线绝缘层的去除

直径在 0.6 mm 以上的电磁线，可用电工刀刮去其线头表面的绝缘漆；直径在 0.1 mm 以上的需用细砂布（纸）对折夹住其线头轻擦；直径在 0.1 mm 以下的需用特殊方法，即将线头在酒精灯上烧红后迅速投入酒精内，绝缘漆可自动脱落。

在去除丝包线线头绝缘层时，对于线径较小的线头，只要将丝包层向后推缩，即可使芯线露出；对于线径较大的线头，可松散一些丝包层后推出芯线；对于线径过大的线头，松散后的丝线头要打结，以免松散过多，露出的芯线可用细砂布擦去绝缘层。

2）电力线绝缘层的去除

在去除塑料单芯线线头的绝缘层时，对于芯线截面积在 4 mm^2 以上的可用电工刀剥除，剥除方法如图 2-23 所示。首先，根据所需线头的长度将刀口以 45° 切入塑料层，注意不可触及芯线；然后，将刀面与芯线保持 15° 左右，用力向外削出一条缺口，将被剖开的绝缘层向后扳翻，用电工刀齐根部切去。

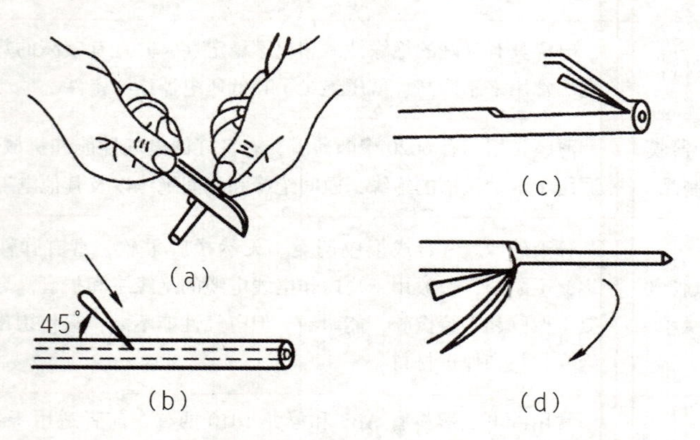

图 2-23　电工刀剥削塑料层

（a）握刀姿势；（b）刀以 45° 切入；（c）刀以 15° 倾斜推削；
（d）扳翻塑料层并在根部切去

对于芯线截面积在 2.5 mm^2 以下的单芯塑料硬线，可用钢丝钳剥去其绝缘层，具体操作方法如图 2-24 所示。选择好所需线头长度，用钢丝钳钳口轻轻切破塑料层，此时用力要轻，不可切伤芯线，然后左手拉紧导线，右手握住钳头向外用力拉去绝缘层即可。剥削软线绝缘层不可用电工刀，因容易切伤芯线。

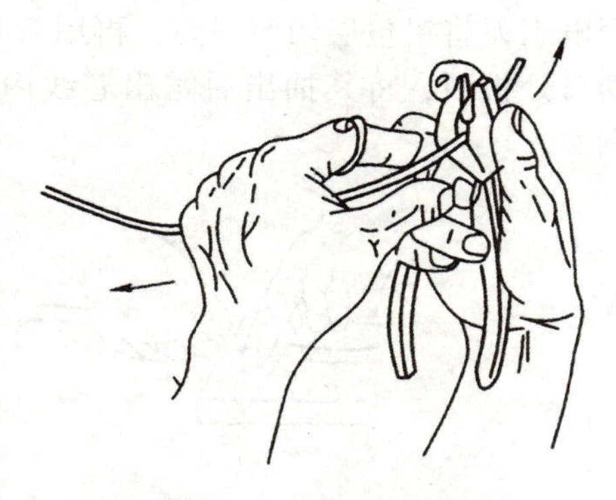

图 2-24 钢丝钳剥塑料层

塑料护套线绝缘层的剥除，如图 2-25 所示。先用电工刀刀尖沿两股芯线中缝划开绝缘护套层，然后将划开部分向后扳翻，用刀切齐。芯线绝缘层的剥除方法如同塑料硬线，注意芯线绝缘层切口应长出护套层切口 5~10 mm。剥除橡皮线的绝缘层时，要先用电工刀划开纤维编织层，削出绝缘台，再用塑料硬线的剥除方法剥去橡皮绝缘层。有的芯线上还包有棉纱，应将其齐根切去。

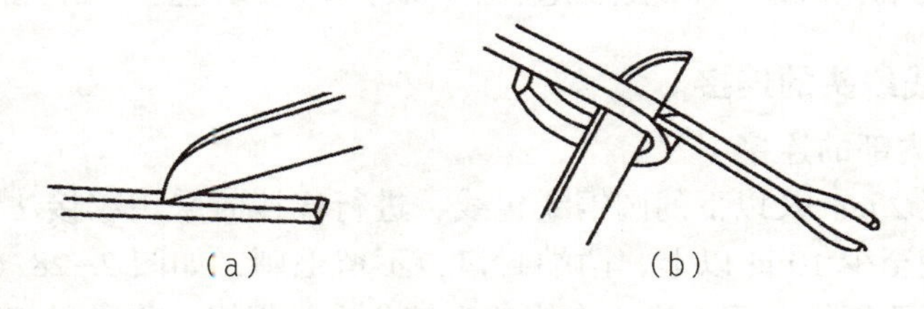

图 2-25 电工刀剥除护套层

(a) 在两芯线的中间划破护套层；(b) 扳翻护套层并在根部切去

花线绝缘层有两层，在剥除外层棉纱织品时，可用电工刀将其切割一圈后除去；内层的橡胶绝缘层，可用钢丝钳按剥除塑料软线绝缘层的方法剥除，如图 2-26所示。

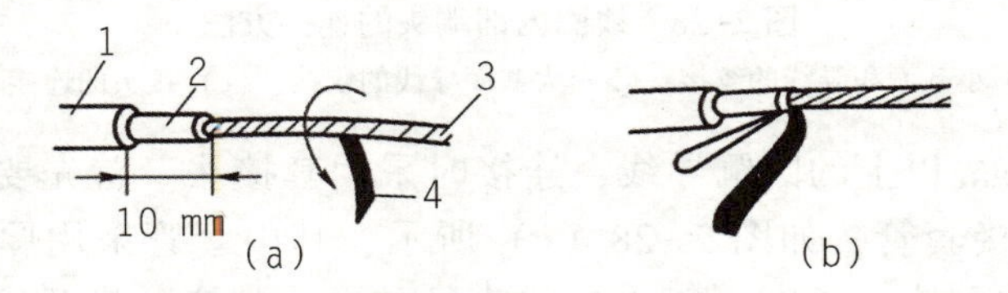

图 2-26 剥除花线绝缘层

(a) 去除编织层和橡胶绝缘层；(b) 扳翻棉纱

1—棉纱编层；2—橡胶绝缘层；3—芯线；4—棉纱

橡套软线（橡套电缆）外包较厚的护套层时，可用剥除塑料护套层的方法剥除。其内部每根芯线又包有各自的橡皮绝缘层，可用花线绝缘层的剥除方法剥除。

铅包线的铅包层要用电工刀剥除，如图 2-27 所示。确定好线头长度，先用电工刀将铅包层切割一刀，再用双手在切口两侧左右上下扳折，使铅包层由切口处折断，将其抽出后露出芯线内层绝缘层，然后按剥除塑料硬线的方法剥除。

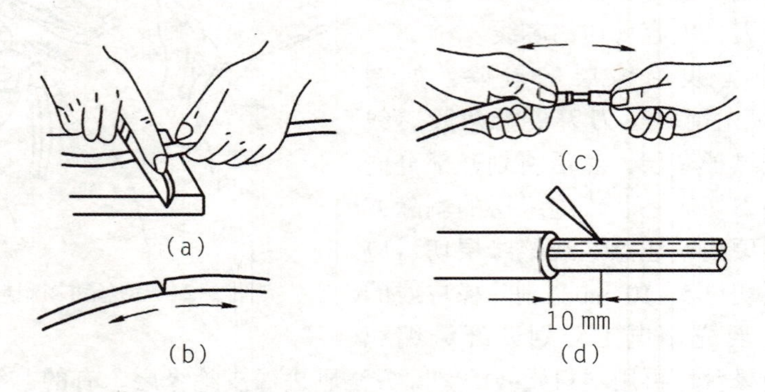

图 2-27　铅包层剥离方法

(a) 按所需长度切入；(b) 扳折铅包层断口；(c) 拉出线头铅包层；(d) 剖削绝缘层

2. 电磁线线头的连接

1）线圈内部的连接

对于直径 2 mm 及以下的圆铜漆包线，进行连接时采用绞接法，即将两线头相互均匀绞绕至少 10 圈以上，两端封口，不留毛刺，如图 2-28（a）、（b）所示。绞接后需要钎焊：用电烙铁在锡池中熔化少量焊锡，将导线接头处镀上松香后浸入熔锡中，2 s 后取出即可。

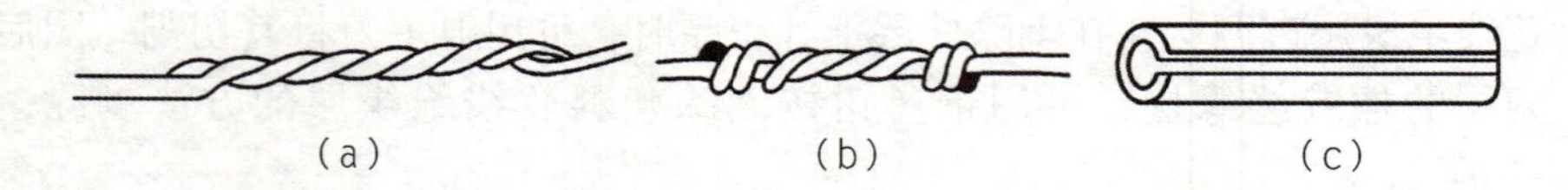

图 2-28　线圈内部端头的连接方法

(a) 小截面积导线的绞接；(b) 大截面导线的绞接；(c) 接头的连接套管

直径在 2 mm 以上的圆铜导线，连接时采用套接法。首先要选好与导线直径相适应的连接套管，如图 2-28（c）所示，其中套管采用厚度为 0.6~0.8 mm 的镀锡铜皮制成，长度一般为导线直径的 8~10 倍，截面积一般取导线截面积的 1.2~1.5 倍（例如，电磁线直径 2 mm，截面积近 3 mm^2，则套管截面积应选为 3.6~4.5 mm^2）。将两线头相对插入套管，使线头顶端对接在套管中间位置。进行钎焊时，要使焊锡充分浸入套管内部，充满中间缝隙，将线头和套管铸成整体。

2）线圈的外部连接

线圈之间的连接（如几个线圈的串并联），对于截面积较小的导线，仍采用绞接后再钎焊的方法；而对于大截面导线，则要用气焊法。线圈引出端与接线桩连接时，需用接线端子（接线耳）（图 2-29），先将线圈引出端与接线耳用压接钳压接，如图 2-30 所示，然后再将接线耳与接线桩用螺钉压接。

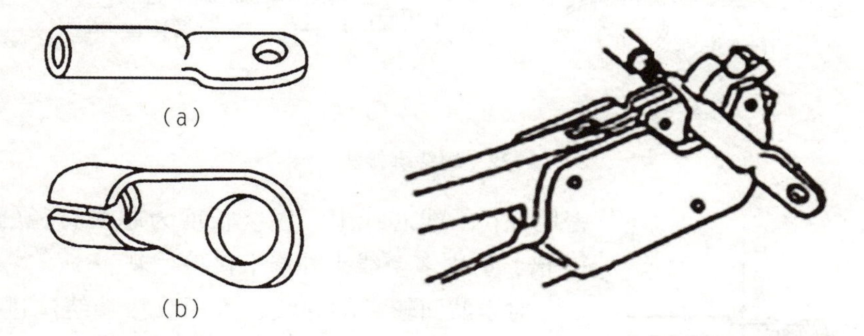

图 2-29 接线耳
（a）大载流量用接线耳；
（b）小载流量用接线耳

图 2-30 导线与接线耳的压接

3）铜芯电力线线头的连接

（1）单股芯线直线连接。

利用绞接法对截面积为 6 mm^2 以下的单芯导线进行直线连接时，可按图2-31所示方法进行。将两线头用电工刀剥去绝缘层，露出 10~15 mm 裸线端头；把导线两裸线端头 X 形相交，互相绞绕 2~3 圈，再扳直两线自由端头，将每根线头在对边线芯上密绕，每边绕 5~7 圈，缠绕长度不小于导线直径的 10 倍；将多余部分剪去，修正接口毛刺即可。

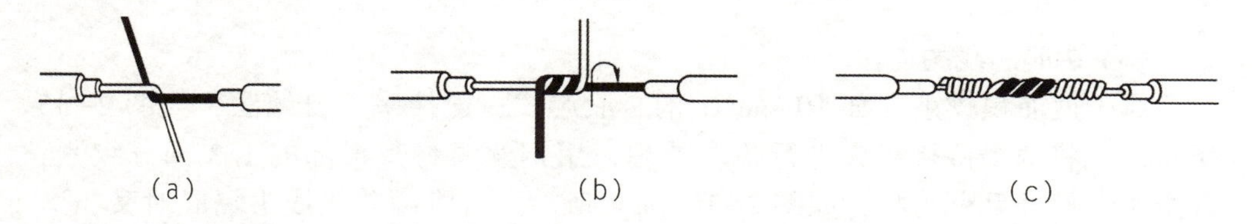

图 2-31 单股芯线绞接法
（a）两裸线端 X 形相交；（b）互绕 2~3 圈；（c）每端紧绕并绕至芯线直径 10 倍以上

对截面积在 10 mm^2 以上的单芯导线进行直线连接，可利用缠绕绑接法，如图 2-32 所示。将两芯线线头相对并叠，加入一根截面积为 1.5 mm^2 的铜芯线做辅助；用截面积为 1.5 mm^2 的裸铜线对 3 根并叠芯线头进行绑扎缠绕，芯线截面积 16 mm^2 以下的缠绕长度为 60 mm，截面积 16 mm^2 以上的缠绕长度为 90 mm。

（2）单股芯线的 T 字形分支连接。

对于截面积 6 mm^2 以下的导线进行 T 字形连接，可参照图 2-33 所示方法进行：将支线线头与干线十字相交后绕一单结，支线芯线根部留 3~5 mm，然后紧

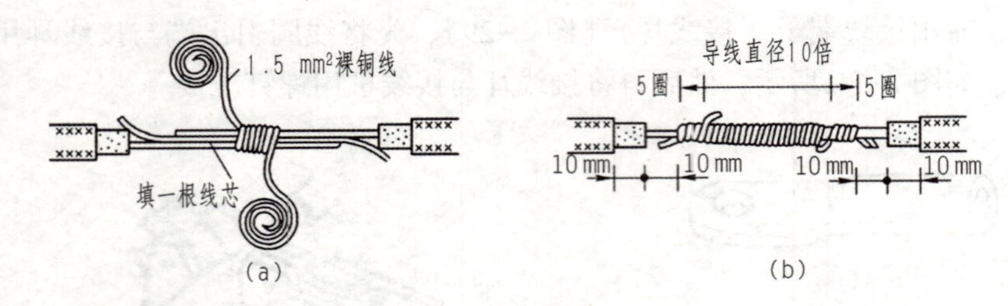

图 2-32　缠绕绑接法

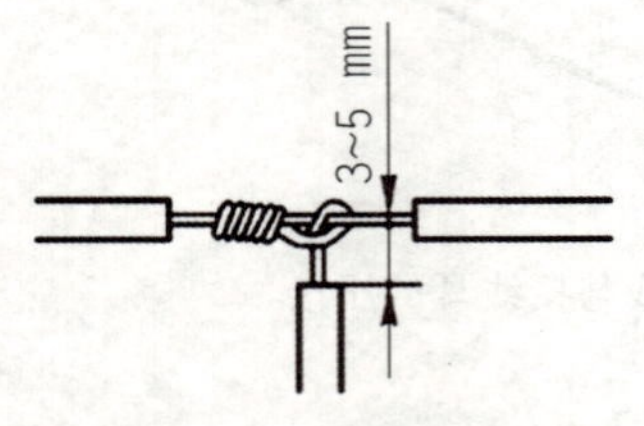

图 2-33　单股芯线的T字形分支连接

密地绕在干线芯线上，缠绕长度为芯线直径的 8～10 倍，剪去多余线头并修平接口毛刺。

对于截面较大的导线，可用直接缠绕法进行 T 字形连接，即将芯线线头与干线十字相交后直接缠绕在干线上，如图 2-34 所示。缠绕长度应为芯线直径的 8～10 倍，缠绕时要用钢丝钳配合，力求缠绕紧固，并应在接头处搪锡。

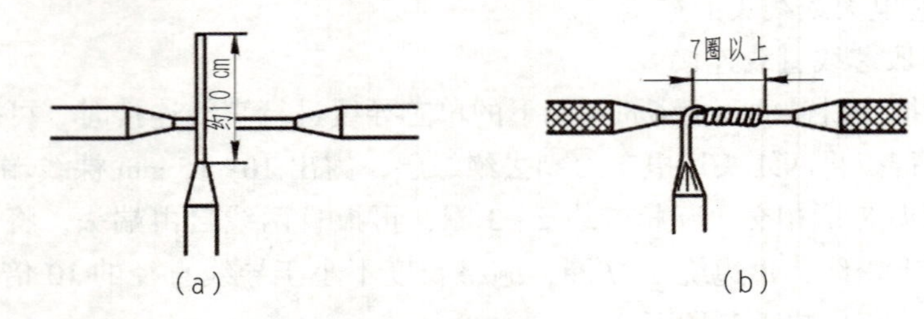

图 2-34　直接缠绕法

(3) 7 股芯线的连接。

对于截面积较小（如 10 mm^2）的 7 股芯线，连接采用自缠法，如图 2-35 所示。先将两个待接线头进行整形处理，用钢丝钳将其根部的 1/3 部分绞紧，其余 2/3 部分呈伞骨状，如图 2-35 (a) 所示。再将两芯线线头隔股对叉，叉紧后将每股芯线捏平，如图 2-35 (b)、(c) 所示。然后将一端的 7 股芯线线头按 2、2、3 分成三组，将第一组 2 股垂直于芯线扳起，按顺时针方向紧绕两周后扳成直角，使其与芯线平行，如图 2-35 (d)、(e) 所示。最后将第二组芯线紧贴第一组芯线直角的根部扳起，按第一组的绕法缠绕两周后仍扳成直角，如图2-35 (f)、(g) 所示。第三组 3 根芯线缠绕方法如前，但应绕三周，如图2-35 (h) 所示，在绕到第二周时找准长度，剪去前两组芯线的多余部分，同时将第三组芯线再留一圈长度，其余剪去，使第三组芯线绕完第三周后正好压没前两组芯线线头，如图 2-35 (i) 所示。这样，一端连接结束。另一端的连接方法与此相同。

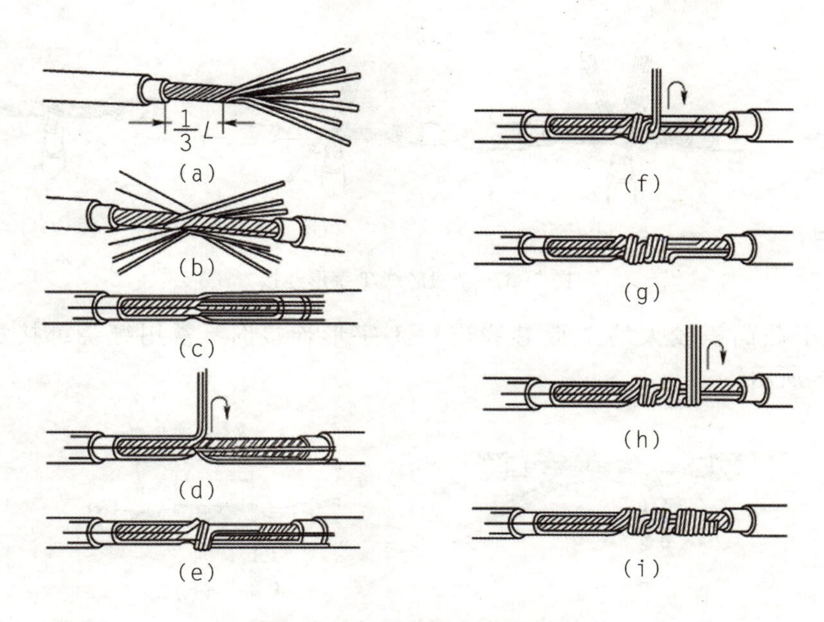

图 2-35 7股芯线自缠法连接

对于大截面积的7股芯线（如35 mm^2及以上的），用自缠法连接较困难，一般采用缠绕绑接法，如图2-36所示。先将两段芯线线端打开，呈伞骨状，将其隔股对叉，成为一体，叉实后将每股芯线捏平。用1.5 mm^2的铜线由中央开始绑缠，要求缠绕紧固，绑缠长度为7股芯线直径的10倍。

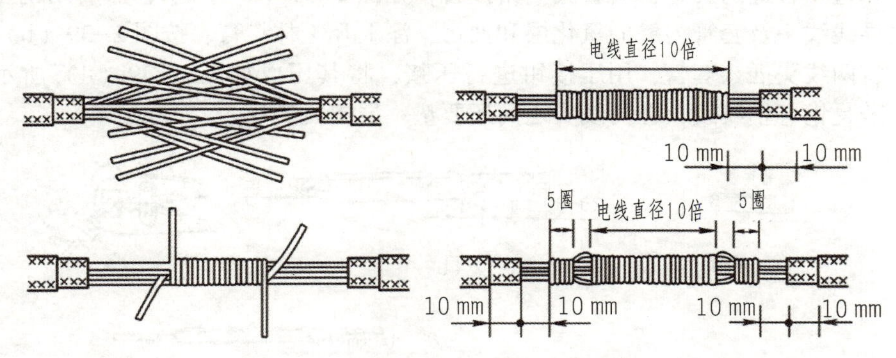

图 2-36 7股芯线缠绕绑接法连接

（4）7股芯线T字形连接。

对于截面积较小的7股芯线，采用如图2-37所示的方法连接。先将支线线头剥去绝缘层后，在根部1/8处进一步绞紧，余部按3股、4股分成两组；然后用平口螺丝刀除去绝缘层的干线接口部分，同样按3股、4股分成两组；将支线4股一组插入两组干线中间至根部；将支线两组向彼此相反的方向沿干线绕制4~5圈，剪去余端，修平切口。

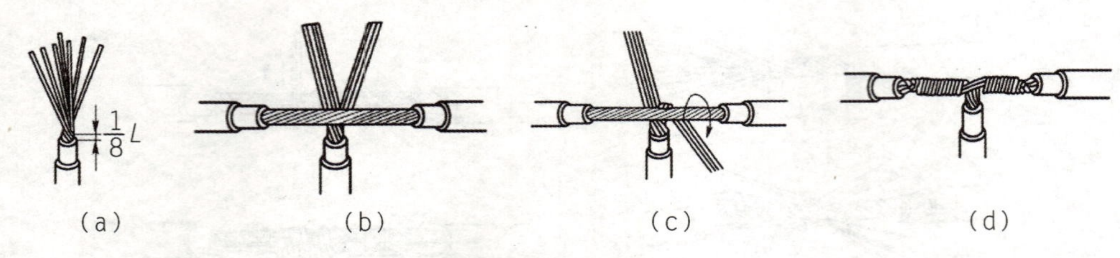

图 2-37 7 股芯线 T 字形连接

对于截面积较大的 7 股芯线进行 T 字形连接时，常用缠绕绑接法，如图 2-38 所示。

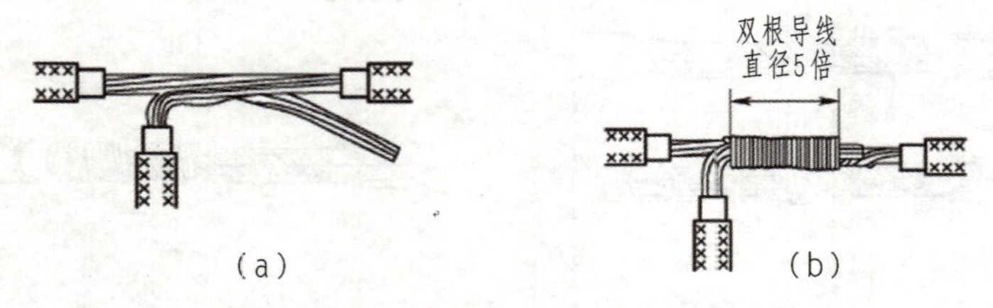

图 2-38 7 股芯线 T 字形连接时缠绕绑接法

4）铝芯电力线线头的连接

（1）套管压接法。

单股 10 mm² 以下小截面铝芯导线的连接宜采用套管压接法，如图 2-39 所示。先选好合适的套管，套管又叫钳接管，如图 2-39（a）所示；然后用钢丝刷刷去导线线头及套管内壁的氧化层和油污，涂上凡士林粉膏；按图 2-39（b）样式，将两线头插入套管，用压接钳进行压接，将其压成如图 2-39（d）所示形式。若是钢芯铝绞线，在两线头之间还要垫一层铝质垫片。

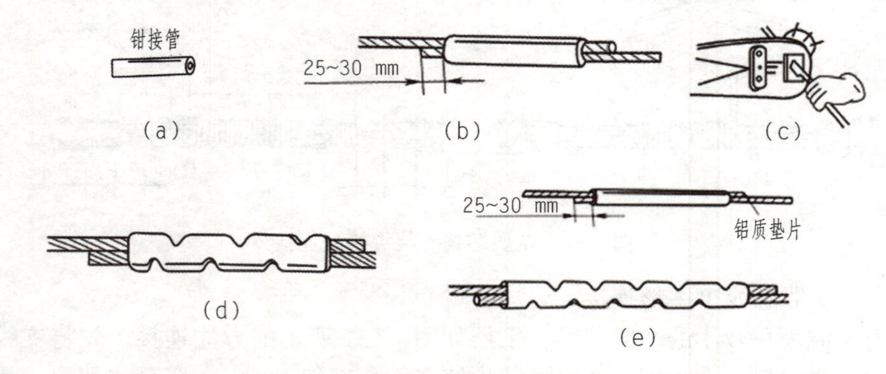

图 2-39 套管压接法

（2）螺钉压接法。

此种方法适用于负荷较小的单股芯线。电路中导线与开关、熔断器、仪表、瓷接头等的连接多用此法，具体做法如图 2-40 所示。先将除去绝缘层的线头用电工刀或钢丝刷除去氧化层，涂上凡士林锌膏粉或中性凡士林；将线头插入接头线孔内，用压线螺丝压接。若是两个或两个以上线头用在同一个接线桩上，应将其拧成一股后进行压接。

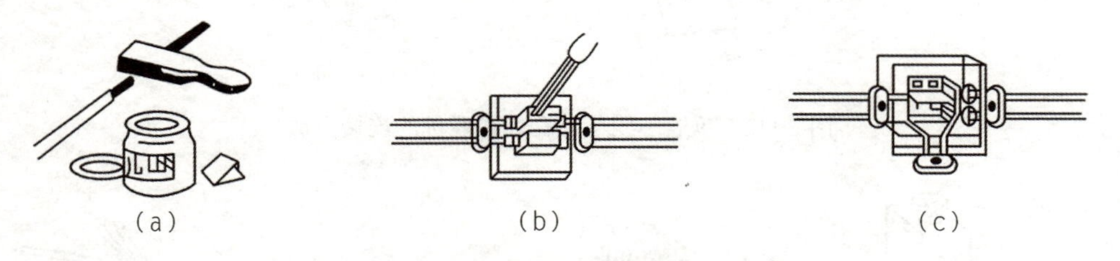

图 2-40 单股铝芯导线的螺钉压接法

(a) 刷去氧化层涂上凡士林；(b) 在瓷接头上直接连接；(c) 在瓷接头上进行分路连接

(3) 线头与接线桩的连接。

常用接线桩有三种：针孔式、螺钉平压式和瓦型式，如图 2-41 所示。

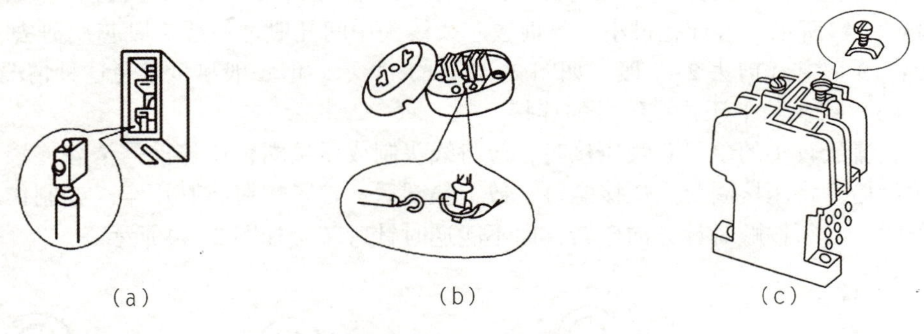

图 2-41 常用接线桩

(a) 针孔式；(b) 螺钉平压式；(c) 瓦型式

(4) 线头与针孔式接线桩的连接。

这种接线桩是靠针孔顶部的压线螺钉压住线头来完成电路连接的，主要用于室内线路中某些仪器、仪表的连接，如熔断器、开关和某些监测计量仪表等。单股芯线与针孔式接线桩连接时，芯线直径一般小于针孔，最好将线头折成双股并排插入针孔内，使压接螺钉顶紧双股芯线中间，如图 2-42 (a) 所示。若芯线较粗也可用单股，但应将芯线线头向针孔上方微折一下，使压接更加牢固，如图 2-42 (b) 所示。

多股芯线与针孔式接线柱的连接方法如图 2-43 所示。将芯线线头绞紧，注意线径与针孔的配合，若线径与针孔相适，可直接压接，如图 2-43 (a) 所示，但在一些特殊场合应做压扣处理。以 7 股芯线为例，绝缘层应多剥去一些，芯线线头在绞紧前分三级剪除，2 股剪的最短；4 股稍长，长出单股芯线直径的 4 倍；最后 1 股应保留能在 4 股芯线上缠绕两圈的长度。然后将其多股线头绞紧，并将最长 1 股绕在端头上形成“压扣”，最后再进行压接。

图 2-42　单股芯线与针孔式接线桩的连接方法

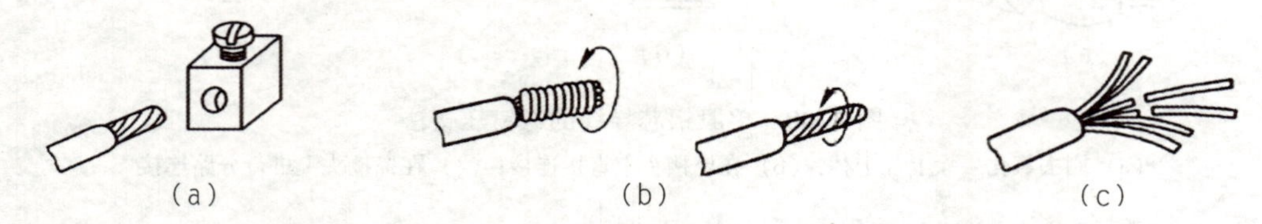

图 2-43　多股芯线与针孔式接线柱的连接方法

若针孔过大，可用一单股芯线在端头上密绕一层，以增大端头直径，如图 2-43（b）所示。若针孔过小，可剪去芯线线头中间几股。一般 7 股芯线剪去 1、2 股；19 股芯线剪去 2~7 股，如图 2-43（c）所示，但一般尽量避免这种情况。

（5）线头与平压式接线桩的连接。

载流量较小的单股芯线压接时，应将线头制成压接圈，压接前需清除连接部位的污垢，将压接圈套入压接螺钉，放上垫圈后，拧紧螺钉将其压牢。在制作压接圈时，必须按顺时针方向弯转，而不能逆时针弯转，如图 2-44 所示。

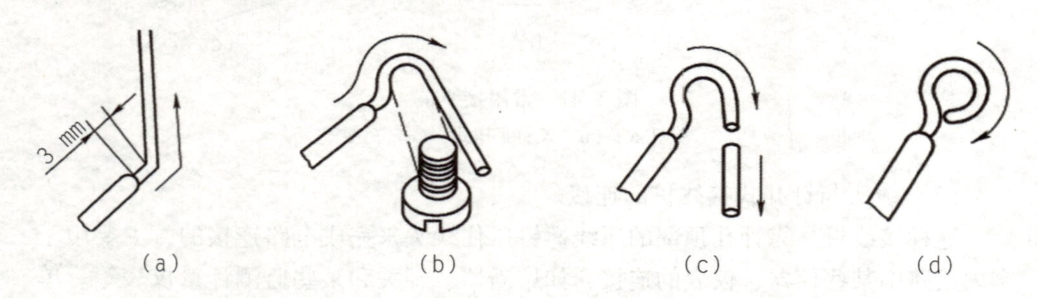

图 2-44　单股芯线压接圈

（a）离绝缘层根部 3 mm 左右；（b）按略大于螺钉弯曲圆弧向外侧折角；
（c）剪去多余部分；（d）修正为圆圈

截面积不超过 10 mm^2的 7 股及 7 股以下的芯线压接时也可制成压接圈，如图 2-45 所示。先将线头靠近绝缘层的 1/2 段绞紧，再将绞紧部分的 1/3 处定为圆圈根部，并制成圆圈，如图 2-45（a）、（b）所示；然后把松散的 1/2 部分按 2、2、3 分成 3 组，按 7 股芯线直线对接的自缠法加工处理，如图 2-45（c）、（d）、（e）所示。压接圈制成后即可按单股芯线压接方式压接。

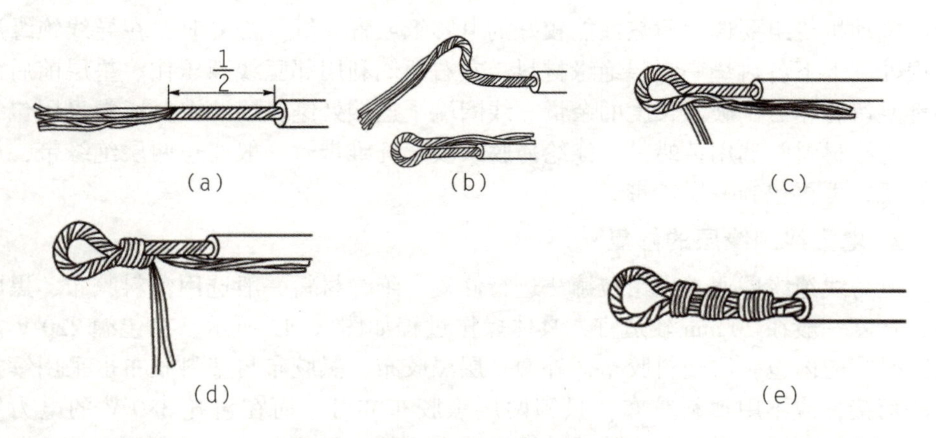

图 2-45　7 股芯线压接圈法

5）导线的封端连接

导线在与用电设备连接时，必须对其端头进行技术处理。对于截面积大于 10 mm^2的多股铜芯线和铝芯线，必须在端头做好接线端子，然后才能与设备连接，这一项工作称为导线的封端连接。铝芯导线通常采用压接法进行封端连接。压接前清除线头与接线端子（接线耳）内壁的氧化层污垢，涂上中性凡士林后进行压接，压接工艺多为围压截面，如图 2-46 所示。

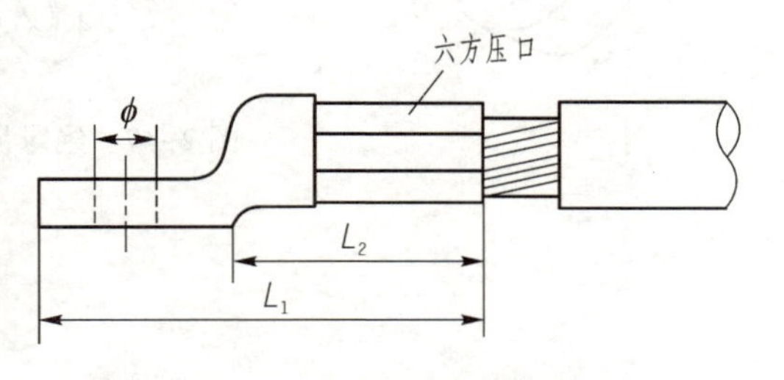

图 2-46　铝芯线封端压接

铜线的封端连接可以采用焊接法，其方法是清除导线端头与接线端子（接线耳）内壁的氧化层污物，在焊接部位表面涂上无酸焊膏并将线头镀锡，然后将少量焊锡放入接线端子（接线耳）线孔内，用酒精喷灯加热熔化，再把镀锡线头插入线孔内继续加热，使锡液充满线孔并完全浸入导线缝中方可停止。另外，还可以采用压接法，即将导线端头插入接线端子（接线耳）内，用压接钳进行压接。

（五）导线绝缘层的修复

导线线头连接完毕之后，必须对在连接时所破坏的绝缘层进行修复。修复后其抗拉强度和绝缘等级应不低于原有强度和绝缘等级。

1. 电磁线绝缘层的修复

线圈内部绝缘层破损或内部有接头时，应根据线圈层间和匝间所承受的电压值及线圈的技术要求来选用相应的绝缘材料进行包扎修复。一般小型线圈选用电容纸；高压线圈则选用绝缘强度较高的涤纶薄膜；较大线圈采用黄蜡带或青壳纸。电动机绕组要选用耐热性能较好的电容纸或青壳纸。修复时，在导线绝缘层破损处，上下各衬垫一二层绝缘材料，左右两侧利用邻匝线圈压住。垫层前后两端都要留有相当于破损长度的余量。线圈端子连接处绝缘层的恢复通常采用包缠法，绝缘材料常选用黄蜡带、涤纶薄膜或玻璃纤维带。一般要包两层绝缘带，如有必要，可再包缠一层纱带。

2. 电力线绝缘层的修复

电力线绝缘层通常也用包缠法进行修复，绝缘材料一般选用塑料胶布、黑胶布，宽度一般在 20 mm 较适宜，具体操作过程如图 2-47 所示。在包缠 220 V 的线路时，应内包一层塑料胶布，外缠一层黑胶布。黑胶布与塑料胶布也采用续接方法衔接，或不用塑料胶布，只缠两层黑胶布亦可。而在包扎 380 V 的电力线时，要内包两层塑料胶布，外缠一层黑胶布才行。黑胶布要缠紧，且要覆盖塑料胶布。

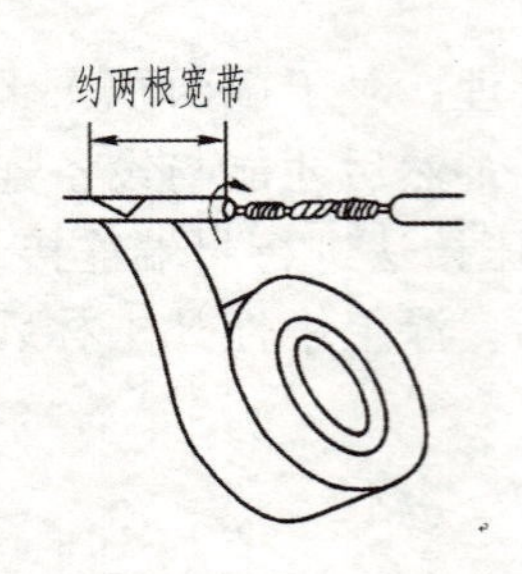

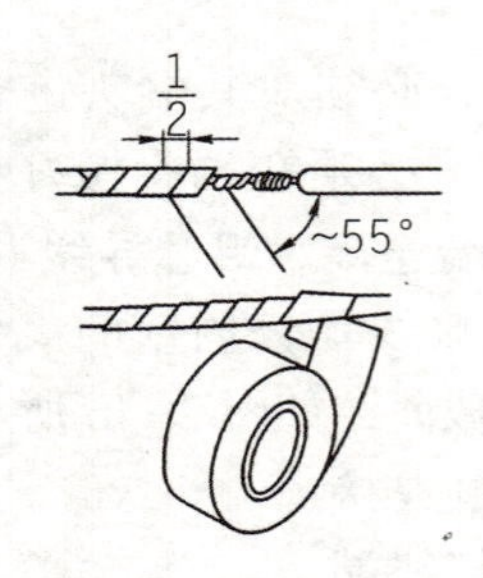

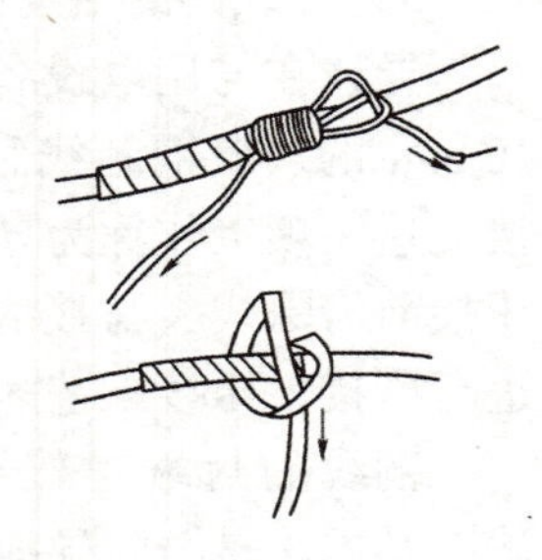

图 2-47　绝缘带包缠法

2.3　工作单

操作员：________　“7S”管理员：________　记分员：________

实训项目	电工工具、仪表的使用及导线的加工				
实训时间		实训地点		实训课时	4
使用设备	电工工具：电工刀、活络扳手、钢丝钳、剥线钳、试电笔、电烙铁； 电工仪表：万用表、兆欧表； 电工材料：所需各类导线、绝缘胶布、各类接线柱				
制订实训计划					

续表

实施	电工工具使用	操作步骤及方法	
	电工仪表使用	操作步骤及方法	
	导线加工	操作要领	
评价	项目评定		根据项目器材准备、实施步骤、操作规范三方面评定成绩
	学生自评		根据评分表打分
	学生互评		互相交流，取长补短
	教师评价		综合分析，指出好的方面和不足的方面

项目评分表

本项目合计总分：________

1. 功能考核标准（90 分）

工位号________　　　　　　　　　　　　　　　　成绩________

项目	评分项目	分值		评分标准	得分
器材准备	实训所需设备及器材	15 分		从电工工具、电工仪表和电工材料三方面考虑，少准备一件扣 2 分	
实施过程	电工工具使用	75 分	25 分	能正确使用电工工具进行操作，一种工具得 5 分，未正确操作，一处错误扣 1 分	
	电工仪表使用		25 分	能正确使用万用表测电阻和电压得 15 分，能正确使用兆欧表测绝缘电阻得 10 分	
	导线加工		25 分	从绝缘层的去除、导线的连接和绝缘层的恢复三方面考虑：能正确去除各类导线的绝缘层，得 10 分；能正确连接各类导线，得 10 分；能正确恢复绝缘层，得 5 分。操作错误，一处扣 1 分	

2. 安全操作评分标准（10 分）

工位号________　　　　　　　　　　　　　　　　　　　　成绩________

项目	评分点	配分	评分标准	得分
职业与安全知识	完成工作任务的所有操作是否符合安全操作规程	5 分	1. 符合要求，得 5 分 2. 基本符合要求，得 3 分 3. 一般，得 1 分	
	工具摆放、包装物品等的处理是否符合职业岗位的要求	3 分	1. 符合要求，得 3 分 2. 有两处错误，得 1 分 3. 两处以上错误，不得分	
	遵守工位纪律，爱惜所提供的器材，保持工位整洁	2 分	1. 符合要求，得 2 分 2. 未做到，扣 2 分	
项目	加分项目及说明			加分
奖励	1. 整个操作过程对工位进行“7S”工位管理和工具器材摆放规范到位的加 10 分； 2. 用时最短的 3 个工位（时间由短到长排列）分别加 3 分、2 分、1 分			
项目	扣分项目及说明			扣分
违规	1. 违反操作规程使自身或他人受到伤害扣 10 分； 2. 不符合职业规范的行为，视情节扣 5~10 分； 3. 完成项目用时最长（时间由长到短排列）的 3 个工位分别扣 3 分、2 分、1 分			

2.4　课后练习

一、选择题

1. 万用表电阻调零后，用“×10 Ω”挡测量一个电阻的阻值，发现表针偏转角度极小，正确的判断和做法是（　　）。

A. 这个电阻值很小

B. 这个电阻值很大

C. 为了把电阻测得更准一些，应换用“×1 Ω”挡，重新调零后再测量

D. 为了把电阻测得更准一些，应换用“×100 Ω”挡，重新调零后再测量

2. 有一个万用表，其欧姆挡的四个量程分别为“×1 Ω”“×10 Ω”“×100 Ω”“×1 kΩ”。某学生把选择开关旋到“×100 Ω”挡测量一未知电阻时，发现指针偏转角度很大，为了减少误差，他应该换用的欧姆挡和测量方法是（　　）。

A. 用“×1 kΩ”挡，不必重新调整调零旋钮
B. 用“×10 Ω”挡，不必重新调整调零旋钮
C. 用“×1 kΩ”挡，必须重新调整调零旋钮
D. 用“×10 Ω”挡，必须重新调整调零旋钮

二、判断题

1. 万用表在测电阻时可以暂时带电操作。（　　）
2. 电工刀手柄有塑料层，所以可以带电操作。（　　）
3. 兆欧表测量电气设备绝缘电阻时，必须在停电以后进行。（　　）
4. 修复后的导线线头处其抗拉强度和绝缘等级应不低于原有绝缘层。（　　）
5. 对截面积在 $10\ mm^2$ 以上的单芯导线进行直线连接，需加入 1 根截面积为 $1.5\ mm^2$ 的铜芯线做辅助。（　　）

三、填空题

1. 常用的电工工具有________、________、________、________等。
2. 电工仪表按作用原理，可分为________、________、________和________。
3. 在使用万用表时，红表笔应接________孔，黑表笔应接________孔。
4. 在测量时，兆欧表的“L”端应与________相连接。
5. 电工材料主要分为________和________两大类。

四、简答题

1. 简述什么叫“机械调零”，什么叫“欧姆调零”。
2. 写出使用万用表测量电阻的步骤。
3. 导线线头与接线柱的连接方式有哪几种？
4. 使用万用表测量交流电压时应注意哪些事项？
5. 查阅相关资料，认识兆欧表的作用和使用方法。

五、社会实践题

我们电工在日常工作中需要各种工具和仪表，还需要劳动保护用品，它是我们重要的“武器”。请同学们通过网络搜索、查阅书籍和询问身边的电工亲戚朋友，了解电工常用哪些劳动保护用品以及它们的作用。（不低于 5 件劳动保护用品）

项目3 一般照明电路的安装与检修

通过前几个项目的学习，我们学会了安全用电，掌握了电工的基本知识与技能，是不是想马上一展身手，学以致用呢？现在就让我们从日常生活中最常见的电路——照明电路的安装开始吧。

照明电路是生活中最常见，但是同学们真的了解它吗？照明电路给我们带来光明的同时，安装不规范也时刻威胁着人民生命财产安全；只有严格遵守技术规范和工艺要求才能做好照明电路安装工作。

3.1 任务书

一、任务单

<table>
<tr><td>项目3</td><td>一般照明电路的安装与检修</td><td>工作任务</td><td colspan="2">1. 安装白炽灯照明电路；
2. 安装日光灯照明电路；
3. 安装小型配电箱</td></tr>
<tr><td>学习内容</td><td colspan="2">1. 双控开关电路原理；
2. 白炽灯电路的安装与故障排除；
3. 日光灯电路的安装与故障排除；
4. 小型配电箱的安装</td><td>教学时间/学时</td><td>10</td></tr>
<tr><td>学习目标</td><td colspan="4">1. 学会正确安装白炽灯电路；
2. 学会正确安装日光灯电路；
3. 学会正确选用配电箱器件；
4. 能按照室内布线的规范进行简单的室内布线</td></tr>
<tr><td rowspan="3">思考题</td><td colspan="4">1. 白炽灯的电路图是怎样的？</td></tr>
<tr><td colspan="4">2. 安装日光灯常用电工工具有哪些？</td></tr>
<tr><td colspan="4">3. 配电箱电气元件定位的基本要求有哪些？</td></tr>
</table>

二、资讯途径

序号	资讯类型	序号	资讯类型
1	上网查询	3	查阅相关电工材料手册
2	观察学校或家庭相关电路的安装		

3.2　学习指导

一、训练目的

(1) 学会正确安装白炽灯电路。
(2) 学会正确安装日光灯电路。
(3) 学会正确选用配电箱器件。
(4) 能按照室内布线的规范进行简单的室内布线。

二、训练重点及难点

(1) 白炽灯电路的安装。
(2) 日光灯电路的安装。
(3) 小型配电箱的安装。

三、照明电路安装与检修的相关理论知识

一般照明电路的安装与检修是电工人员的一项基本技能，学好照明电路的安装将为机床电气设备的安装、检修与维护打下良好的基础。

(一) 白炽灯照明电路的安装

白炽灯是利用电流的热效应将电能转换成热能和光能的电器。白炽灯泡有插口和螺口两种形式。灯泡主要部分是灯丝，灯丝由电阻率较高的钨丝制成。灯丝通常绕成螺旋状以防断裂。40 W 以下的灯泡内部抽成真空，40 W 以上的灯泡在内部抽成真空后充有少量氩气或氮气等惰性气体以减小钨丝挥发，延长灯丝寿命。常用白炽灯电路如图 3-1 所示。

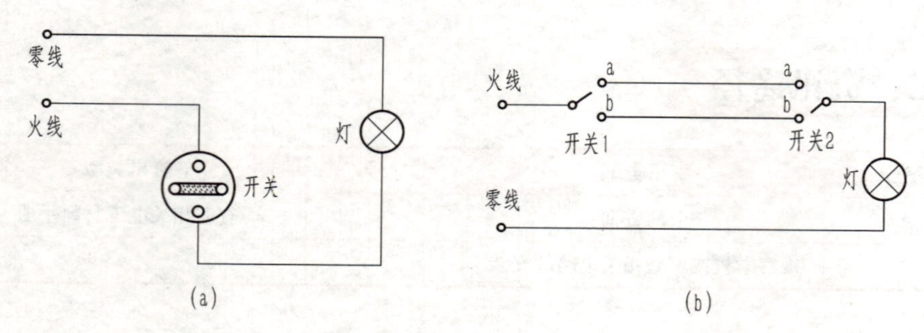

图 3-1　常用白炽灯电路

(a) 一只开关控制；(b) 双控开关控制

1. 白炽灯的安装

白炽灯的安装有室外的，也有室内的，室内白炽灯的安装通常有吸顶式、壁式和悬吊式三种，如图 3-2 所示。

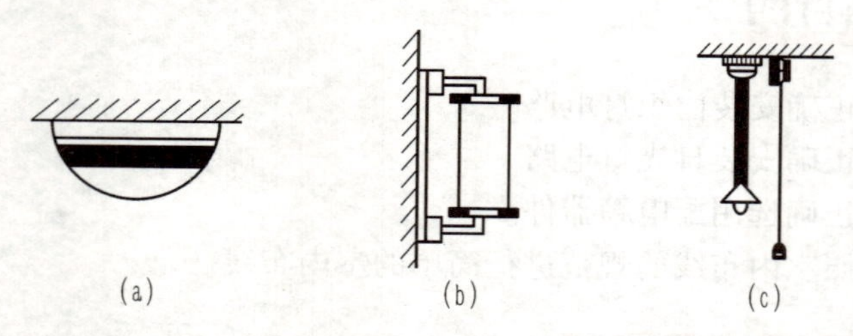

图 3-2　白炽灯安装方式

(a) 吸顶灯；(b) 壁式；(c) 悬吊式

日常生活中最常用的软线悬吊式安装方法如表 3-1 所示，其他两种安装方法可自行理解。

2. 白炽灯电路故障排除

白炽灯常见故障有灯光亮度不够、灯光强烈、灯泡闪烁、灯泡不亮等。故障原因和排除方法如表 3-2 所示。

表 3-1　白炽灯照明电路的安装步骤

安装部件	示意图	安装方法
圆木的安装	A B C	先在准备安装吊线盒的地方打孔，预埋木枕或膨胀螺钉，如图 A 所示；然后在圆木底面用电工刀刻两条槽，圆木中间钻三个小孔，如图 B 所示；最后将两根电源线端头分别嵌入圆木两边的小孔并穿出，通过中间小孔用木螺钉将圆木紧固在木枕上，如图 C 所示

续表

安装部件	示意图	安装方法
安装吊线盒（以塑料吊线盒为例）	 A 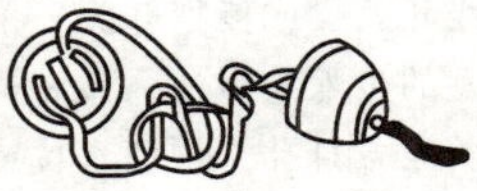 B  C	先将圆木上的电线从吊线盒底座孔中穿出，用木螺钉把吊线盒紧固在圆木上，如图 A 所示；接着将电线的两个线头剥去 2 cm 左右的绝缘皮，然后将线头分别旋紧在吊线盒的接线柱上，如图 B 所示；最后按灯的安装高度（离地面 2.5 m），取一股软电线作为吊线盒的灯头连接线，上端接吊线盒的接线柱，下端接灯头，在离电线上端约 5 cm 处打一个结，如图 C 所示，使结正好卡在吊线盒盖的线孔里，以便承受灯具质量，将电线下端从吊线盒盖孔中穿过，盖上吊线盒盖就行了。如果使用的是瓷吊线盒，软电线上先打结，两根线头分别插过瓷吊线盒两棱上的小孔固定，再与两条电源线直接相接，然后分别插入吊线盒底座平面上的两个小孔里，其他操作步骤不变
安装灯头	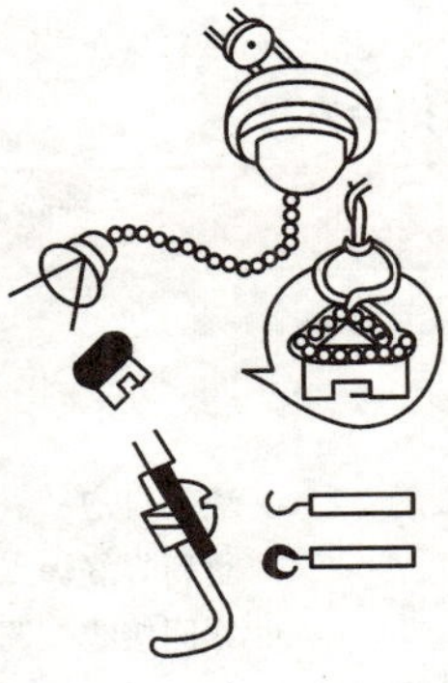 A 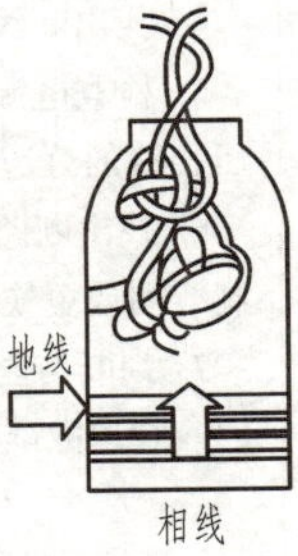 地线 相线 B	旋下灯头盖子，将软线下端穿入灯头盖孔中，在离线头 3 cm 处按照上述方法打一个结，把两个线头分别接在灯头的接线柱上，如图 A 所示，然后旋上灯头盖子。如果是螺口灯头，如图 B 所示，相线应接在中心铜片相连的接线柱上，否则容易发生触电事故

续表

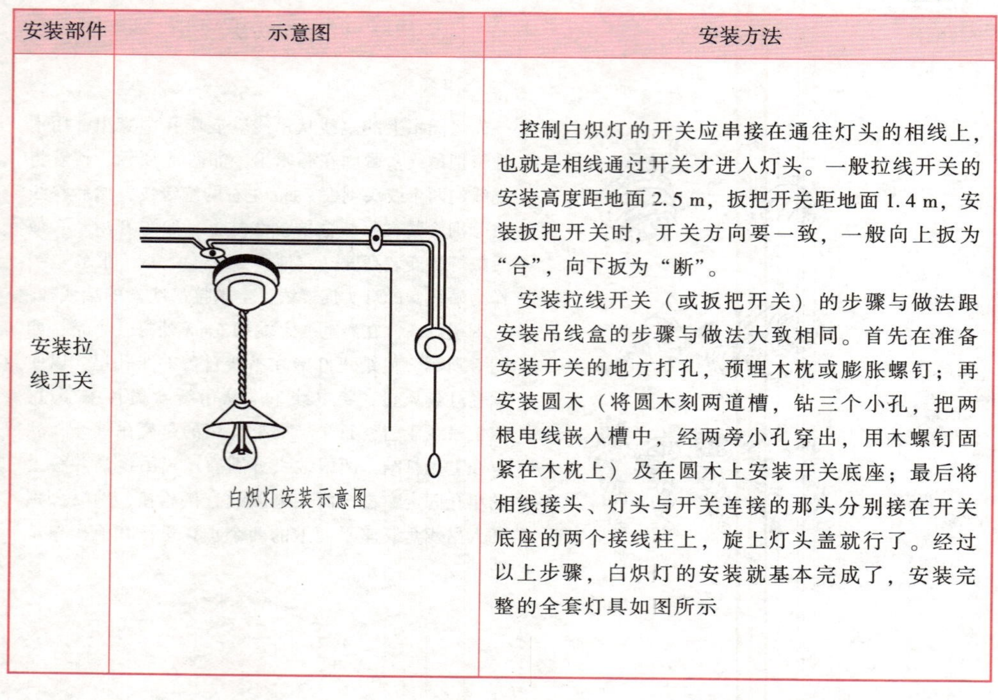

安装部件	示意图	安装方法
安装拉线开关	白炽灯安装示意图	控制白炽灯的开关应串接在通往灯头的相线上，也就是相线通过开关才进入灯头。一般拉线开关的安装高度距地面 2.5 m，扳把开关距地面 1.4 m，安装扳把开关时，开关方向要一致，一般向上扳为“合”，向下扳为“断”。 安装拉线开关（或扳把开关）的步骤与做法跟安装吊线盒的步骤与做法大致相同。首先在准备安装开关的地方打孔，预埋木枕或膨胀螺钉；再安装圆木（将圆木刻两道槽，钻三个小孔，把两根电线嵌入槽中，经两旁小孔穿出，用木螺钉固紧在木枕上）及在圆木上安装开关底座；最后将相线接头、灯头与开关连接的那头分别接在开关底座的两个接线柱上，旋上灯头盖就行了。经过以上步骤，白炽灯的安装就基本完成了，安装完整的全套灯具如图所示

表 3-2　白炽灯故障原因与排除方法

故障现象	故障原因	排除方法
灯泡不亮	1. 灯丝烧断； 2. 灯丝引线焊点开焊； 3. 灯头或开关接线松动、触片变形、接触不良； 4. 线路断线； 5. 电源无电或灯泡与电源电压不相符，电源电压过低，不足以使灯丝发光； 6. 行灯变压器一、二次侧绕组断路或熔丝熔断，使二次侧无电压； 7. 熔丝熔断、自动开关跳闸： （1）灯头绝缘损坏； （2）多股导线未拧紧，未刷锡引起短路； （3）螺纹灯头，顶芯与螺丝口相碰短路； （4）导线绝缘损坏引起短路； （5）负荷过大，熔丝熔断	1. 更换灯泡； 2. 重新焊好焊点或更换灯泡； 3. 紧固接线，调整灯头或开关的触点； 4. 找出断线处进行修复； 5. 检查电源电压，选用与电源电压相符的灯泡； 6. 找出断路点进行修复或重新绕制线圈或更换熔丝； 7. 判断熔丝熔断及断路器跳闸原因，找出故障点并做相应处理

续表

故障现象	故障原因	排除方法
灯泡忽亮忽暗或熄灭	1. 灯头、开关接线松动，或触点接触不良； 2. 熔断器触点与熔丝接触不良； 3. 电源电压不稳定，或有大容量设备启动或超负荷运行； 4. 灯泡灯丝已断，但断口处距离很近，灯丝晃动后忽接忽断	1. 紧固压线螺钉，调整触点； 2. 检查熔断器触点和熔丝，紧固熔丝压接螺钉； 3. 检查电源电压，调整负荷； 4. 更换灯泡
灯光暗淡	1. 灯泡寿命已到，泡内发黑； 2. 电源电压过低； 3. 有地方漏电； 4. 灯泡外部积垢； 5. 灯泡额定电压高于电源电压	1. 更换灯泡； 2. 调整电源电压； 3. 查看电路，找出漏电原因并排除； 4. 去垢； 5. 选用与电源电压相符的灯泡
灯泡通电后发出强烈白光，灯丝瞬时烧断	1. 灯泡有搭丝现象，电流过大； 2. 灯泡额定电压低于电源电压； 3. 电源电压过高	1. 更换灯泡； 2. 选用与电源电压相符的灯泡； 3. 调整电源电压
灯泡通电后立即冒白烟，灯丝烧断	灯泡漏气	更换灯泡

（二）日光灯电路的安装

1. 日光灯的组成

日光灯电路由灯管、镇流器、启辉器等部件组成。

（1）灯管。

日光灯管是一根玻璃管，内壁涂有一层荧光粉（钨酸镁、钨酸钙、硅酸锌等），不同的荧光粉可发出不同颜色的光。灯管内充有稀薄的惰性气体（如氩气）和水银蒸气，灯管两端有由钨制成的灯丝，灯丝涂有受热后易于发射电子的氧化物。

（2）镇流器。

镇流器是与日光灯管相串联的一个元件，实际上是绕在硅钢片铁芯上的电感线圈，其感抗值很大，能够限制灯管的电流，产生足够的自感电动势，使灯管容易放电起燃。

（3）启辉器。

启辉器是一个小型的辉光管，在小玻璃管内充有氖气，并装有两个电极。其中一个电极是用线膨胀系数不同的两种金属组成，冷态时两电极分离，受热时双金属片因受热而弯曲，使两电极自动闭合。

（4）灯座。

日光灯通常由一对绝缘灯座将其支撑在灯架上。灯座有开启式和插入式两种，开启式灯座有大型和小型之分，如 6 W、8 W、12 W 等的细灯管常用小型灯座，15 W 以上的用大型灯座。

（5）灯架。

灯架是用来装置灯座、灯管、启辉器、镇流器等日光灯零部件的，有木制、铁皮制、铝皮制等几种。其规格应配合灯管长度、数量和光照方向选用；灯架长度应比灯管稍长；反光面应涂白色或银色油漆，以增强反光度。

2. 日光灯的工作原理

日光灯的工作分两个过程。

1）启辉过程

合上开关瞬间，启辉器动、静触片处于断开位置，镇流器处于空载状态，电源电压几乎全部加在启辉器氖泡动、静触片之间，使其发生辉光放电而逐渐发热。U 形双金属片受热，两金属片由于膨胀系数不同发生膨胀伸展而与静触片接触，将电路接通，电流流过镇流器与两端灯丝，灯丝被加热而发射电子，启辉器动、静触片接触后，辉光放电消失，触片温度下降而恢复断开状态，将启辉器电路断开。此时，镇流器线圈因电流突然中断而在电感作用下产生较高的自感电动势，出现瞬时脉冲高压，它和电源电压叠加后加在灯管两端，导致管内惰性气体电离产生弧光放电，管内温度升高，液态水银汽化游离，游离的水银分子撞击惰性气体分子，引起水银弧光放电，辐射出紫外线，紫外线激发管壁上的荧光粉发出日光色的可见光。

2）工作过程

灯管启辉后，管内电阻下降，日光灯管回路电流增加，镇流器两端电压降增大（有的要大于电源电压 1.5 倍以上），加在氖泡两端的电压大大降低，不足以引起辉光放电，则启辉器保持断开状态而不起作用，电流由管内气体导电而形成回路，灯管进入工作状态。常用日光灯电路如图 3-3 所示。

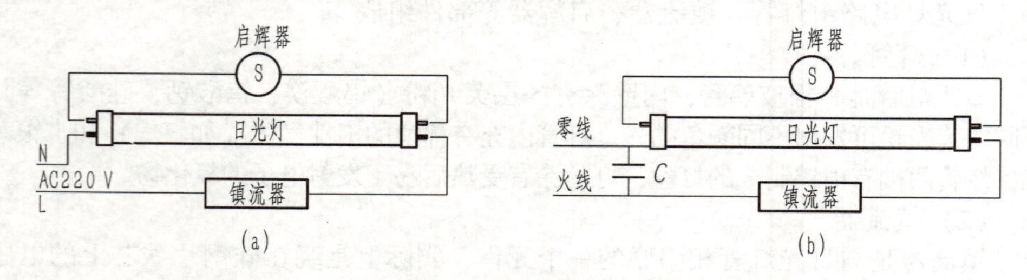

图 3-3　日光灯电路的安装

（a）日光灯电路；（b）日光灯电路（无功补偿）

3. 日光灯的安装 扫一扫 

1）组装和固定灯架

将镇流器安装在灯架的中间位置，启辉器安装在灯架的一端，两个灯座分别固定在灯架两端，中间距离要按所用灯管长度量好，使灯管两端灯脚既能插进灯座插孔，又能配合紧密。固定灯架分吸顶式和悬吊式两种，安装前首先在设计的固定点打孔预埋紧固件，然后将灯架固定在上面。

2）组装接线

启辉器上的两个接线端分别与两个灯座中的一个接线端连接，余下的一端接电源中性线，另一个与镇流器的出线头连接。镇流器另一个出线头与开关连接，开关另一个接线头与电源相线相连，与镇流器相连的导线既可通过瓷接线柱连接，也可直接连接。

3）灯管安装

安装灯管时，对插入式灯座，先将灯管一端灯脚插入带弹簧的一个灯座，稍用力使弹簧灯座活动部分向外退出一小段距离，另一端趁势插入不带弹簧的灯座。对开启式灯座，先将灯管两端灯脚同时卡入灯座的开缝中，再用手握住灯管两端旋转约 1/4 圈，灯管的两个引出脚即被弹簧片卡紧使电路接通，如图 3-4 所示。

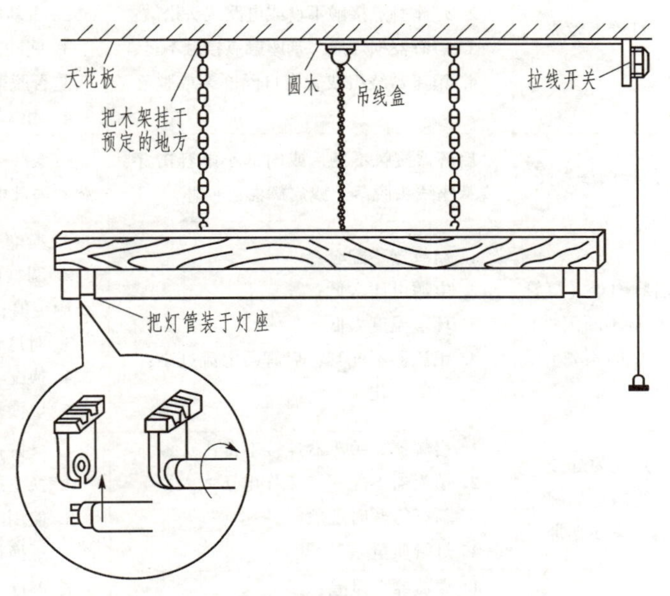

图 3-4　日光灯灯管的安装

4）启辉器安装

将启辉器旋放在启辉器底座上，开关、熔断器等按白炽灯的安装方法进行接线，检查无误后通电试用，如图 3-5 所示。

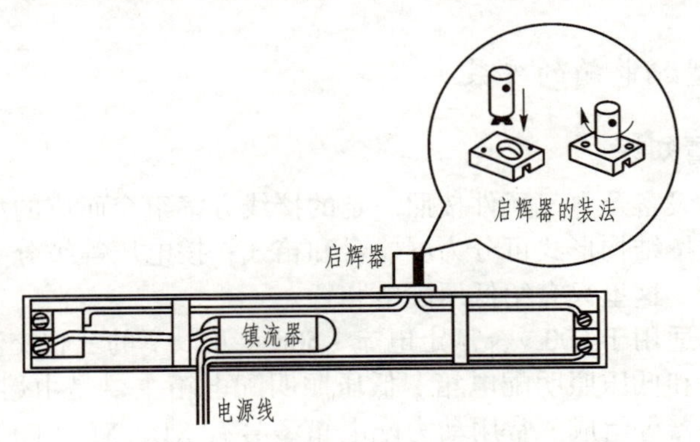

图 3-5　日光灯启辉器的安装

4. 日光灯电路故障排除

日光灯电路常见故障及排除方法如表 3-3 所示。

表 3-3　日光灯电路常见故障及排除方法

故障现象	产生故障的可能原因	排除方法
灯管不发光	1. 停电或保险丝烧断导致无电源； 2. 灯座触点接触不良或电路线头松散； 3. 启辉器损坏或与基座触点接触不良； 4. 镇流器绕组或管内灯丝断裂或脱落	1. 找出断电原因，检修好故障后恢复送电； 2. 重新安装灯管或连接松散线头； 3. 旋动启辉器看是否损坏，再检查线头是否脱落； 4. 用欧姆表检测绕组和灯丝是否开路
灯丝两端发亮	启辉器接触不良，或内部小电容击穿，或基座线头脱落，或启辉器已损坏	按上一个故障现象的排除方法 3，若启辉器内部电容击穿，可剪去断续使用
启辉困难（灯管两端不断闪烁，中间不亮）	1. 启辉器不配套； 2. 电源电压太低； 3. 环境温度太低； 4. 镇流器不配套，启辉器电流过小； 5. 灯管老化	1. 换配套启辉器； 2. 调整电压或降低线损，使电压保持在额定值； 3. 对灯管热敷（注意安全）； 4. 换配套镇流器； 5. 更换灯管
灯光闪烁或管内有螺旋形滚动光带	1. 启辉器或镇流器连接不良； 2. 镇流器不配套（工作电压太大）； 3. 新灯管暂时现象； 4. 灯管质量差	1. 接好连接点； 2. 换上配套的镇流器； 3. 使用一段时间，会自行消失； 4. 更换灯管
镇流器过热	1. 镇流器质量差； 2. 启辉系统不良，镇流器负担加重； 3. 镇流器不配套； 4. 电源电压过高	1. 温度超过 65 ℃应更换镇流器； 2. 排除启辉系统故障； 3. 换配套镇流器； 4. 调低电压至额定工作电压

（三）小型配电箱的安装

1. 配电装置知识

将各种配电设备及电气元件按照一定的接线方案组合而成的配电装置叫开关柜或配电盘。它按结构形式可分为屏、台和箱式；按电压等级分为高压配电装置和低压配电装置。这里只介绍低压配电装置。

低压配电箱适用于 500 V，额定电流 1 500 A 及以下的三相交流系统，可分为低压动力配电箱和低压照明配电箱。低压照明配电箱主要是由熔断器、刀开关、转换开关和断路器等组成。常用动力配电箱型号有 XL、XL（F）和 XL（R）系列。低压照明配电箱有 XM 和 XM（R）系列。其中 X 表示低压，L 表示动力用，M 表示照明用，R 表示嵌入式，F 表示封闭式。

2. 配电箱电气元件定位基本要求

（1）电度表放置在面板上方，横向安装的配电板电度表放在左侧。

（2）垂直装设的开关、熔断器和其他电器上端接电源，下端接负载；横装电器左侧接电源，右侧接负载。

（3）面板上电气元件的分布应均匀、整齐、美观。

（4）对于各电气元件排列的间距，电度表之间的间距不应小于 60 mm，开关、熔断器等之间的间距小于 30 mm，各电气元件面板四周边缘的距离不应小于 50 mm，电气元件出口线之间的距离及与面板四周边缘的距离不应小于 30 mm。各电气元件的位置确定后，标出电气元件安装孔和出线孔的定位标志。

3. 常用低压电器的安装

低压配电箱接线图如图 3-6 所示。

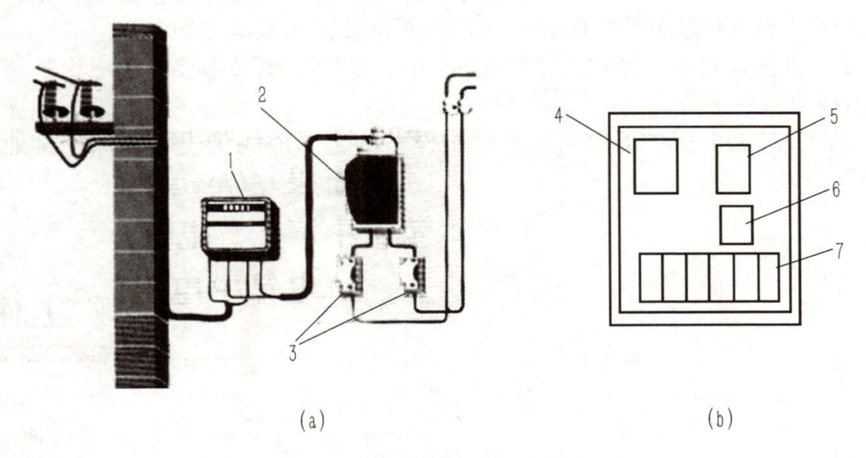

图 3-6　低压配电箱接线图

1，4—电能表；2，5—总开关；3—保险盒；6—熔断器；7—各个回路控制开关

1）低压隔离开关（刀开关）的安装

（1）刀开关应垂直安装，并注意静触头在上，动触头在下。

（2）接线时注意电源进线应接在开关上面的进线端子上，负载出线接在开关下面的出线端子上，以保证开关分断后，闸刀和熔体上不带电。

（3）操作手柄要装正，螺母要拧紧。将手柄放到合闸位置。

（4）打开刀开关，再慢慢合上，检查三相是否同时合上，如不同时则予以调整，试合 3~4 次，直到三相基本一致，最后拧紧固定螺母。

2）低压空气断路器的安装

（1）低压空气断路器应垂直安装。

（2）电源进线应接在断路器的上母线上，而负载出线则应接在下母线上。

（3）注意开合位置，“合”在上，“分”在下，操作力度不应过大。

3）低压熔断器的安装

（1）安装低压熔断器时应使熔体和夹头夹座之间接触良好。

（2）插入式直接安装；螺旋式安装时，应将电源进线接在瓷底座的下接线柱上，出线应接在螺旋壳上接线柱上。

（3）安装熔丝时，应将熔丝顺时针方向弯曲，压在垫圈下，以保证接触良好。

4）漏电保护器安装要点

漏电保护器又称触电保安器或漏电开关，是用来防止人身触电和设备事故的主要技术装置。在连接电源与用电设备的线路中，当线路或用电设备对地产生的漏电电流达到一定数值时，保护器内的互感器便开始检取漏电信号并经过放大去驱动开关而达到断开电源的目的，从而避免人身触电伤亡和设备损坏事故的发生。

安装要点：

（1）安装时必须严格区分中性线和保护线，3 极 4 线制或 4 极式漏电保护器的中性线应接入漏电保护器。经过漏电保护的中性线不得作为保护线，不得重复接地或接设备的外露可导电部分，保护线不得被接入漏电保护器。

（2）应垂直安装，倾斜度不得超过 50°，电源进线必须接在漏电保护器的上方，出线应接在下方。

（3）安装漏电保护器以后，被保护设备的金属外壳仍应采用保护接地或保护接零。

3.3 工作单

操作员：________ “7S”管理员：________ 记分员：________

实训项目	1. 白炽灯的安装； 2. 日光灯的安装； 3. 小型配电箱的安装				
实训时间		实训地点		实训课时	5
使用设备	电工工具：电工刀、钢丝钳、剥线钳、试电笔、螺丝刀； 电工仪表：万用表； 电工材料：白炽灯所需材料、日光灯所需材料、小型配电箱所需材料				
制订实训计划					

续表

实施	白炽灯安装	操作步骤及方法	
	日光灯安装	操作步骤及方法	
	低压配电箱安装	操作步骤及方法	
评价	项目评定		根据项目器材准备、实施步骤、操作规范三方面评定成绩
	学生自评		根据评分表打分
	学生互评		互相交流，取长补短
	教师评价		综合分析，指出好的方面和不足的方面

项目评分表

本项目合计总分：________

1. 功能考核标准（90分）

工位号________　　　　　　　　　　　　成绩________

项目	评分项目	分值	评　分　标　准	得分
器材准备	实训所需设备及器材	15分	从电工工具、电工仪表以及白炽灯、日光灯和配电箱所需材料三方面考虑，少准备一件扣2分	

续表

项目	评分项目	分值		评 分 标 准	得分
实施过程	白炽灯安装	75 分	25 分	1. 能正确识读白炽灯安装电路得 2 分； 2. 安装前能正确完成元器件检测得 5 分； 3. 开关正确安装在相线上得 2 分； 4. 圆木安装正确得 2 分； 5. 挂线盒安装正确得 2 分； 6. 灯头安装正确得 2 分； 7. 线卡分布均匀、规范得 2 分； 8. 走线规范得 8 分	
	日光灯安装		25 分	1. 能正确识读日光灯安装电路得 5 分； 2. 能正确组装和固定灯架得 4 分； 3. 能正确接线得 4 分； 4. 能正确安装灯管得 4 分； 5. 能正确安装启辉器得 2 分； 6. 线卡分布均匀、规范得 2 分； 7. 走线规范得 4 分	
	小型低压配电箱安装		25 分	1. 能正确检测元器件得 5 分； 2. 元器件布局合理得 4 分； 3. 能正确而牢固地安装电度表得 4 分； 4. 能正确安装电源开关得 2 分； 5. 能正确安装熔断器得 2 分； 6. 能正确安装各回路开关得 4 分； 7. 走线规范、美观得 4 分	

2. 安全操作评分标准（10 分）

工位号________　　　　　　　　　　　　　　成绩________

项目	评分点	配分	评 分 标 准	得分
职业与安全知识	完成工作任务的所有操作是否符合安全操作规程	5 分	符合要求得 5 分，基本符合要求得 3 分，一般得 1 分	
	工具摆放、包装物品等的处理是否符合职业岗位的要求	3 分	符合要求得 3 分，有两处错误得 1 分，两处以上错误不得分	
	遵守工位纪律，爱惜所提供的器材，保持工位整洁	2 分	符合要求得 2 分，未做到扣 2 分	

续表

项目	加分项目及说明	加分
奖励	1. 整个操作过程对工位进行“7S”工位管理和工具器材摆放规范到位的加10分； 2. 用时最短的3个工位（时间由短到长排列）分别加3分、2分、1分	
项目	扣分项目及说明	扣分
违规	1. 违反操作规程使自身或他人受到伤害扣10分； 2. 不符合职业规范的行为，视情节扣5~10分； 3. 完成项目用时最长的3个工位（时间由长到短排列）分别扣3分、2分、1分	

3.4 课后练习

一、填空题

1. 日光灯主要由________、________和________等部件组成。

2. 白炽灯是利用电流的热效应将________转换成________和________的。

3. 白炽灯有________和________两种形式。

4. 日光灯的工作通常分为两个过程：第一个过程为________，第二个过程为________。

二、判断题

1. 日光灯的镇流器是并联在灯管两端的。（　　）

2. 日光灯的启辉器是串联在电路中的。（　　）

3. 安装低压空气断路器时，可以水平安装，也可以垂直安装。（　　）

4. 电源进线应接在断路器下端，负载出线应接在断路器上端。（　　）

5. 安装配电箱时，必须严格区分中性线和保护线，经过漏电保护器的中性线不得作为保护线，不得重复接地。（　　）

三、简答题

1. 简述白炽灯照明电路的安装步骤及方法。

2. 简述日光灯照明电路的安装步骤及方法。

3. 配电箱元器件定位的基本要求是什么？

四、社会实践题

在老师的指导下为学校各班级教室、办公室等场所检测维修灯具插座等。有条件还可以在老师指导下为周边居民提供家庭线路维修服务。（注意：做好安全防护工作，严谨带电操作。）

项目 4 电动机与变压器

电动机和变压器在电力系统中非常重要，而在机床控制电路中也起着至关重要的作用，两者必不可少。它们的工作原理和维修维护等知识是电工技术人员必须掌握的，本项目将对其作相应的介绍。

4.1 任务书

一、任务单

<table>
<tr><td>项目 4</td><td colspan="2">电动机与变压器</td><td>工作任务</td><td colspan="2">1. 认识变压器；
2. 小型变压器的维护与故障检修；
3. 三相异步电动机的拆装与检修；
4. 吊扇的拆装与检修</td></tr>
<tr><td>学习内容</td><td colspan="3">1. 变压器的工作原理；
2. 小型变压器的检修；
3. 电动机的分类；
4. 三相异步电动机的拆装；
5. 吊扇的拆装</td><td>教学时间/学时</td><td>9</td></tr>
<tr><td>学习目标</td><td colspan="5">1. 学会对小型变压器进行测试，并能对测试数据进行分析，判断变压器的性能；
2. 熟悉三相异步电动机的结构，并能进行正确拆装；
3. 熟悉单相异步电动机的结构，并能进行常见故障检修；
4. 通过对单相异步电动机结构及性能的学习，学生能正确对吊扇进行拆装</td></tr>
<tr><td rowspan="6">思考题</td><td colspan="5">1. 变压器的作用是什么？</td></tr>
<tr><td colspan="5"></td></tr>
<tr><td colspan="5">2. 电动机的种类有哪些？</td></tr>
<tr><td colspan="5"></td></tr>
<tr><td colspan="5">3. 三相异步电动机的工作原理是怎样的？</td></tr>
<tr><td colspan="5"></td></tr>
</table>

二、资讯途径

序号	资讯类型	序号	资讯类型
1	上网查询	4	查看使用说明书
2	变压器维修与维护相关书籍	5	查阅相关电工手册
3	电动机维修与维护相关书籍		

4.2　学习指导

一、训练目的

（1）理解变压器的结构和工作原理，掌握变压器的运行特性与简单分析方法。

（2）能够对小型变压器进行测试、维护与故障检修。

（3）掌握三相异步电动机的拆装方法与步骤，能够对常见故障进行分析与检修。

（4）掌握吊扇的拆装步骤与方法，能够对常见故障进行分析与检修。

二、训练重点及难点

（1）小型变压器的测试。

（2）三相异步电动机的拆装。

（3）吊扇的拆装。

三、变压器与电动机相关理论知识

（一）变压器知识

变压器是一种静止的电气设备，它是利用互感原理把输入的交流电压升高或降低为同频率的交流输出电压，以满足高压输电、低压配电及其他用途的需要。变压器既可变压，将交流电压升高或降低，又可变流，将交流电流变大或变小，还可以用来改变阻抗、相位及产生脉冲等，用途十分广泛，如用于输配电系统、电子线路或电工测量中。变压器符号如图 4-1 所示，在电路中常采用文字符号 T 表示。

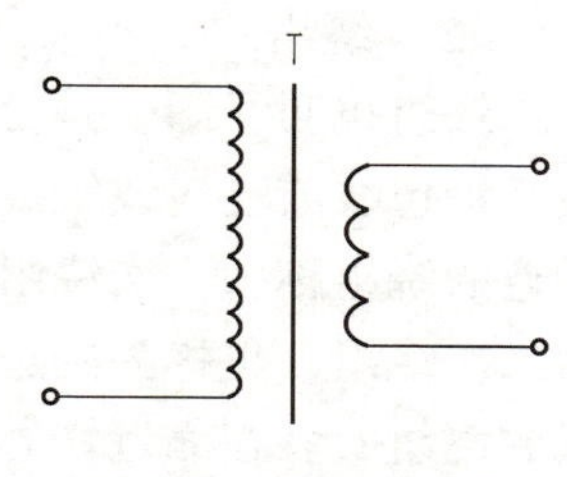

图 4-1　变压器符号

1. 变压器基本结构

1）变压器分类

按变压器的相数分类，可分为单相变压器、三相变压器和多相变压器等。

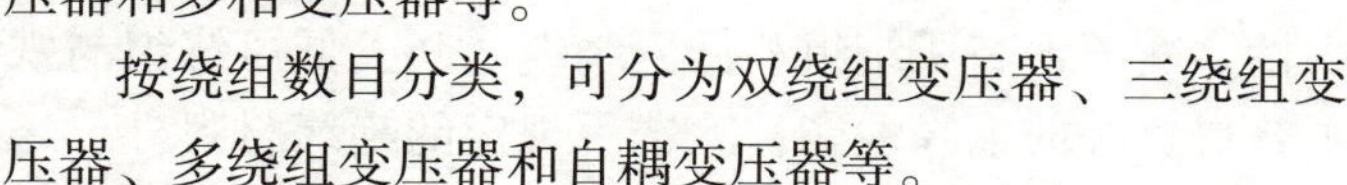

按绕组数目分类，可分为双绕组变压器、三绕组变压器、多绕组变压器和自耦变压器等。

按变压器的用途分类，如表 4-1 所示。

表 4-1　变压器按用途分类

类型	主要用途
电力变压器	主要用于输配电系统，又可分为升压变压器和降压变压器
输入、输出变压器	主要用于电子线路中，用来改变阻抗、相位等
整流变压器	主要供整流设备使用，它的输出电压经整流器变成了直流
调压变压器	主要用于实验室和维修车间等场所，简称调压器，用来改变输出的交流电压。一般调压器电压变化范围很大，可从零值变化到额定值
仪用变压器	用于结合仪器、仪表进行电气测量，如电压互感器、电流互感器等

2）变压器基本结构

虽然变压器种类很多，但是其结构基本相似。

变压器的主要部分是绕组和铁芯，称为器身。为了解决散热、绝缘、密封、安全等问题，还需油箱、绝缘套管等其他附件。

（1）铁芯

铁芯是变压器的磁路通道，是器身的骨架。为了提高铁芯导磁能力，减少铁芯内部的涡流损耗和磁滞损耗，铁芯一般用 0. 35 mm 厚的表面绝缘的冷轧硅钢片叠成，片间彼此绝缘，冷轧硅钢片表面有氧化膜绝缘，不涂绝缘漆。根据变压器铁芯的位置不同，可分成芯式和壳式两类，如图 4-2 所示。

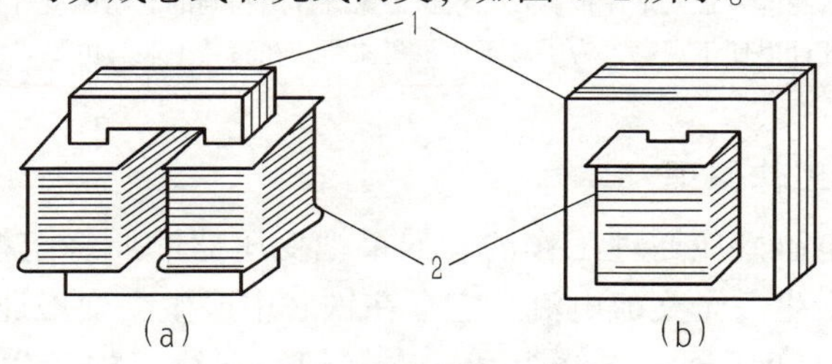

图 4-2　变压器常见结构

（a）芯式变压器；（b）壳式变压器

1—铁芯；2—线圈

（2）绕组。

绕组也叫线圈，是变压器的电路部分，它是由具有良好绝缘性能的铜质漆包线、纸包线或丝包线绕成一定形状、一定匝数的线圈组成的。在工作时，与电源相连的绕组称为一次绕组，也称为原边绕组或初级绕组。而与负载相连的绕组称为二次绕组，也称为副边绕组或次级绕组。在制造电力变压器时，通常将电压较低的绕组安装在靠近铁芯的内层，电压较高的绕组装在外层，这可以增加高、低绕组和铁芯之间的绝缘可靠性。变压器高压绕组和低压绕组之间、低压绕组与铁芯之间必须绝缘良好。为了获得良好的绝缘性能，除选用规定的绝缘材料外，还采用了浸漆、烘干、密封等生产工艺。

（3）油箱和其他附件。

油箱既是变压器的外壳，又是变压器油的容器，里面安装整个器身，它既保护铁芯和绕组不受潮，又有绝缘和散热的作用。较大容量的变压器一般还有储油柜、安全气道、气体继电器、绝缘套管、分接开关、测温装置等附件，如表 4-2 所示。

表 4-2　大容量变压器附件及功能说明

附件名称	工作原理及作用
储油柜	储油柜又称油枕，它与油箱连通，当油因热胀冷缩而引起油面上下变化时，油枕中的油面就会随之升降，不致使油箱挤破或油面下降而使空气进入油箱
气体继电器	装在油箱与储油柜之间的管道。当变压器发生故障时，器身就会过热而使油分解产生气体，气体进入继电器内，使其开关接通，发出报警信号。若采用全密封变压器，可省去储油柜
分接开关	用来控制输出电压在允许范围内保持相对稳定。当变压器的输出电压因负载和一次侧电压的变化而变化时，分接开关将通过改变一次线圈的匝数来调节输出电压
绝缘套管	绝缘套管穿过油箱盖，将油箱中变压器绕组的输入、输出线从箱内引到箱外与电网相接
安全气道	安全气道又称防爆管，装在油箱顶盖上，当变压器内部发生严重故障时，油和气体冲破防爆玻璃喷出，避免油箱爆炸。现在这种防爆管已用压力释放阀代替
测温装置	测温装置就是保护装置。箱盖上设置计量精确的酒精温度计；器身上装有信号温度计以便于观察；为了便于远距离监测，在箱盖上装有电阻式温度计

2. 变压器的工作原理

变压器是按电磁感应原理工作的。如果把变压器的原绕组接在交流电源上，在原绕组中就会产生一个交流电流，它会在铁芯中产生交变磁通，磁通在铁芯中又会构成磁路穿过变压器一次绕组和二次绕组，在绕组中产生感应电动势，其中，在一次绕组中产生自感电动势，在二次绕组中产生互感电动势。此时，如果在二次绕组上接有负载，就会在感应电动势的作用下，变压器向负载输出功率。

变压器工作原理如图 4-3 所示。

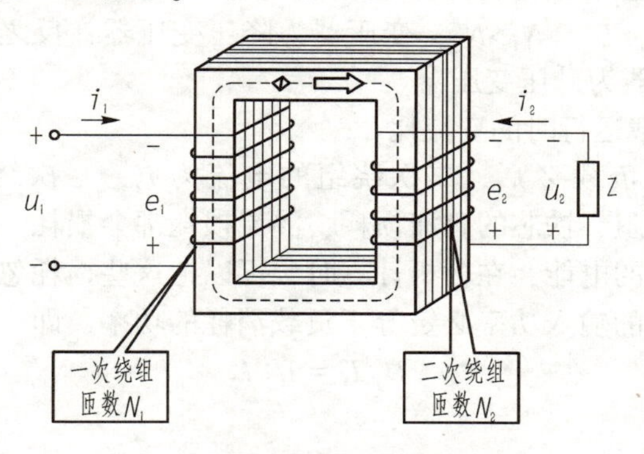

图 4-3　变压器工作原理

一次绕组的匝数为 N_1，二次绕组的匝数为 N_2，输入电压为 u_1，输入电流为 i_1，输出电压为 u_2，输出电流为 i_2，负载阻抗为 Z。

1）变压器的空载运行和变压比

如果一次绕组两端加有交流电压 u_1，并断开负载 Z，则二次绕组所流过的电流 $i_2=0$，这时，一次绕组中有电流 i_0，即处于变压器空载运行状态。i_0 称为激磁电流，它在铁芯中产生交变磁通。由于 u_1 和 i_0 都是正弦交流信号，所以在铁芯中产生的磁通也是按正弦规律变化的。在此磁通的作用下，一、二次绕组产生正弦交变感应电动势。

一次绕组感应电动势有效值：

$$E_1=4.44fN_1\Phi_{\max}$$

二次绕组感应电动势有效值：

$$E_2=4.44fN_2\Phi_{\max}$$

式中　f——交流电的频率；

N_1，N_2——一次绕组和二次绕组的匝数；

$\Phi_{\max}$——铁芯中产生的磁通 Φ 的最大值。

由于用铁磁材料做磁路漏磁很小，可以忽略，且空载电流很小，一次绕组上的电压降也可以忽略，这样，一、二次绕组两边的电压约等于一、二次绕组的电动势，即

$$U_1\approx E_1$$

$$U_2\approx E_2$$

$$\frac{U_1}{U_2}\approx\frac{E_1}{E_2}=\frac{4.44fN_1\Phi_{\max}}{4.44fN_2\Phi_{\max}}=\frac{N_1}{N_2}=K \tag{4-1}$$

式中　K——变压器的变压比。

式（4-1）说明，在空载时，变压器一、二次绕组端电压之比等于一、二次绕组匝数之比，匝数多的绕组两端电压高，匝数少的绕组两端电压低。因此，通

过改变一、二次绕组匝数，就可以达到升高或降低电压的目的。

当 $K>1$ 时，$U_1>U_2$，$N_1>N_2$，变压器为降压变压器；反之，当 $K<1$ 时，$U_1<U_2$，$N_1<N_2$，变压器为升压变压器。

2）变压器负载运行时的变流比

当变压器接上负载 Z 后，二次绕组的电流为 i_2，一次绕组的电流变为 i_1，一、二次绕组的电阻、铁芯的磁滞损耗、涡流损耗都会损耗一定的能量，但该能量远小于负载损耗的电能，在分析计算时，可以把这些损耗忽略掉。由能量守恒定律可知，变压器的输入功率必定等于负载消耗的功率，即

$$U_1 I_1 = U_2 I_2 \tag{4-2}$$

由式（4-2）可得

$$\frac{I_1}{I_2} = \frac{U_2}{U_1} = \frac{N_2}{N_1} = \frac{1}{K} \tag{4-3}$$

由式（4-3）可知，变压器带负载工作时，一、二次侧的电流有效值之比与它们的电压或匝数成反比。变压器在改变了交流电压的同时，也改变了交流电流的大小，匝数多的绕组两端电压又具有改变电流的作用，但没有改变功率的作用，它只有传递功率的作用。

3）变压器的阻抗变换作用

根据欧姆定律

$$U_1 = I_1 |Z_1|,\ U_2 = I_2 |Z_2| \tag{4-4}$$

将式（4-4）代入式（4-2）

可得

$$\frac{|Z_1|}{|Z_2|} = \frac{I_2^{\ 2}}{I_1^{\ 2}} = \frac{N_2^{\ 2}}{N_1^{\ 2}} = K^2$$

即

$$|Z_1| = K^2 |Z_2| \tag{4-5}$$

式（4-5）表明二次侧阻抗等效到一次侧时的等量关系，只要改变 K，就可以得到不同的等效阻抗。

【例 1】电源变压器的输入电压为 220 V，输出电压为 5 V。

（1）求变压器的变压比。

（2）若变压器的负载 $R_2=2.5\ \Omega$，求一、二次绕组中的电流 I_1 和 I_2。

（3）求一次侧等效阻抗。

解：先求二次侧电流：

$$I_2 = \frac{U_2}{R_2} = \frac{5}{2.5} = 2(\mathrm{A})$$

根据变压比求出一次侧电流：

$$K = \frac{N_1}{N_2} = \frac{U_1}{U_2} = \frac{220}{5} = 44$$

$$I_1=\frac{1}{K}I_2=\frac{1}{44}\times 2=0.045(\mathrm{A})$$

因此，变压器等效到一次侧的阻抗为：

$$|Z_1|=\frac{U_1}{I_1}=\frac{220}{0.045}=4\ 888.89(\Omega)$$

4）变压器的额定值

变压器的运行分无负载运行和有负载运行两种，生产厂家拟定的满负荷运行称为额定运行，额定运行的条件称为变压器额定值，具体如表 4-3 所示。

表 4-3　变压器各额定值及描述

变压器额定值	符号	描述
额定一、二次电压	U_{1N} 和 U_{2N}	额定一次电压 U_{1N} 是指变压器正常运行时，原绕组上所施加电压的规定值；额定二次电压 U_{2N} 是指变压器空载时，一次侧加上额定电压 U_{1N} 后，二次侧两端的电压值
额定电流	I_{1N} 和 I_{2N}	变压器长期正常工作时允许通过的电流，即规定的满载电流
额定容量	S_N	二次回路的最大视在功率，其单位是伏安（V·A）或千伏安（kV·A）

变压器的额定值取决于变压器的构造和所用材料。使用变压器时，除了不能超过其额定值外，还要注意变压器的工作温度。

5）变压器的电压调整率 ΔU 及外特性

由于变压器绕组存在电阻和漏抗，当电流流过变压器时会产生漏阻抗压降。因此，当变压器一次侧电源电压不变时，其二次侧端电压将随着负载电流的变化而改变。变压器空载与负载时，其二次侧端电压变化相对值称为电压调整率，通常用百分值来表示。

$$\Delta U=\frac{U_{2N}-U_2}{U_{2N}}\times 100\% \qquad (4-6)$$

式中　U_{2N}——变压器二次侧空载时的额定电压；

U_2——变压器二次侧负载时的电压；

ΔU——用百分值表示的电压调整率。

电压调整率的大小反映了对用户供电质量的好坏，它不仅与负载大小有关，而且和负载性质有关，一般用外特性来表明。所谓变压器外特性，就是当变压器的初级电压 U_1 和负载的功率因素一定时，次级电压 U_2 随次级电流 I_2 变化的关系，即 $U_2=f(I_2)$。图 4-4 所示为负载功率因素 $\cos\varphi_2=1$，$\cos\varphi_2=0.8$，$\cos(-\varphi_2)=0.8$ 三种情况下的外特性曲线。

由变压器外特性曲线可知：

（1）$I_2=0$ 时，$U_2=U_{2N}$。

（2）当负载为电阻性和电感性时，随着 I_2 的增大，U_2 逐渐下降。在相同的负载电流情况下，U_2 的下降程度与功率因素 $\cos\varphi$ 有关。

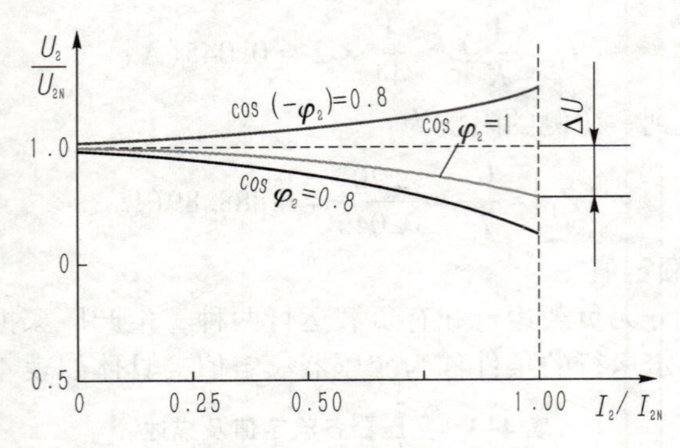

图 4-4　变压器外特性曲线

(3) 当负载为电容性负载时，随着功率因素 $\cos\varphi$ 的降低，曲线上升。因此，在供电系统中，常常在电感性负载两端并联一定容量的电容器，以提高负载的功率因素 $\cos\varphi$。

6) 变压器的效率

当变压器带上负载后，原边（一次侧）输入功率为 $P_1=U_1I_1\cos\varphi_1$，副边的输出功率（负载获得的功率）为 $P_2=U_2I_2\cos\varphi_2$，其中 φ_1、φ_2分别为原、副两绕组电压与电流的相位差。

变压器在实际使用时，由于电流的热效应，绕组上有铜损，铁芯中有铁损，即磁滞损耗与涡流损耗。由于有了铜损和铁损，变压器的输入与输出功率不再相等，我们把输出功率与输入功率比值的百分比称为变压器的效率，用 η 表示。

$$\eta=\frac{P_2}{P_1}\times 100\%$$

变压器的效率很高，通常大容量变压器在满载时，效率可达 98%~99%，小容量变压器一般在 80%~95%。

【例 2】 有一变压器初级电压为 220 V，次级电压为 110 V，在接纯电阻性负载时，测得次级电流为 2 A，变压器的效率为 90%。试求它的损耗功率、初级功率和初级电流。

解： 次级负载功率：

$$P_2=U_2I_2\cos\varphi_2=110\times 2=220(\mathrm{W})$$

初级功率：

$$P_1=\frac{P_2}{\eta}=\frac{220}{0.9}=244.4(\mathrm{W})$$

损耗功率：

$$P_L=P_1-P_2=244.4-220=24.4(\mathrm{W})$$

初级电流：

$$I_1=\frac{P_1}{U_1}=\frac{244.4}{220}=1.11(\mathrm{A})$$

7）常见变压器

常见变压器及其结构、原理见表 4-4。

表 4-4 常见变压器及其结构、原理

类别	电路原理图	结构及原理
小型电源变压器	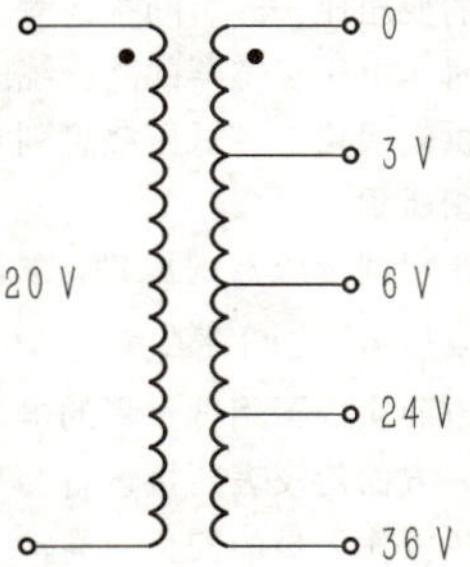 0 3 V 220 V 6 V 24 V 36 V	小型变压器广泛应用于工业生产中，如在机床电路中输入 220 V 的交流电，通过电源变压器就可以得到 36 V 的安全电压及 12 V 或 6 V 的指示灯电压。它在副绕组上抽出了多个引出端，可以输出 3 V、6 V、12 V、24 V、36 V 等不同电压
自耦变压器	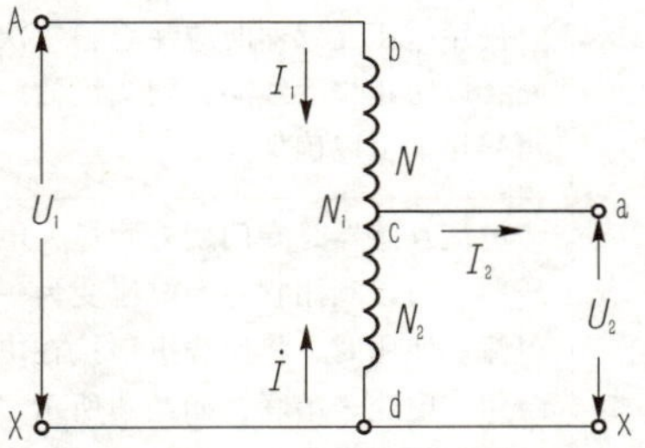 A b I_1 N U_1 N_1 c a I_2 N_2 U_2 $\dot{I}$ X d x (a)自耦变压器 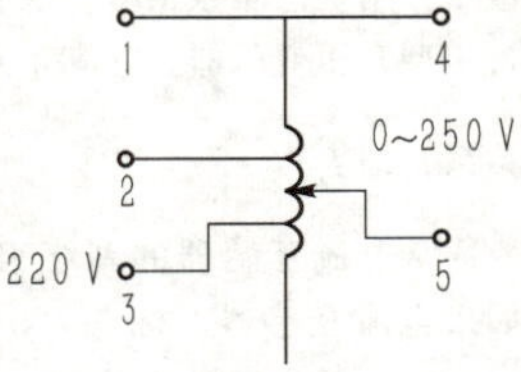 1 4 0~250 V 2 5 220 V 3 (b)调压器电路图 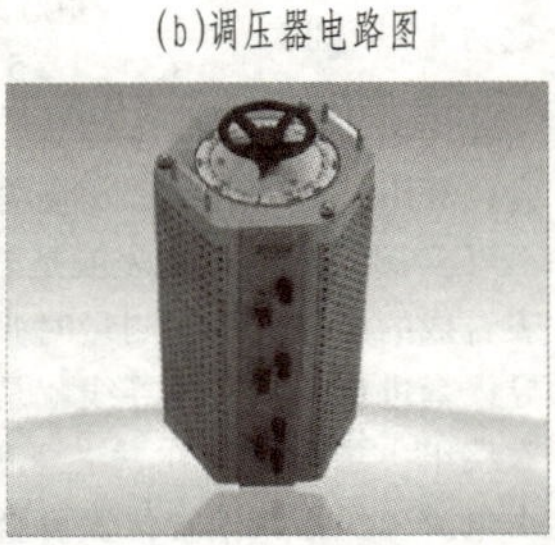 (c)调压器外形	单相变压器包含原边绕组和副边绕组，它们之间通过磁路将原边的电能传递给副边，没有电的直接联系。而自耦变压器的特点是其铁芯上只有一个绕组，即将原、副边绕组合成一体，使副边绕组成为原边绕组的一部分。自耦变压器一、二次绕组之间除了有磁的耦合外，还有电的关系，但一、二次绕组的电压和电流与绕组匝数之间的关系仍为： $\frac{U_1}{U_2}=\frac{N_1}{N_2}=K$；$\frac{I_1}{I_2}=\frac{N_2}{N_1}=\frac{1}{K}$ 自耦变压器的变压比不能选得太大，因为原、副绕组有电的直接联系，如果 K 选得太大，万一公共部分断线，高压将直接加在低压侧，很不安全。 若将自耦变压器的分接头 c 做成能沿绕组表面自由滑动的活动触头，那么，移动触头就可以改变副绕组的匝数，也就能平滑地调节输出电压，这就是调压器。 调压器在使用时，原、副绕组的电压不能接错，且外壳必须接地。在使用前，输出电压要调至零，接通电源后，慢慢转动手柄调节出所需的电压

续表

类别	电路原理图	结构及原理
电压互感器	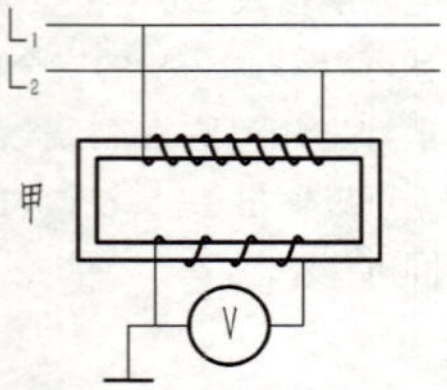	电压互感器是测量电网高压的一种专用变压器，它可以将线路的高电压变为一定数值的低电压。通过测量低电压，将低电压乘以互感器的变压比，即可间接地测得高电压数值。使用时，电压互感器的高压绕组跨接在需要测量的供电线路上，低压绕组则与电压表相连，如左图所示。 根据变压器的原理，被测电压 U_1 与电压表电压 U_2 之间存在 $U_1=KU_2$ 的关系，这样，一方面实现了用低量程的电压表测量高电压，另一方面使仪表所接设备与高压隔离，从而保障了操作人员的安全。通常电压互感器绕组的额定电压为 100 V，如互感器上标有 10 000 V/100 V，电压表读数为 78 V，则 $U_1=KU_2=100\times78=7\ 800(\text{V})$。 使用电压互感器时应注意：二次绕组不能短路，以防止烧毁线圈；副绕组的一端和铁壳应可靠接地，以确保安全
电流互感器	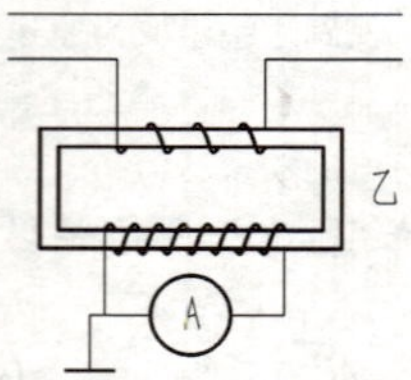 (a)电流互感器 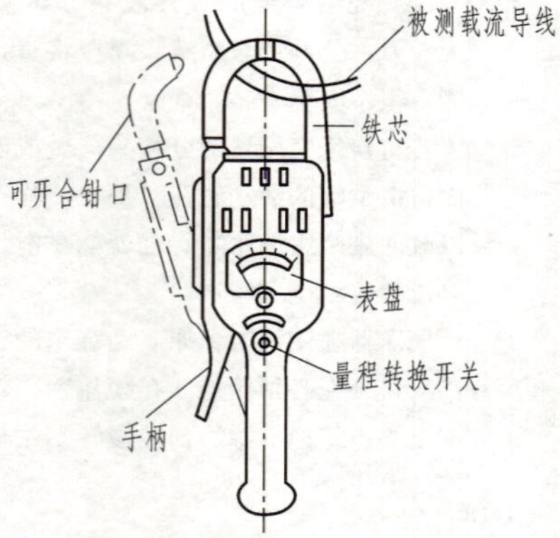(b)钳形电流表	电流互感器是专门用来测量大电流的专用变压器，可以利用它将大电流变为一定数值的小电流。使用时，将原绕组串接在电路中，将副绕组与电流表串联，如左图所示。电流互感器的原绕组匝数很少，甚至有时只有一匝，线径很粗；副绕组匝数很多，线径较细，相当于一台小型升压变压器。它满足双绕组的电流变换关系，即 $I_1=\dfrac{I_2}{K}$。 通常电流互感器的副绕组额定电流为 5 A。如果电流互感器上标有 100 A/5 A，电流表读数为 4 A，则 $I_1=\dfrac{I_2}{K}=\dfrac{100\times4}{5}=80(\text{A})$。 使用电流互感器时应注意：二次绕组绝对不允许开路，且铁芯和二次绕组必须可靠接地。 【实例】钳形电流表就是电流互感器与电流表合成的测量仪表，测量时张开铁芯，将被测导线套进铁芯内，该导线就是电流互感器的一次绕组，二次绕组在铁芯上并与电流表相接。由电流表的指针偏转位置可直接读出被测电流的数值。钳形电流表的优点是：使用时不必断开被测电路，因此用它来测量或检查电气设备运行十分方便；其缺点是测量误差大

8）三相变压器　扫一扫

交流电能的生产、输送和分配，几乎都是采用三相制。在电力传输过程中，为了减少电能的传输损耗，需把生产出来的电能用三相变压器升压后再输送出去，到达用户之后，再用三相变压器降压后供用户使用。因此，需要使用三相变压器进行三相电压变换。三相变压器可以由三个单相变压器构成，如图 4-5（a）所示。为了结构上更紧凑，制造时常将其合成一台三相变压器。三相变压器的每个铁芯柱上都套装着同一相的原、副绕组，如图 4-5（b）所示。图 4-6 所示为三相油浸式变压器的结构。

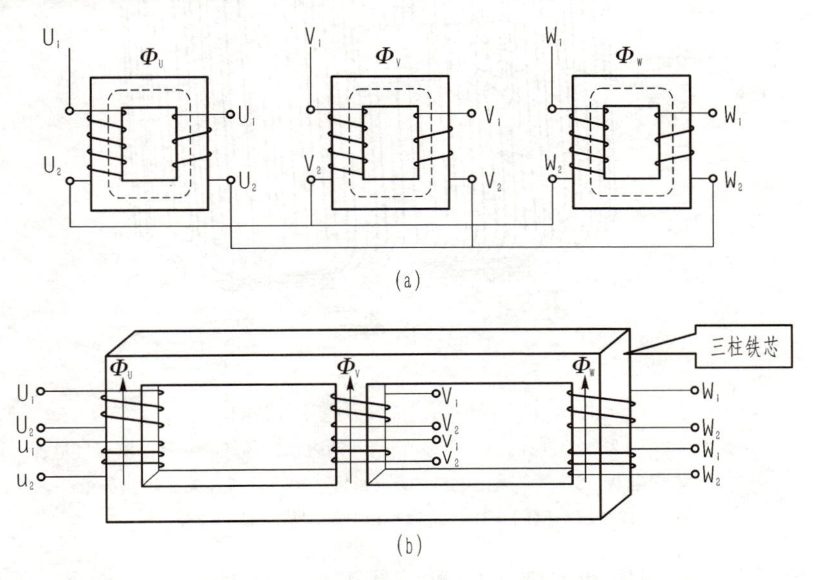

图 4-5　三相变压器组及三相变压器的结构

（a）三相变压器组；（b）三相变压器结构

三相变压器原、副绕组可根据需要接成星形或三角形。配电变压器常用的接法是 Y/Y_0，Y/△等。斜线左方表示原绕组的接法，右方表示副绕组的接法。

Y/Y_0 接法是工程上应用最多的一种接法，斜线左部的 Y 表示高压绕组接成星形，斜线右部的 Y_0 表示低压绕组接成星形并有中性点引出线。这种接法可以对用户实行三相四线制供电。因此，Y/Y_0 接法适用于容量不大的三相配电变压器。

某些大型专用电气设备需用专门的变压器供电，这时往往采用 Y/△接法。Y/△接法为高压绕组接成星形，它的相电压只有线电压的 $1/\sqrt{3}$，因而每相绕组的绝缘要求可以降低；低压绕组接成三角形，相电流只有线电流的 $1/\sqrt{3}$，因此导线截面积可以缩小，可以减少材料损耗，降低成本。

每一台电气设备上都有一块铝牌，称为设备的铭牌。变压器的铭牌上标注着

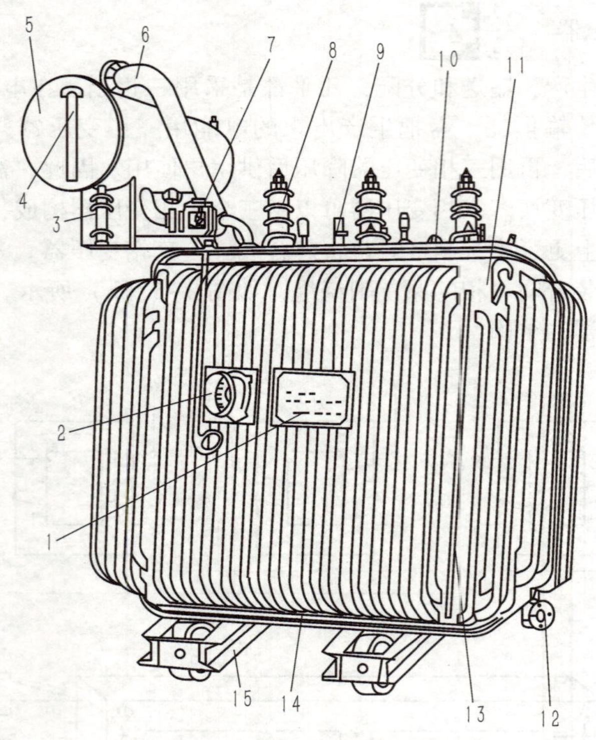

图 4-6　三相油浸式电力变压器结构

1—铭牌；2—信号式温度计；3—吸湿器；4—油表；5—储油柜；6—安全气道；
7—气体继电器；8—高压套管；9—低压套管；10—分接开关；11—油箱；
12—放油阀门；13—器身；14—接地板；15—小车

其型号及额定值，变压器铭牌上的数据是正常工作时的相关参数，如图 4-7 所示。

电 力 变 压 器

产品型号	S7-400/10	标准代号	GB1094.12-1996
额定容量	400 kV·A		GB1094.3，5-2003
额定电压	10 000±5%/400 V	产品代号	IBY710.630.6M
额定频率	50 Hz　　相数　3		
连接级别号	Y.yn0	出厂代号	05C058
冷却方式	ONAN		
使用条件	户外式		
阻抗电压	4.12%		
器身吊重	897 kg		
油重	279 kg		
总重			

开关位置	高压		低压	
	V	A	V	A
Ⅰ	10 500			
Ⅱ	10 000	23.4	400	577.4
Ⅲ	9 500			

中华人民共和国　　××××××厂　　年　　月

图 4-7　三相变压器铭牌

变压器型号及相关参数说明如表 4–5 所示。

表 4–5　变压器型号及相关参数说明

类别	符号	说　明
型号		S □ 9 - 400/10 400/10 中 10：高压绕阻的额定电压 400：额定容量(kV · A) 9：设计序号 □：绕阻导线的材质，L表示铝绕阻，铜绕阻在型号中不表示 S：变压器的相数，S为三相变压器，D为单相变压器
额定电压	U_{1N}、U_{2N}	原绕组的额定电压 U_{1N} 是指变压器正常运行时，原绕组上所加的电压，它是根据变压器的绝缘强度和冷却条件而规定的。副边绕组的额定电压 U_{2N} 是指变压器空载运行，原绕组加额定电压时副绕组两端的电压值。三相变压器的额定电压均指线电压
额定电流	I_{1N}、I_{2N}	原、副绕组的额定电流 I_{1N}、I_{2N} 是指变压器长期正常工作时允许通过的电流，三相变压器中的额定电流均指线电流
额定容量	S_N	额定容量 S_N 表示变压器在额定工作状态下的输出能力或带负载的能力，其大小由变压器输出额定电压 U_{2N} 与输出额定电流 I_{2N} 所决定。 单相变压器：$S_N = U_{2N} \times I_{2N}$； 三相变压器：$S_N = \sqrt{3}\, U_{2N} \times I_{2N}$
额定频率	f_N	指变压器原绕组所加电压的额定频率，额定频率不同的变压器是不能换用的，国产电力变压器的额定频率均为 50 Hz
连接组别		表示变压器高、低压绕组的连接方式及相位关系。如 $Y/\triangle_{11}$ 表示变压器高压绕组接成星形，低压绕组接成三角形。下标为连接级别的标号，是反映高、低压绕组线电压相位关系的。下标为 11 表示高、低压边线电压相位差为 30°，且低压边线电压超前于高压边线电压

3. 变压器的检测

机床所用变压器为降压变压器，所以检测机床变压器绕组阻值时，初级绕组的阻值远大于次级绕组的阻值。

初级绕组为 300～3 000 Ω 不等，有的自耦变压器可以低到 20 Ω，都属于正常的，但如果 3 W 以下的变压器初级阻抗低到 500 Ω 以下（正常值应该是 2 000 Ω），说明内部有局部短路现象，不能继续使用；如果测量阻抗的结果为 ∞，说明变压器的初级绕组已开路，变压器已经坏了；如果变压器的初级电阻为零，说明变压器的初级绕组已短路，不可继续使用。

次级绕组为 0.5~10.0 Ω 不等，都属正常的、好的变压器，如果阻抗为无限大，说明变压器次级已开路，已经坏了。

4. 小型变压器故障检修

小型变压器故障现象、产生原因及检修方法可参照表 4-6。

表 4-6　小型变压器常见故障及检修方法

故障现象及原因	故障分析	检修方法
引出线端头断裂	一次回路有电压而无电流，一般是一次绕组的端头断裂；若一次回路有较小的电流而二次回路既无电流也无电压，一般是二次绕组端头断裂。引出线端头断裂通常是由线头折弯次数过多，或线头遇到猛拉，或焊接处霉断（焊剂残留过多），或引出线过细等原因所造成的	如果断裂线头处在线圈最外层，可掀开绝缘层，挑出线圈上的断头，焊上新的引出线，包好绝缘层即可；若断裂线端头处在线圈内层，一般无法修复，需要拆开重绕
一、二次绕组的匝间短路或层间短路	温升过高甚至冒烟，可能是由短路故障引起的。可用万用表，测各二次侧空载电压来判定是否短路。一次侧接电源，若某二次侧绕组输出电压明显降低，说明该绕组有短路；若变压器发热，但各绕组输出电压基本正常，可能是静电屏蔽层自身短路	如果短路发生在线圈的最外层，可掀去绝缘层后，在短路处局部加热（指对浸过漆的绕组，可用电吹风加热），待漆膜软化后，用薄竹片轻轻挑起绝缘已破坏的导线，若线芯没损伤，可插入绝缘纸，裹住后揿平；若线芯已损伤，应剪断，去除已短路的一匝或多匝导线，两端焊接后垫妥绝缘纸，揿平。用以上两种方法修复后均应涂上绝缘漆，吹干，再包上外层绝缘。如果故障发生在无骨架线圈两边沿口的上下层之间，一般也可按上述方法修复。若故障发生在线圈内部，一般无法修理，需拆开重绕
线圈对铁芯短路	存在这一故障，铁芯就会带电，这种故障在有骨架的线圈上较少出现，但在线圈的最外层会出现这一故障；对于无骨架的线圈，这种故障多数发生在线圈两边的沿口处，但在线圈最内层的四角处也常出现，在最外层也会出现。通常是由于线圈外形尺寸过大而铁芯窗口容纳不下，或由绝缘裹垫得不佳或遭到剧烈跌碰等原因所造成的	可参照匝间短路的有关内容处理

续表

故障现象及原因	故障分析	检修方法
铁芯噪声过大	噪声包括电磁噪声和机械噪声两种。电磁噪声通常是由设计时铁芯磁通密度选用得过高，或变压器过载，或存在漏电故障等原因所造成的；机械噪声通常是由铁芯没有压紧，在运行时硅钢片发生机械振动所造成的	如果是电磁噪声，属于设计原因的可换用质量较佳的同规格硅钢片；属于其他原因的应减轻负荷或排除漏电故障。如果是机械噪声，应压紧铁芯
线圈漏电故障	这一故障的基本特征是铁芯带电和线圈温升增高，通常是由线圈受潮或绝缘老化所引起的	若是受潮，只要烘干后故障即可排除。若是绝缘老化，严重的一般较难排除；轻度的可拆去外层包缠的绝缘层，烘干后重新浸漆
线圈过热故障	通常是由过载或漏电所引起的，或由设计不佳所致；若是局部过热，则是由匝间短路所造成的	要对症下药，减小负荷或加强绝缘，排除短路故障等
铁芯过热故障	通常是由过载、设计不佳、硅钢片质量不佳或重新装配硅钢片时少插入片数等原因所造成的	减小负荷，加强铁芯绝缘，改善硅钢片质量，调整线圈匝数等
输出侧电压下降	通常是由一次侧输入的电源电压不足（未达到额定值）、二次绕组存在匝间短路、对铁芯短路或漏电或过载等原因所造成的	增加电源输入电压值，或排除短路、漏电过载等故障使输出达到额定值
出口短路	当变压器出口的二次侧发生短路接地故障时，在一次侧必然要产生高于额定电流 20~30 倍的电流来抵消二次侧短路电流的消磁作用，如此大的电流作用于高电压绕组上，线圈内部将产生很大的机械应力，致使线圈压缩，其绝缘衬垫垫板就会松动脱落，铁芯夹板螺丝松弛，高压线圈畸变或崩裂，变压器极易发生故障	更换绕组，消除短路；修补绝缘，并作浸漆干燥处理
套管闪络	由于变压器套管上面有灰尘等，在小雨或者空气潮湿时造成污染，这使变压器高压侧单相接地或相间短路，造成严重的变压器故障。套管闪络的原因主要有：变压器箱盖上落异物，引起套管放电或相间短路；变压器套管因外力冲撞或机械应力、热应力而破损也是引起闪络的原因	清除瓷套管外表面的积灰和脏污；若套管密封不严或绝缘受潮劣化，则应更换套管

（二）电动机知识

电动机是将电能转化为机械能的电气设备。电动机种类很多，根据电动机使用电源的性质，具体分类如图 4-8 所示。

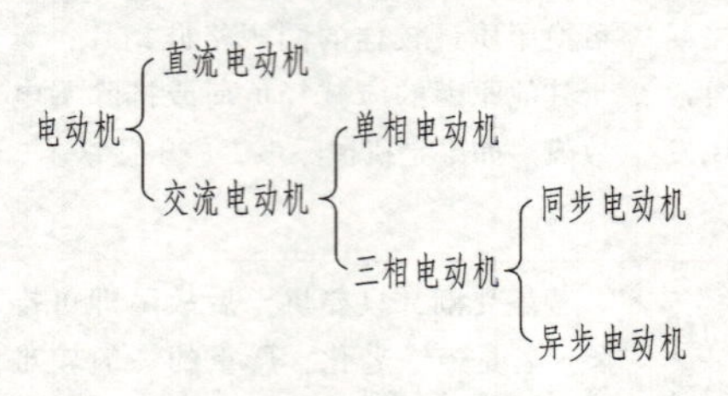

图 4-8　电动机分类

1. 直流电动机

扫一扫

直流电动机是将直流电能转换为机械能并输出机械转矩的设备。与交流电动机相比，直流电动机结构复杂，使用、维护不便，成本高，运行可靠性差，但其调速性能好，启动转矩大。因此，在高炉卷扬机、起重运输机械、冶金机械等工作负载变化较大，要求频繁启动、反转、平滑调速的机电设备上得到了广泛应用。

1）直流电动机的结构

直流电动机借助电刷和换向器的作用，把电源的直流电转变为电枢绕组中的交流电，保持电磁转矩的方向不变，确保直流电动机朝一定的方向连续旋转。直流电动机的外形如图 4-9 所示。

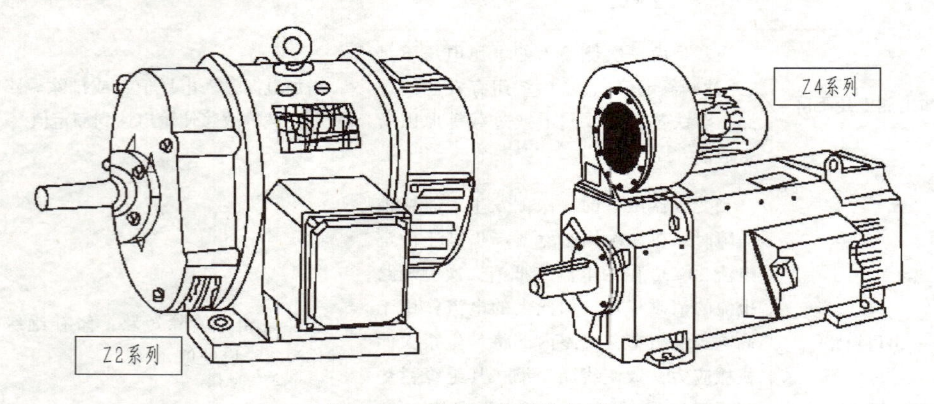

图 4-9　直流电动机的外形

直流电动机包括定子和转子两大部分，定子和转子之间有空气隙。直流电动机结构及各部件作用如表 4-7 所示。

表 4-7　直流电动机结构及各部件作用

部件名称	结构	主要作用
定子	机座	机座有两方面的作用：一方面起导磁作用，作为电动机磁路的一部分；另一方面起支撑作用，用来安装主磁极、换向磁极，并通过端盖支撑转子部分。机座一般用导磁性能较好的铸钢或钢板焊接而成，也可直接用无缝钢管加工而成

续表

部件名称	结构	主要作用
定子	主磁极	主磁极用来产生电动机工作的主磁场。永磁电动机的主磁极直接由不同极性的永久磁铁组成。励磁电动机的主磁极由主磁极铁芯和主磁极绕组两部分组成。主磁极铁芯为电动机铁芯，是电动机磁路的一部分，为减少涡流损耗，一般采用厚 1.0~1.5 mm 的钢板冲制后叠装而成，用铆钉铆紧成为一个整体，最后用螺钉固定在机座上。主磁极绕组的作用是通入直流电产生励磁磁场，小型电动机用电磁线绕制，大中型电动机则用扁铜线制造。绕组在专用设备上绕好，经过绝缘处理后，安装在主磁极铁芯上，整个主磁极再用螺栓紧固在机座上
	换向磁极	换向磁极是位于两个主磁极之间的小磁极，又称为附加磁极，其作用是产生换向磁场，改善电动机的换向。它由换向磁极铁芯和换向磁极绕组组成。 换向磁极铁芯一般用整块钢或钢板制成。在大型电动机和用晶闸管供电的大功率电动机中，为了能更好地改善电动机的换向，换向磁极铁芯也采用硅钢片结构。换向磁极绕组套装在换向磁极铁芯上，它应当与电枢绕组串联，而且极性不能接反。小型直流电动机换向不难，一般不用换向磁极
	电刷装置	电刷的作用是通过电刷与换向器之间的滑动接触，把旋转的电枢电路与静止的外电路相连接。电刷装置由刷握、刷杆、刷杆座和压力弹簧等组成。电刷要有良好的导电性和耐磨性，因此，电刷一般用石墨粉压制而成。电刷放置在电刷盒内，并用弹簧把电刷压紧在换向器上。电刷盒是刷握的主要部分，刷握固定在刷杆上，借铜丝辫把电流从电刷引到刷杆上，再用导线接到接线盒中的端子上。通常刷杆是用绝缘材料制成的，刷握固定在刷杆上，刷杆固定在刷杆座上，从而成为一个相互绝缘的整体部件
转子	电枢铁芯	电枢铁芯用来嵌放电枢绕组，是直流电动机主磁路的一部分。电枢转动时，铁芯中的磁通方向不断变化，会产生涡流损耗。为了减少损耗，电枢铁芯一般采用厚度为 0.5 mm 的表面有绝缘层的硅钢片叠压而成，在硅钢片的外缘冲有均匀分布的铁芯槽，用以嵌放电枢绕组，铁芯轴向有轴孔和通风孔
	电枢绕组	电枢绕组的作用是通过电流产生感应电动势和电磁转矩，是直流电动机进行机电能量转换的关键部件。它通常用圆形（用于小容量电动机）或矩形（用于大、中容量电动机）截面的导线绕制而成，再按一定的规律嵌放在电枢铁芯槽内，每个线圈的线头都连到换向器上。利用绝缘材料进行电枢绕组和铁芯之间的绝缘处理，并对绕组采取紧固措施，以防旋转时被离心力抛出
	换向器	换向器的作用是将电枢中的交流电动势和电流转换成电刷间的直流电动势和电流，从而保证所有导体上产生的转矩方向一致。换向器由许多铜片和云母片一片隔一片均匀地排成圆形，再压装成圆柱体
	转轴	转轴的作用是传递转矩。为了使电动机能安全、可靠地运行，转轴一般用合金钢锻压而成
	风扇	风扇用来降低运行中电动机的温升

2）直流电动机铭牌与额定值

每台直流电动机的机座上都有一块铭牌，如图 4-10 所示。铭牌上标明的数据称为额定值，是正确使用直流电动机的依据。

直流电动机		
型号Z4-200-21	功率 75 kW	电压 440 V
电流188 A	额定转速 1 500 r/min	励磁方式 他励
励磁功率 1 170 W		
绝缘等级F	定额 S1	质量 515 kg
产品编号	生产日期	
××电机厂		

图 4-10 直流电动机的铭牌

直流电动机型号及额定值说明见表 4-8。

表 4-8 直流电动机型号及额定值说明

类别	符号	相关说明
型号		Z4 - 200 - 2 1 1：端盖代号 2：电枢铁芯长度代号 200：电动机中心高/mm Z4：系列代号，直流电动机，第4次设计
额定功率	P_N	额定功率是指在额定情况下，电动机轴上输出的机械功率，单位为 W 或 kW
额定电压	U_N	额定电压是指电动机额定运行时，加在电动机上的电源电压，单位为 V 或 kV
额定电流	I_N	额定电流是指电动机轴上带有额定负载时从电源输入的电流，单位为 A。额定功率（kW）、额定电压（V）和额定电流（A）之间的关系为：$P_N = U_N I_N \eta_N \times 10^{-3}$
额定转速	n_N	额定转速是指电压、电流和输出功率均为额定值时转子旋转的速度，单位为 r/min
励磁方式		励磁方式是指直流电动机主磁场产生的方式。主磁场产生的方式有两种：一种是由永久磁铁产生；另一种是由主磁极绕组通入直流电产生。根据励磁绕组与电枢绕组连接方式的不同，可分为他励、串励、并励、复励等

续表

类别	符号	相关说明
定额（工作方式）		定额是指电动机在额定状态下运行时能持续工作的时间和顺序。电动机定额分为连续、短时和断续三种，分别用S1、S2、S3表示。 连续定额（S1）：表示电动机在额定工作状态下可以长期连续地运行。 短时定额（S2）：表示电动机在额定工作状态时只能在规定的时间内短期运行，我国规定的短期运行时间包括10 min、30 min、60 min、90 min四种。 断续定额（S3）：表示电动机不能连续运行，在运行一段时间后，就要停止一段时间，每一周期为10 min。我国规定的负载持续率有15%、25%、40%、60%四种。例如，持续率为40%时，4 min为工作时间，6 min为停车时间
绝缘等级		表示电动机绕组及其他绝缘部分所用绝缘材料的等级。常用的绝缘等级已经在前面介绍过

2. 三相异步电动机

三相异步电动机主要由固定不动的定子和可以转动的转子两部分及一些零部件组成，转子又分为鼠笼式和绕线式两种，它们的结构分别如图4-11和图4-12所示。

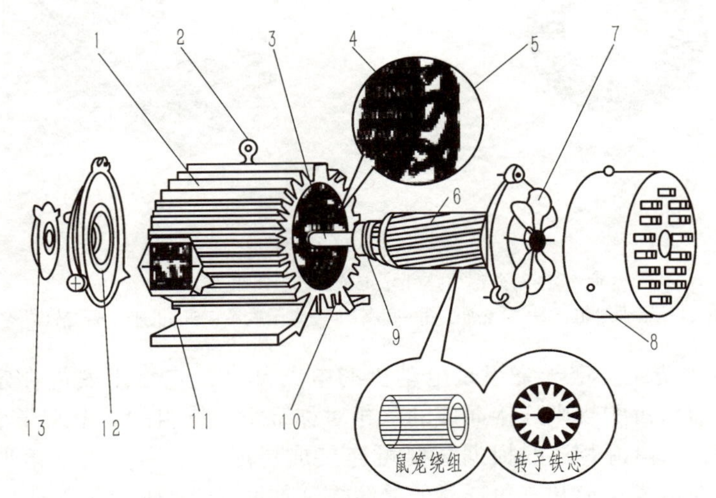

图4-11　三相鼠笼式异步电动机的结构

1—散热器；2—吊环；3—转轴；4—定子铁芯；5—定子绕组；6—转子；7—风扇；8—罩壳；9—轴承；10—机座；11—接线盒；12—端盖；13—轴承盖

1）定子

三相异步电动机由定子铁芯、定子绕组、机座、端盖和轴承等组成。

（1）定子铁芯。定子铁芯是电动机磁路的一部分，为了减少铁芯的磁滞损耗和涡流损耗，铁芯一般由表面涂有绝缘的硅钢片叠制而成，硅钢片的厚度一般在 0.35~0.55 mm。硅钢片内圆表面有均匀分布的槽，用于安放定子绕组，如图 4-13 所示。

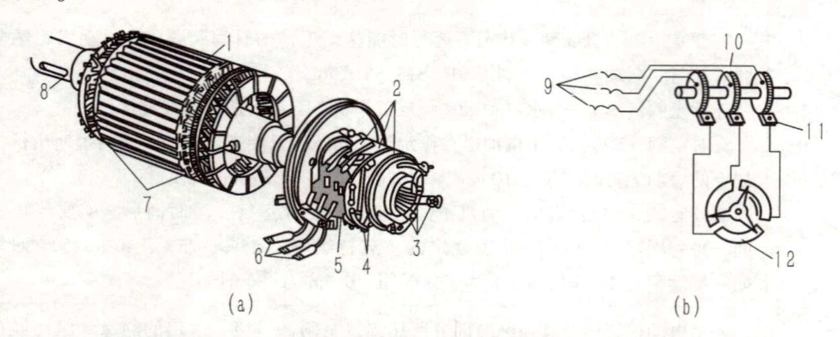

图 4-12 三相绕线式异步电动机的结构及接线图

（a）绕线转子电动机的结构；（b）外加可变电阻器的连接

1—转子铁芯；2，10—滑环；3—转子绕组出线头；4，11—电刷；5—刷架；6—电刷外接线；7—三相转子绕组；8—转轴；9—绕组；12—三相可变电阻器

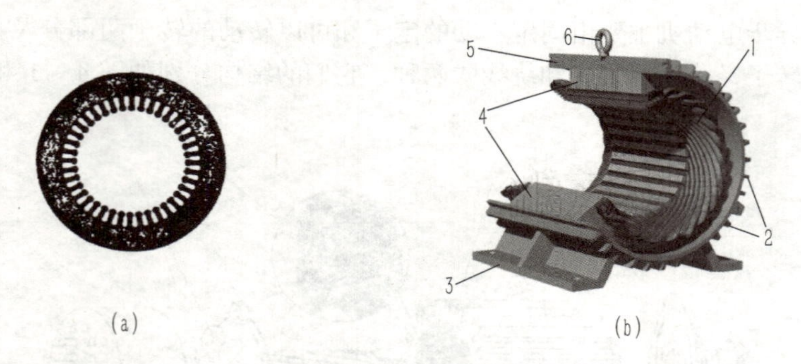

图 4-13 定子结构

（a）硅钢片；（b）定子铁芯及绕组等结构

1—定子绕组；2—散热筋；3—底座；4—定子铁芯；5—机座；6—吊环

（2）定子绕组。定子绕组是电动机的电路部分，它是由安放在定子铁芯槽中的线圈按照一定的规则连接而成的三相对称绕组，绕组的 6 个端子引到电动机的接线盒中，与电源相连时根据需要可连接成星形（Y 形）或三角形（△形）。实际电动机在接成星形和三角形时的接线方法如图 4-14 所示。

（3）机座和端盖。机座用来固定定子铁芯和定子绕组，并通过两端的端盖和轴承来支承转动部分。机座要有足够的强度和刚度，通常由铸铁和铸钢制成，它的表面有散热筋，以提高散热效率。电动机的机座还是磁路的一部分。电动机的端盖装在机座两端，具有保护电动机铁芯和绕组端部的作用。

2）转子

三相异步电动机的转子主要由转子铁芯、转子绕组、轴承等组成。

（1）转子铁芯。转子铁芯也是电动机磁路的一部分，用 0.35~0.55 mm 厚，

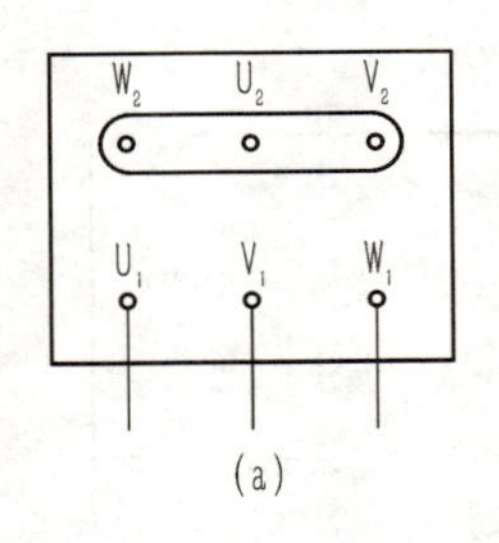

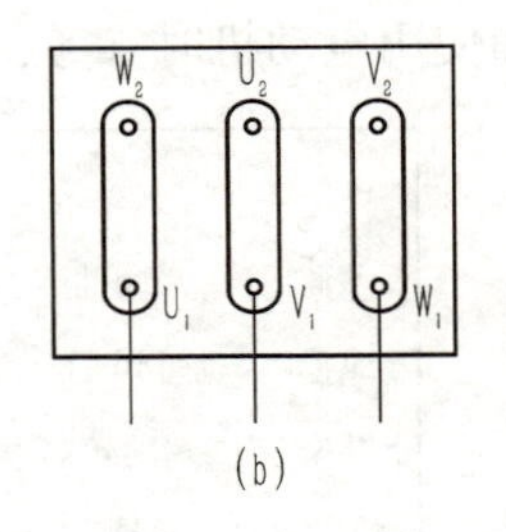

图 4-14　三相电动机连接方法

(a) 星形连接；(b) 三角形连接

并涂有绝缘漆的硅钢片叠压而成。转子铁芯与定子铁芯之间有一个很小的气隙。在转子铁芯的外圆上冲有均匀的槽，用来放置转子绕组，如图 4-15 所示。

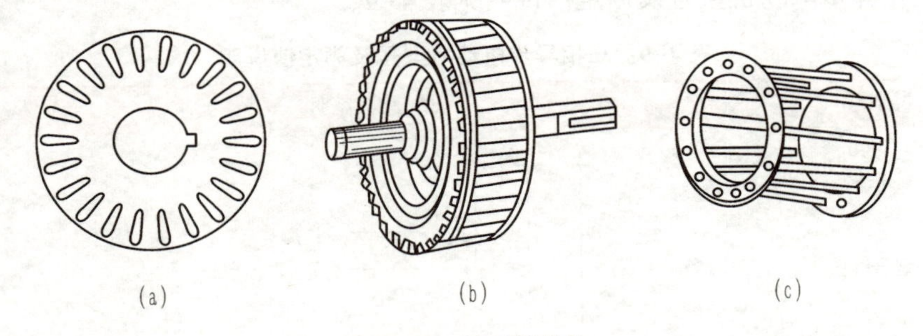

图 4-15　转子的结构

(a) 转子硅钢片；(b) 转子绕组；(c) 铸铝转子

(2) 转子绕组。转子绕组有鼠笼式和绕线式两种，它们结构不同，但工作原理基本相同。鼠笼式转子有两种结构，一种结构为铜条转子，即在转子铁芯槽中嵌入没有绝缘的铜条，铜条两端用铜环短接，如图 4-15 所示。另一种结构为中小型异步电动机常用的铸铝转子，即将熔化了的铝浇铸在转子铁芯槽内成为一个整体，与两端的短路环和风扇叶片一起铸成，如图 4-16 所示。

绕线式转子是用绝缘的导线做线圈，按一定规律嵌入转子槽中构成三相绕组，一般均接成星形。端子一端装有三个彼此绝缘的滑环，三相绕组的首端引出线分别与三个滑环相接，每个滑环上有一个电刷，通过电刷将转子绕组与外电路相连，以改善电动机的启动性能或进行电动机调速，如图 4-12 所示。

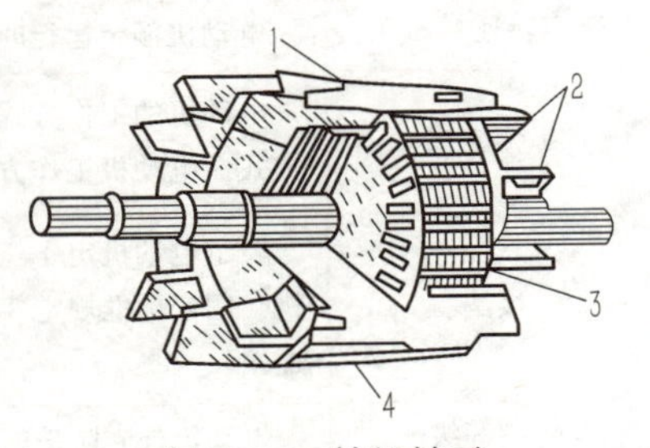

图 4-16　铸铝转子

1—铝条；2—风叶；3—端环；4—转子铁芯

3）三相异步电动机的铭牌和额定值

在三相异步电动机的机座上均装有一块铭牌，铭牌上标出了该电动机的型号及主要技术数据，供正确使用电动机时参考，如图 4-17 所示。

三相异步电动机					
型号	Y160L-4	功率	15 kW	频率	50 Hz
电压	380 V	电流	30.3 A	接法	△
转速	1 440 r/min	温升	80 ℃	绝缘等级	B
工作方式	连续	质量	45 kg		
		年　月　日	编号	××电机厂	

图 4-17　三相异步电动机铭牌

三相异步电动机型号及额定值说明见表 4-9。

表 4-9　三相异步电动机型号及额定值说明

类别	相关说明
型号	Y 160 L 4 4—磁极数 L—机型长度代号(S—短机座；M—中机座；L—长机座) 160—机座中心高度（160 mm） Y—异步电动机
额定功率（15 kW）	指电动机在额定工作状态下运行时，转轴上输出的机械功率
额定电压（380 V）	指电动机在额定工作状态下，加到定子绕组上的线电压
额定电流（30.3 A）	指电动机在额定电压下，输出额定功率时，定子绕组中的线电流
额定频率	额定频率表明电动机正常工作时的工作频率，我国的电动机一般只能在 50 Hz 的交流电源上使用
额定转速（n_N）	电动机额定运行时的转速
工作方式	电动机的工作方式是指电动机在铭牌数据的额定值下工作而不至于损坏的工作方式。电动机工作方式有连续、短时和断续三种
接法	表示电动机定子三相绕组与交流电源的连接方法，对 J02、Y 及 Y2 系列电动机，国家标准规定 3 kW 及以下者均采用星形连接；4 kW 及以上者均采用三角形连接
防护等级	电动机外壳防护的方式，IP11 是开启式；IP22、IP33 是防护式；IP44 是封闭式

4）三相异步电动机的工作原理 

三相异步电动机是根据电磁感应来工作的，那么电动机通入三相交流电后是如何使电动机的转子转动起来的呢？

当三相定子绕组通入三相交流电时，在定子、转子与空气隙中就会产生一个沿定子内圆旋转的磁场，该磁场称为旋转磁场。旋转磁场的旋转方向取决于通入定子绕组的三相交流电源的相序，且与电源的相序一致。只要任意对调电动机两相绕组与交流电源的接线，旋转磁场即反转。当三相异步电动机有 p 对磁极时，旋转磁场的转速为

$$n_1 = \frac{60 f_1}{p}$$

式中　f_1——三相交流电的频率；

p——定子绕组的磁极对数；

n_1——旋转磁场的转速，又称同步转速，r/min。

图 4-18 所示为三相鼠笼式异步电动机的转速原理。

转子上的 6 个小圆圈表示自成闭合回路的转子导体。当三相定子绕组通入三相对称交流电后，将产生一个同步转速为 n_1、在空间按顺时针方向旋转的磁场。开始时转子不动，这样转子导体就会切割磁感应线而产生感应电动势，由于转子导体自成闭合回路，所以转子导体中就有电流通过，其电流方向可用右手定则判定。该瞬间转子导体中的电流方向如图 4-18 所示。因为转子导体中的电动势、电流是从定子电路中感应而来，所以又称感应电动机。

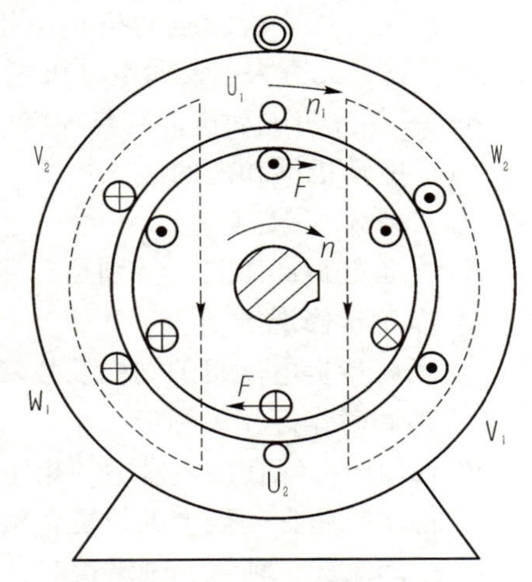

图 4-18　三相鼠笼式异步电动机转速原理

有电流流过的转子导体将在旋转磁场中受电磁力 F 的作用，其方向用左手定则判定，如图 4-18 中箭头所示。该电磁力 F 在转子轴上形成电磁转矩，使异步电动机的转子以转速 n 旋转。电动机转子的转向与磁场的旋转方向一致，因此，要改变三相异步电动机的旋转方向，只需改变旋转磁场的转向即可。

三相异步电动机工作时，如果其转速增加到旋转磁场的转速，则转子导体与旋转磁场间的相对运动消失，转子中的电磁转矩等于零。转子的实际转速 n 总是小于旋转磁场的同步转速 n_1，它们之间有一个转速差，反映了转子导体切割磁感应线的快慢程度。因此，常用这个转速差 $n_1 - n$ 与旋转磁场同步转速 n_1 的比值来表示异步电动机的性能，称为转差率，通常用 s 表示，即

$$s = \frac{n_1 - n}{n_1}$$

在电动机启动的瞬间，$n=0$，$s=1$，转差率最大；随着转速的上升，转差率逐渐减小，当 $n=n_1$ 时，$s=0$。即，s 在0~1内变化。在额定负载时，中小型异步电动机转差率的范围一般在0.02~0.06内。

【例1】 已知Y2-112M-4三相异步电动机的同步转速 $n_1=1\,500$ r/min，额定转差率 $s_N=0.04$，求该电动机的额定转速。

解：由 $s=\frac{n_1-n}{n_1}$，得

$$n_N=(1-s_N)\,n_1=(1-0.04)\times 1\,500\ \text{r/min}=1\,440\ \text{r/min}$$

5）三相异步电动机的检测

用万用表的 $R\times10\ \Omega$ 挡：

（1）检测电动机每一相绕阻，若电阻很小，说明该相绕阻短路；若为无穷大，说明绕阻断路。

（2）用万用表检测电动机相与相之间的电阻，若接近于零或很小，说明相间短路；若为无穷大，说明电动机相与相之间是绝缘的，能正常工作。

6）三相异步电动机拆装与检修

（1）电动机拆卸前的准备。

① 办理工作票。

② 准备好拆卸工具，特别是拆卸对轮的拉马、套筒等专用工具。

③ 布置检修现场。

④ 了解待拆电动机的结构及故障情况。

⑤ 拆卸时作好相关标记。

a. 标出电源线在接线盒中的相序，并三相短路接地；

b. 标出机座在基础上的位置，整理并记录好机座垫片；

c. 拆卸端盖、轴承、轴承盖时，记录好哪些属负荷端，哪些在非负荷端。

⑥ 拆除电源线和保护接地线，测定并记录绕组对地绝缘电阻。

⑦ 把电动机拆离基础，运至检修现场。

（2）电动机大修时检查项目。

① 检查电动机各部件有无机械损伤，若有则应作相应修复。

② 对解体的电动机，将所有油泥、污垢清理干净。

③ 检查定子绕组表面是否变色，漆皮是否裂纹、绑线垫块是否松动。

④ 检查定、转子铁芯有无磨损和变形，通风道有无异物，槽楔有无松动或损坏。

⑤ 检查转子短路环、风扇有无变形、松动裂纹。

⑥ 使用外径千分尺和内径千分尺分别测量轴承室、轴颈，对比文件包内标准是否合格。

（3）中小型异步电动机的拆卸步骤，如图4-19所示。

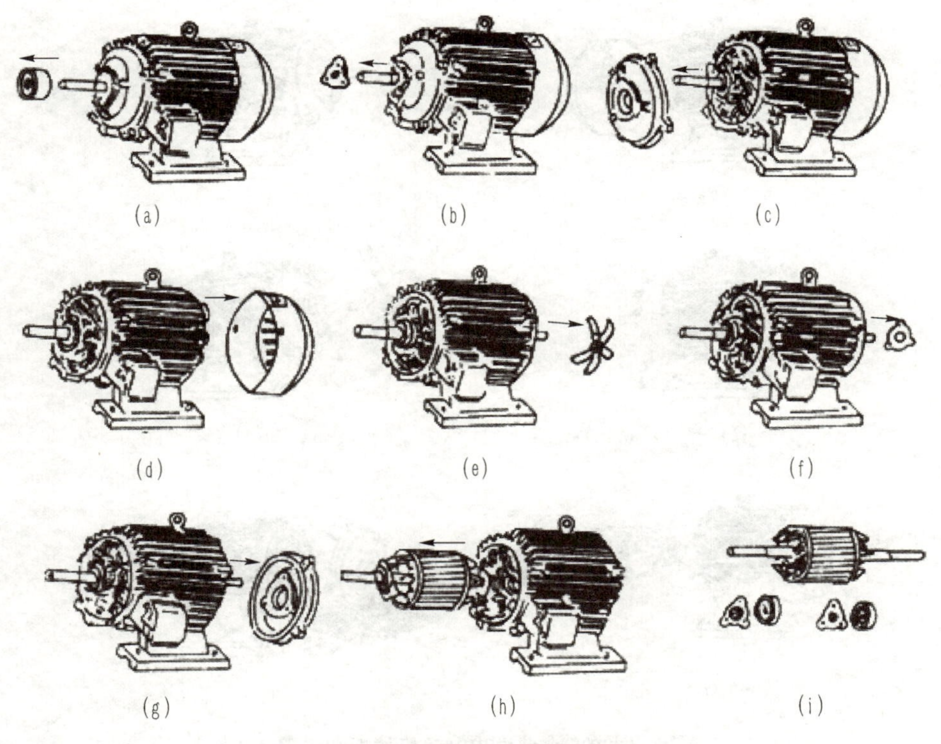

图 4-19　中小型异步电动机的拆卸步骤

（4）小型异步电动机的拆卸步骤，如图 4-20 所示。

（5）电动机的拆卸——对轮的拆卸，如图 4-21 所示。

对轮（联轴器）常采用专用工具——拉马来拆卸。拆卸前，标出对轮正、反面，并记下在轴上的位置，作为安装时的依据。拆掉对轮上止动螺钉和销子后，用拉马钩住对轮边缘，搬动丝杠，将其慢慢拉下，如图 4-21 所示。操作时，拉钩要钩得对称，钩子受力一致，使主螺杆与转轴中心重合。旋动螺杆时，注意保持两臂平衡，均匀用力。若拆卸困难，可用木槌敲击对轮外圆和丝杠顶端。如果仍然拉不出来，可将对轮外表快速加热（温度控制在 200 ℃以下），在对轮受热膨胀而轴承尚未热透时，将对轮拉出来。加热时可用喷灯或火焊，但温度不能过高，时间不能过长，以免造成对轮过火，或轴头弯曲。

（6）电动机的拆卸——端盖的拆卸，如图 4-22 所示。

拆卸端盖前应先检查紧固件是否齐全，端盖是否有损伤，并在端盖与机座接合处作好对正记号，接着拧下前、后轴承盖螺丝，取下轴承外盖，再卸下前、后端盖紧固螺丝。如果是大、中型电动机，可用端盖上的顶丝均匀加力，将端盖从机座止口中顶出。没有顶丝孔的端盖，可用撬棍或螺丝刀在周围接缝中均匀加力，将端盖撬出止口。

（7）电动机的拆卸——抽出转子，如图 4-23 所示。

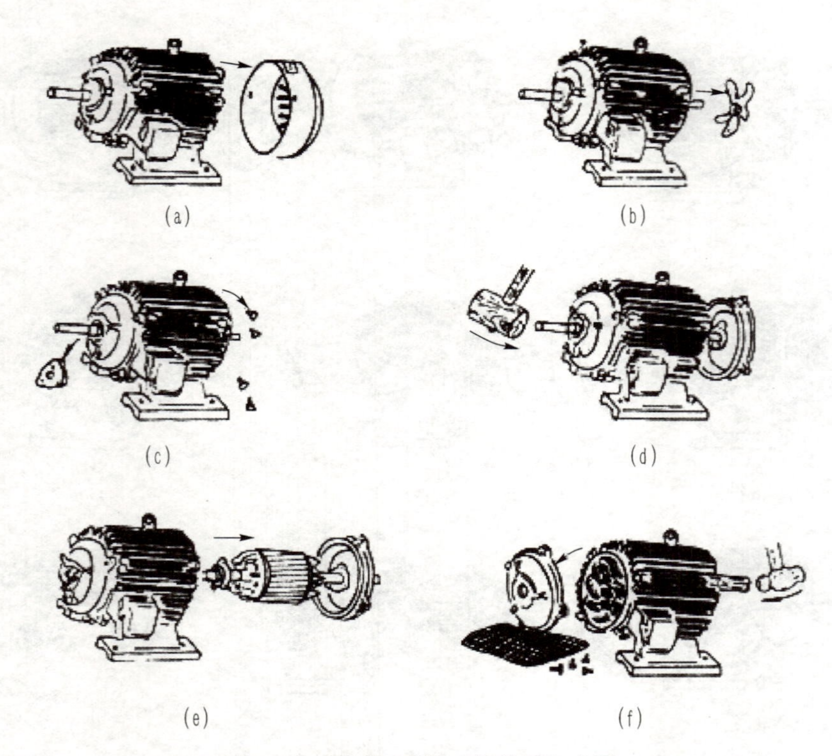

图 4-20　小型异步电动机的拆卸步骤

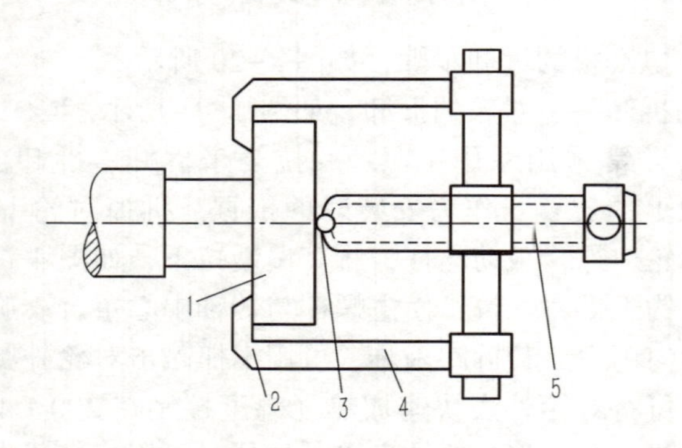

图 4-21　对轮的拆卸

1—对轮；2—拉钩；3—转轴中心；4—钩臂；5—主螺杆

在抽出转子前，应在转子下面气隙和绕组端部垫上厚纸板，以免抽出转子时碰伤铁芯和绕组，对于 30 kg 以内的转子，可以直接用手抽出，如图 4-23 所示。较大的电动机，可使用一端安装假轴，另一端采用吊车起吊的方法，并应注意保护轴颈、定子绕组和转子铁芯风道。

（8）电动机的拆卸——轴承的拆卸。

常用方法，一种是用拉马直接拆卸，具体操作按拆卸对轮的方法进行。

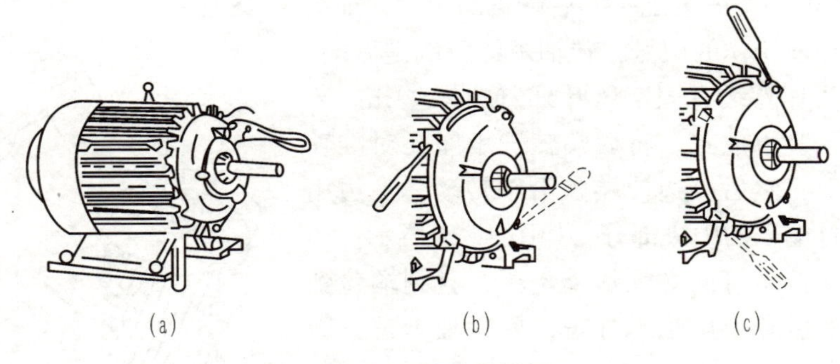

图 4-22　端盖的拆卸

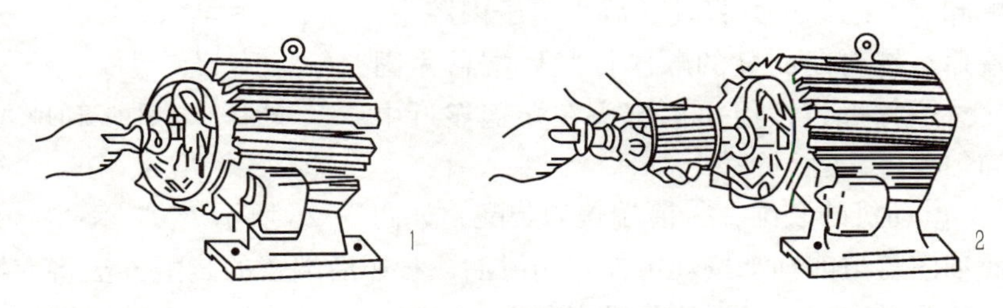

图 4-23　抽出转子

第二种方法是加热法，使用火焊直接加热轴承内套。操作过程中，应使用石棉板将轴承与电动机定子绕组隔开，防止着火烧伤线圈；二是必须先将轴承内润滑脂清理干净，以防止着火。

（9）电动机的装配——轴承的安装，如图 4-24 所示。

轴承的安装可采用以下方法。

① 轴颈在 50 mm 以下的轴承可以使用直接安装方法，如使用紫铜棒敲击轴承内套将轴承砸入，或使用专用的安装工具。

② 轴颈在 50 mm 以上可以使用加热法，包括专业的轴承加热器或电烤箱等，但温度必须控制在 120 ℃以下，以防止轴承过火。

轴承安装完毕后，必须检查是否安装到位，且不能立即转动轴承，以防将滚珠磨坏。

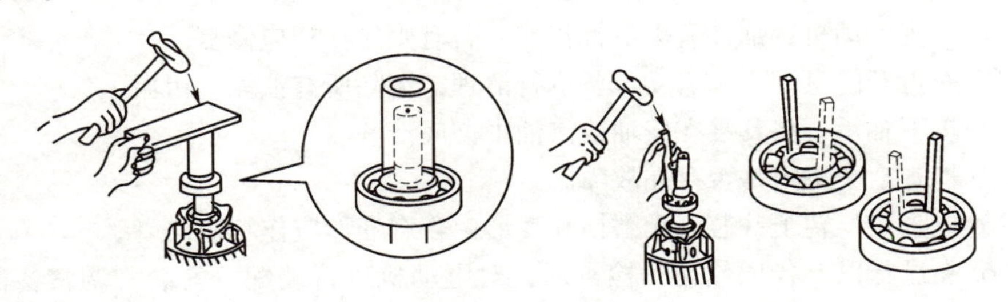

图 4-24　轴承的安装

(10) 电动机的装配——后端盖的装配，如图 4-25 所示。

按拆卸前所作的记号，转轴短的一端是后端。后端盖的凸耳外缘有固定风叶外罩的螺丝孔。装配时将转子竖直放置，将后端盖轴承座孔对准轴承外圈套上，然后一边使端盖沿轴转动，一边用木榔头敲打端盖的中央部分，如图 4-25 所示。如果用铁锤，被敲打面必须垫上木板，直到端盖到位为止，然后套上后轴承外盖，旋紧轴承盖紧固螺钉。

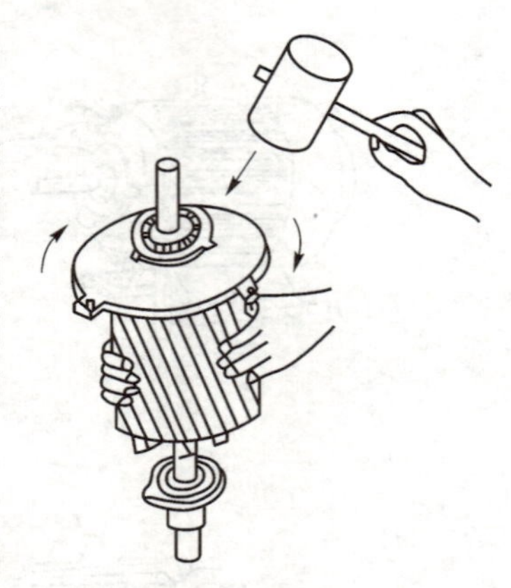

图 4-25　后端盖的装配

按拆卸所作的标记，将转子放入定子内腔中，合上后端盖。按对角交替的顺序拧紧后端盖紧固螺钉。注意边拧螺钉，边用木榔头在端盖靠近中央部分均匀敲打，直至到位。

(11) 电动机的装配——前端盖的装配，如图 4-26 所示。

将前轴内盖与前轴承按规定加好润滑油，参照后端盖的装配方法将前端盖装配到位。装配时先用螺丝刀清除机座和端盖止口上的杂物，然后装入端盖，按对角顺序上紧螺栓，具体步骤如图 4-26 所示。

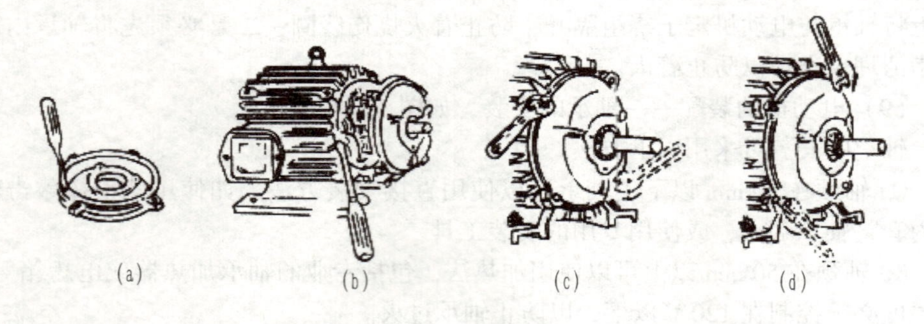

图 4-26　前端盖的装配

电动机大修时，拆开电动机要进行以下项目的检查修理。

① 检查电动机各部件有无机械损伤，若有则应作相应修复。

② 对拆开的电动机和启动设备进行清理，清除所有油泥、污垢。

③ 拆下轴承，将其浸在柴油或汽油中彻底清洗。

④ 检查定子绕组是否存在故障。

⑤ 检查定、转子铁芯有无磨损和变形，若有变形应作相应修复。

⑥ 在进行以上各项修理、检查后，对电动机进行装配、安装，调整各部件间隙，按规定进行检查和试车。

3. 单相异步电动机

单相异步电动机属于中小型电动机，其容量从几瓦到几百瓦，只要有 220 V 交流电源的地方就可以使用。与三相异步电动机相比，单相异步电动机虽然容量小、效率低，但其结构简单、成本低廉、噪声小、安装方便，因而广泛应用于家庭、工农业生产、医疗等场所。单相异步电动机有家用电器心脏之称，它是风扇、洗衣机、电冰箱、空调、抽油烟机、吸尘器等家用电器的动力机。单相鼠笼式异步电动机按照定子结构和启动结构不同，分为电容式、分相式和罩极式等几种。单相异步电动机结构与三相异步电动机相似，也是由定子和转子两个基本部分组成。

1）单相异步电动机工作原理

三相异步电动机的定子绕组通过三相交流电后能形成旋转磁场，在旋转磁场的作用下，转子获得启动转矩而自行启动。单相异步电动机的定子绕组通过单相交流电后只能形成一个脉动磁场，该脉动磁场可以看作是两个大小相等、转速相同，但转向相反的旋转磁场所合成的。当转子静止时，两个旋转磁场分别在转子上产生两个转矩，其大小相等、方向相反，合转矩为零，因此，转子不能自行启动。若给予转子一个外力转矩，则转子会按照外力转矩的方向旋转，显然，转子的方向由外力转矩的方向确定。

2）单相电容式异步电动机

为了解决单相电动机不能自行启动的问题，各种不同类型的单相异步电动机采用的方法不同，下面以单相电容式异步电动机为例来说明。

单相电容式异步电动机主要由定子和转子两部分组成，还包括轴承、端盖等，如图 4-27 所示。

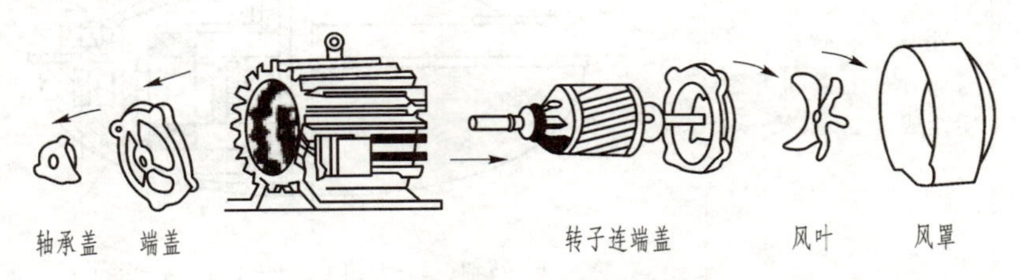

图 4-27　单相电容式异步电动机的结构

单相电容式异步电动机的定子由定子绕组和定子铁芯组成，定子铁芯由硅钢片叠制而成，铁芯槽内嵌有两组独立的绕组，它们在空间位置上相互垂直，分别为主绕组（工作绕组）和副绕组（启动绕组）。

转子由转子绕组和转子铁芯组成，转子绕组是在由硅钢片叠制而成的铁芯上铸入铝条，再在两端用铝铸成闭合绕组而形成的。

3）家用吊扇的结构

最常见的单相电容式异步电动机应用就是家用电器中的吊扇，不过其转子不是固定在转动轴上的，而是采用封闭式外转子结构，即定子铁芯和定子绕组被固定在不旋转的吊杆上，外转子在电磁转矩的作用下带动风扇叶旋转。

吊扇主要由扇头、扇叶、悬吊机构和调速器等组成，整体结构如图 4-28 所示，各部件结构及功能如表 4-10 所示。

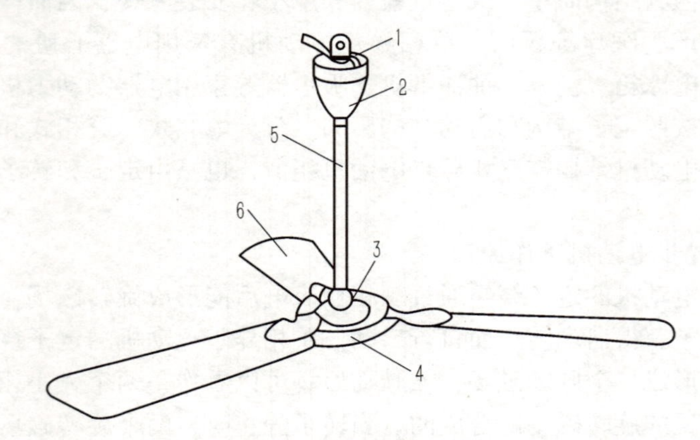

图 4-28　吊扇的结构

1—吊攀；2—上罩；3—下罩；4—扇头；5—吊杆；6—扇叶

表 4-10　吊扇各部件结构及功能

部件名称	结构及功能	示　意　图
扇头	由定子、转子、滚珠轴承、上盖和下盖等组成	1—转轴；2—上轴承；3—上盖；4—定子；5—外转子；6—下盖；7—下轴承
扇叶	主要由叶片与叶角组成，是吊扇产生风的主要部件。吊扇扇叶的形状通常有狭叶型（100 mm 宽）和阔叶型（200 mm 宽）两种	(a)阔叶形　(b)狭叶形　(c)木质阔叶形

续表

部件名称	结构及功能	示意图
悬吊机构	主要由吊杆、吊攀、橡皮轮、上下罩等组成。吊杆、吊攀、橡皮轮是连接电动机与天花板的吊钩，上下罩由金属或塑料制成，主要起装饰和保护作用	
调速器	主要由电抗器与一个旋转式的调换开关组成，电抗器只有一个绕圈，中间抽出三个头，可控制吊扇得到五挡速度，吊扇在最慢挡时，加 85% 的额定电压也能顺利启动，且要求最慢挡与最快挡转速之比（调速比）应不大于 50%	

4）家用吊扇的拆装与检修

（1）吊扇的拆卸。

① 拧下扇叶固定螺钉，取下扇叶。

② 拧下上下罩的紧固螺钉，取下上下罩，拆下电源线。

③ 托住扇头，拔出吊杆轴与电动机轴间的开口销，取下扇头。

④ 拧下紧固螺钉，取下扇头的上下端盖。

⑤ 最后取下扇头的吊杆、转子、定子。

（2）吊扇的安装。

一般可按拆卸的逆过程进行安装，主要注意扇头的安装。

① 把端子装入下端盖中。

② 把轴承装到定子轴的上下两端，然后装好定子。

③ 将上端盖与下端盖对齐，然后用螺钉装好。

（3）吊扇常见故障及处理方法，见表4-11。

表4-11　吊扇常见故障及处理方法

故障现象	处理方法
吊扇在运转时产生晃动	高速旋转的吊扇产生晃动，很可能是吊扇直径较大，而房间的面积又很小，在风叶高速旋转时受到空气流动的干扰，从而会引起吊扇晃动，可换一台直径较小的吊扇试试。另一种使吊扇产生晃动的原因是，风叶各片的质量不一致，动平衡不良（属产品质量问题），或是风叶保管不妥，导致风叶变形而晃动，变形不严重时可自行校正
吊扇运行时有噪声	吊扇在正常运转中产生异常响声和杂声，其主要原因有机械配件结构松动；电动机定子与转子相碰，以及风叶严重变形等。对风叶变形的吊扇应及时进行平衡校正。在业余条件下可采用直尺，测量各片风叶尾端的水平高度是否一致，若发生误差，可扳动风叶校正至相同高度。对于变形严重的风叶，应请专业人员校正或更换风叶。一些长期使用而未及时保养的吊扇，其轴承磨损，运转时发出摩擦噪声，此时可清洗后在中心轴加入少许机油减小噪声，如果磨损严重使轴承破损，应更换轴承
吊扇调速器失灵	当调速失灵失控时，可从三个方面检查。 1. 各挡转速变慢，这大多是电动机匝间或绕组间局部短路，或吊扇电容器漏电、电容量减小等原因。 2. 调速器一挡调速正常，而其余各挡较慢或较快，此时故障产生于调速器内，可以拆下调速器外壳，检查开关各触点焊点是否良好，变压器的抽线头有无断线、短路和脱焊等。 3. 调速器与吊扇不匹配产生调速不良，这在装置吊扇时应注意选用相配套的调速器
停转或转速很慢	当吊扇开启后不能转动或在高速挡转速很慢，较常见的是吊扇电容器电容量减小、漏电、接触不良等，此时可更换电容器试试。选择电容器必须用电扇专用油浸式电容，电容量和电压值要与原装配电容一样

4.3　工作单

操作员：________　“7S”管理员：________　记分员：________

实训项目	1. 小型变压器故障检修； 2. 三相异步电动机的拆装； 3. 吊扇的拆装				
实训时间		实训地点		实训课时	6
使用设备	小型变压器1台，三相异步电动机1台，吊扇1台，万用表1只，兆欧表1只，电工工具若干				
制订实训计划					

续表

实施	小型变压器故障检修	操作步骤及方法	
	三相异步电动机的拆装	操作步骤及方法	
	吊扇的拆装	操作步骤及方法	
评价	项目评定	根据项目器材准备、实施步骤、操作规范三方面评定成绩	
	学生自评	根据评分表打分	
	学生互评	互相交流，取长补短	
	教师评价	综合分析，指出好的方面和不足的方面	

项目评分表

本项目合计总分：________

1. 功能考核标准（90 分）

工位号________　　　　成绩________

项目	评分项目	分值		评　分　标　准	得分
器材准备	实训所需器材	30 分		所需工具、仪表、材料等全部准备到位得 30 分，少准备一种扣 10 分	
实施过程	小型变压器故障检修	60 分	20 分	1. 器材型号、规格选择正确，得 5 分； 2. 根据故障现象进行故障分析，得 5 分； 3. 在规定的时间内排除故障，得 10 分	
	三相异步电动机的拆装		20 分	1. 拆卸步骤、方法正确，得 2 分； 2. 正确取出定子绕组和其他零部件，得 3 分； 3. 装配标记正确、清楚，得 2 分； 4. 装配步骤、方法正确，得 3 分； 5. 轴承清洗干净，得 2 分； 6. 装配完成后，电动机能正常运转，得 8 分	
	吊扇的拆装		20 分	1. 拆卸步骤、方法正确，得 5 分； 2. 零部件摆放整齐有序，得 3 分； 3. 调速器接线正确，得 3 分； 4. 吊扇各部件安装牢固，得 5 分； 5. 吊扇运转正常，调速灵敏，得 4 分	

2. 安全操作评分标准（10分）

工位号________　　　　　　　　　　　　　　　　成绩________

项目	评分点	配分	评分标准	得分
职业与安全知识	完成工作任务的所有操作是否符合安全操作规程	5分	符合要求得5分，基本符合要求得3分，一般得1分	
	工具摆放、包装物品等的处理是否符合职业岗位的要求	3分	符合要求得3分，有两处错误得1分，两处以上错误不得分	
	遵守现场纪律，爱惜现场器材，保持现场整洁	2分	符合要求得2分，未做到扣2分	
项目	加分项目及说明			加分
奖励	1. 整个操作过程对现场进行“7S”现场管理和工具器材摆放规范到位的加10分； 2. 用时最短的3个工位（时间由短到长排列）分别加3分、2分、1分			
项目	扣分项目及说明			扣分
违规	1. 违反操作规程使自身或他人受到伤害扣10分； 2. 不符合职业规范的行为，视情节扣5~10分； 3. 完成项目用时最长的3个工位（时间由长到短排列）分别扣3分、2分、1分			

4.4 课后练习

一、判断题

1. 变压器匝数较多的一侧是高压侧，匝数较少的一侧是低压侧。　（　　）

2. 自耦变压器跟普通变压器一样，一次绕组与二次绕组只有磁的联系，没有电的关系。　（　　）

3. 三相异步电动机的接线方式有Y形和△形两种。　（　　）

4. 三相异步电动机转子绕组有鼠笼式和绕线式两种。　（　　）

5. 家用吊扇的电动机是三相异步电动机。　（　　）

二、填空题

1. 单相异步电动机不能自行启动的原因是________。

2. 变压器可以改变________、________和________。
3. 变压器的基本结构有________和________。
4. 三相异步电动机主要由________和________两部分及一些零部件组成。
5. 电动机的工作方式有________、________和________三种。

三、简答题

1. 简述三相异步电动机的工作原理。
2. 简述吊扇的拆装步骤及方法。
3. 变压器主要由哪几部分构成？各部分的作用是什么？
4. 简述单相异步电动机的工作原理。

四、社会实践题

在老师的指导下为学校各班级教室、办公室等检修吊扇；参与学校设备电动机的保养。（注意：做好安全防护工作，严谨带电操作。）

项目 5　常用低压电器的识别与检测

通过前面项目的学习，我们掌握了电工的基本知识和技能，也能安装和检修一般的照明电路。现在，我们就以此为基础，进一步学习较为复杂的元器件和电气控制线路。在机械加工设备中，如普通车床、数控车床、摇臂钻床、磨床等电气控制线路都是由各种低压电器组成的。控制系统的优劣与低压电器的性能有直接的关系。作为操作员和机床维修人员，应该熟悉低压电器的结构、工作原理、使用方法和故障检测。因此，熟悉低压电器的基本知识是机床维修人员的必备技能。本项目主要介绍低压开关、按钮、熔断器和交流接触器，其他低压电器在以后涉及的项目中介绍。

5.1　任务书

一、任务单

<table>
<tr><td>项目 5</td><td>常用低压电器的识别与检测</td><td>工作任务</td><td colspan="2">1. 绘制刀开关、转换开关、低压断路器、按钮、熔断器、接触器的电路符号；
2. 用万用表检测刀开关、转换开关、低压断路器、按钮、熔断器、接触器的好坏；
3. 能够安装刀开关、转换开关、低压断路器、按钮、熔断器、接触器</td></tr>
<tr><td>学习内容</td><td colspan="2">1. 了解刀开关、转换开关、低压断路器、按钮、熔断器、接触器的结构；
2. 了解刀开关、转换开关、低压断路器、按钮、熔断器、接触器的工作原理；
3. 掌握刀开关、转换开关、低压断路器、按钮、熔断器、接触器的安装方法；
4. 掌握万用表检测刀开关、转换开关、低压断路器、按钮、熔断器、接触器的方法；
5. 掌握刀开关、转换开关、低压断路器、按钮、熔断器、接触器的功能；
6. 能够正确地使用低压电器为电路提供短路保护、失压保护、过载保护等；
7. 学习进行整理、整顿、清扫、清洁、素养、节约、安全管理</td><td>教学时间/学时</td><td>7</td></tr>
</table>

续表

<table>
<tr><td rowspan="1">学习目标</td><td>1. 能识读刀开关、转换开关、低压断路器、按钮、熔断器、接触器的种类、电路符号，了解其型号意义；
2. 了解刀开关、转换开关、低压断路器、按钮、熔断器、接触器的结构和工作原理，掌握其功能，能正确检测；
3. 维修常见故障；
4. 明确使用和安装的注意事项</td></tr>
<tr><td rowspan="8">思考题</td><td>1. 简述低压开关的作用及使用场合。</td></tr>
<tr><td></td></tr>
<tr><td>2. 按钮的种类有哪些？</td></tr>
<tr><td></td></tr>
<tr><td>3. 简述熔断器在电路中的作用。</td></tr>
<tr><td></td></tr>
<tr><td>4. 交流接触器的主要功能和用途是什么？</td></tr>
<tr><td></td></tr>
</table>

二、资讯途径

序号	资讯类型	序号	资讯类型
1	上网查询	4	低压电器说明书
2	机电类图书资料（教材、指导书）	5	安装与调试的标准和规范
3	电路元器件信息		

5.2 学习指导

一、训练目的

（1）了解低压电器的结构和工作原理。

（2）学会使用万用表检测低压电器（刀开关、转换开关、低压断路器、按钮、熔断器、接触器）。

（3）明确低压电器的使用场所和安装方法。

二、训练重点及难点

（1）低压电器的检测。

（2）低压电器的安装。

三、低压电器实物图

常用低压电器如图 5-1 所示。

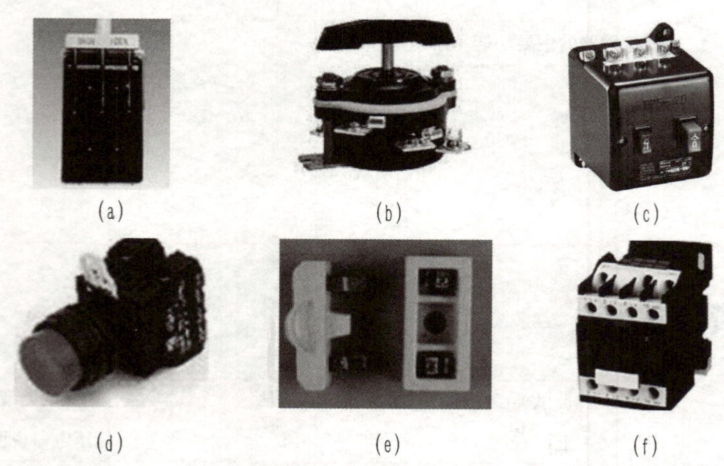

图 5-1　常用低压电器

（a）刀开关；（b）转换开关；（c）低压断路器；（d）按钮；（e）熔断器；（f）交流接触器

四、低压电器相关理论知识

（一）低压开关

低压开关主要用于隔离、转换以及接通和分断电路，多数也可作为机床电路的电源开关、局部照明电路的控制，有时也可用来直接控制小容量电动机的启动、停止和正反转。低压开关一般为非自动切换电器，常用的类型有刀开关、转换开关和低压断路器等。

1. 刀开关

扫一扫

刀开关俗称闸刀开关，是一种结构简单、应用广泛的手动电器，主要用于接通和切断长期工作设备的电源及不经常启动及制动、容量小于7.5 kW的异步电动机。刀开关常见实物外形如图5-2所示。

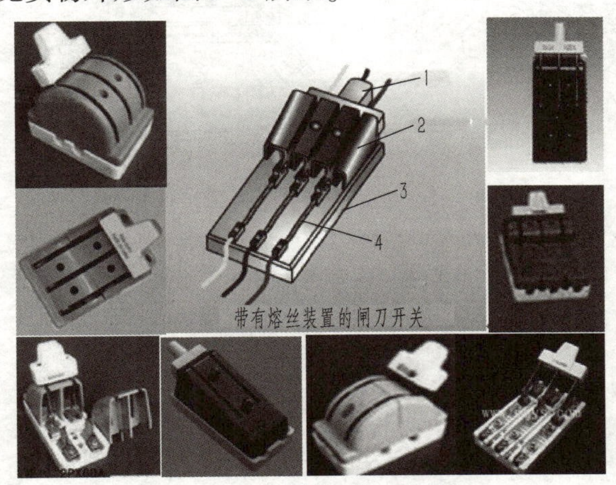

图5-2　不同类型的刀开关

1—手柄；2—胶木外壳；3—瓷底板；4—熔丝

1）刀开关符号

刀开关图形、文字符号如图5-3所示。

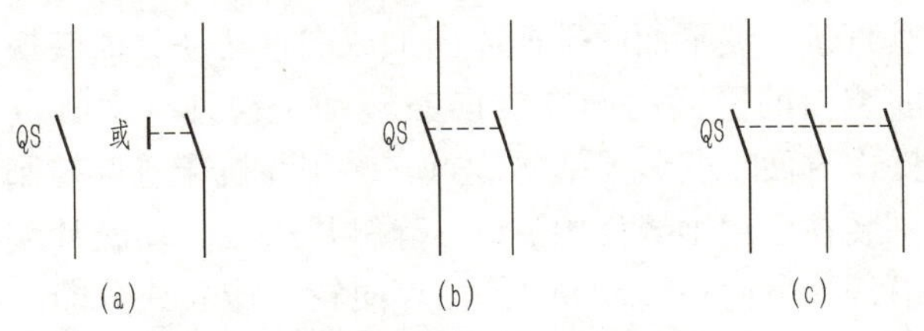

图5-3　刀开关图形、文字符号

（a）单极；（b）双极；（c）三极

2）刀开关型号

刀开关型号各部分含义如图5-4所示。

3）刀开关各部件名称

HK 开启式和 HH 封闭式铁壳开关各部件名称如图 5-5 所示。

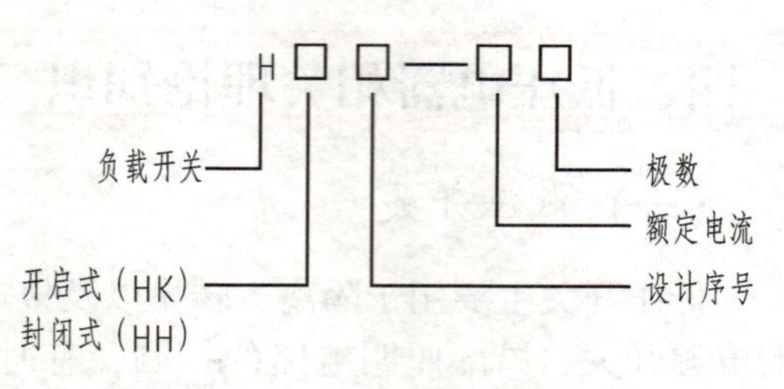

图 5-4　刀开关的型号含义

4）刀开关的安装

在安装时，手柄要向上，不得倒装或平装，以避免由于重力自动下落而引起误动合闸。接线时，应将电源线接在上端，负载线接在下端，这样拉闸后刀开关的刀片与电源隔离，既便于更换熔丝，又可防止意外事故的发生。

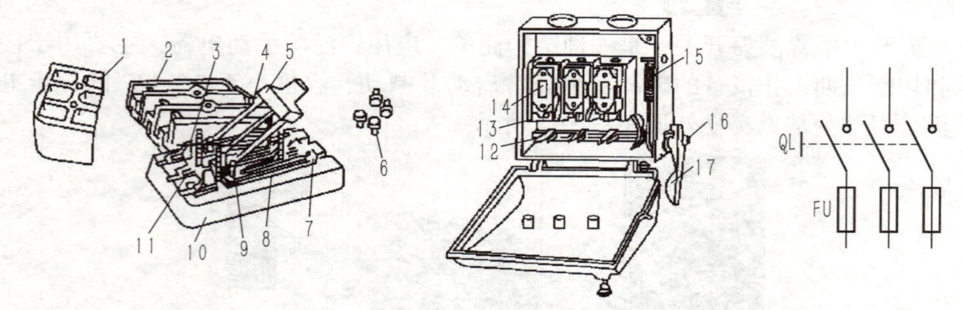

图 5-5　HK 开启式和 HH 封闭式铁壳开关

1—上胶盖；2—下胶盖；3，13—插座；4，12—触刀；5，17—操作手柄；6—固定螺母；7—进线端；8—熔丝；9—触点座；10—底座；11—出线端；14—熔断器；15—速断弹簧；16—转轴

5）刀开关的检测

切断电源，将万用表电阻挡置于 $R\times1\ \Omega$ 挡，先拉下刀开关手柄，测上、下接线柱的电阻，应该为无穷大；闭合手柄，测上、下接线柱的电阻应该为零。否则，刀开关是坏的，检查熔丝是否断开及接线柱线头是否松动。

2. 转换开关

转换开关又称组合开关，其实质上也是一种特殊的刀开关，只不过一般刀开关的操作手柄是在垂直于安装平面的平面内向上或向下转动，而转换开关的操纵手柄则是在平行于其安装面的平面内向左或向右转动。它具有多触点、多位置、体积小、性能可靠、操作方便、安装灵活等优点，多用在机床电气控制线路中作为电源引入开关，由分别装在多层绝缘件内的动、静触片组成。动触片装在附有手柄的绝缘方轴上，手柄沿任一方向每转动 90°，触片便轮流接通或分断。为了使开关在切断电路时能迅速灭弧，在开关转轴上装有扭簧储能机构，使开关能快速接通与断开，从而提高了开关的通断能力。这种开关适用于交流 50 Hz、电压 380 V 以下和直流电压 220 V 以下的电路中，供手动不频繁地接通和断开电源，以及控制 5 kW 以下异步电动机的直接启动、停止和正反转。转换开关实物如图 5-6 所示。

图 5-6　转换开关实物

1）转换开关结构和电路符号

转换开关的结构和电路符号如图 5-7 所示。

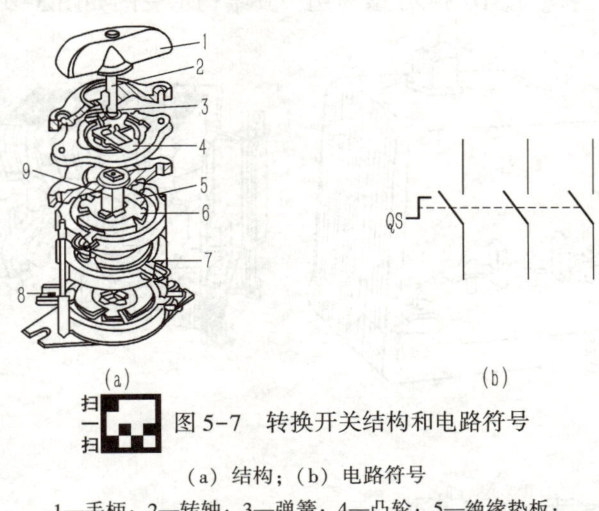

扫一扫 图 5-7　转换开关结构和电路符号

（a）结构；（b）电路符号

1—手柄；2—转轴；3—弹簧；4—凸轮；5—绝缘垫板；

6—动触片；7—静触片；8—接线端子；9—绝缘杆

2）转换开关型号

转换开关型号各部分含义如图 5-8 所示。

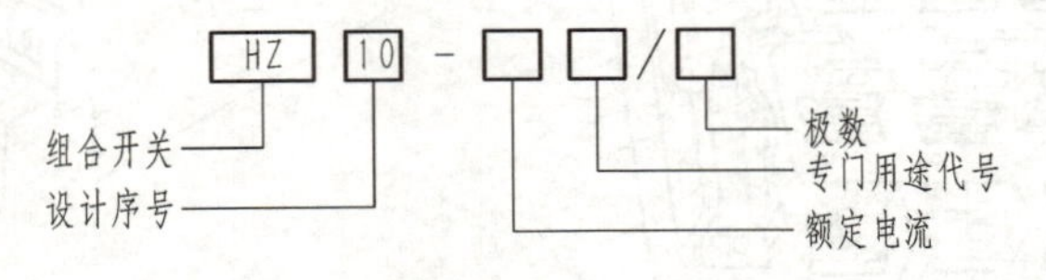

图 5-8　转换开关型号各部分含义

3）转换开关的检测

转换开关的手柄置于垂直位置，此时，转换开关应处于接通状态，把万用表置于 $R\times1\ \Omega$ 挡，两表笔在对角的一对触点上测量其电阻，阻值应接近于零，其他触点依照同样的方法进行；再将手柄置于水平位置，转换开关处于断开状态，用万用表测各对触点的电阻，阻值为无穷大，接通和断开状态都是正常的才能确定转换开关是好的。

3. 低压断路器

1）低压断路器的用途及结构

低压断路器又称自动空气开关，在电气线路中起接通、分断和承载额定工作电流的作用，并能在线路和电动机发生过载、短路、欠电压的情况下进行可靠的保护。它的功能相当于刀开关、过电流继电器、欠电压继电器、热继电器及漏电保护器等电器部分或全部的功能总和，是低压配电网中一种重要的保护电器。常用的低压断路器为塑壳式，如 DZ5 系列和 DZ10 系列。DZ5 系列为小电流系列，其额定电流为 10～50 A；DZ10 系列为大电流系列，其额定电流等级有 100 A、250 A 和 600 A 三种。以 DZ5-20 型为例，其结构示意图如图 5-9 所示。

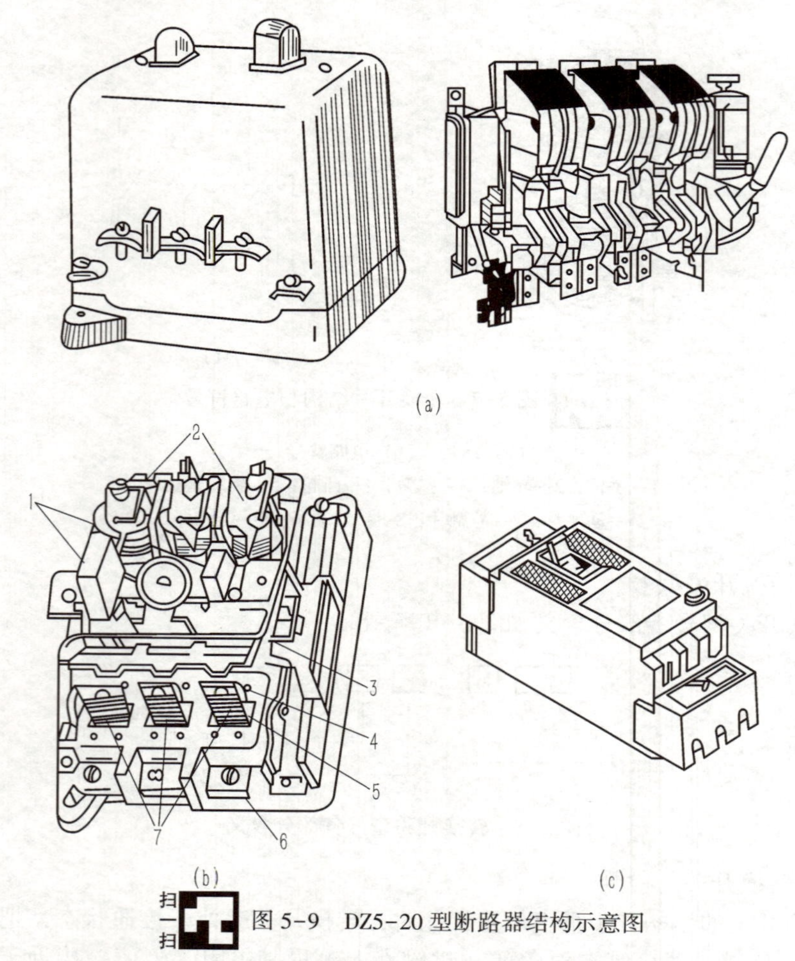

扫一扫 图 5-9 DZ5-20 型断路器结构示意图

（a）框架式；（b）塑壳式；（c）漏电保护式

1— 按钮；2—过流脱扣器；3— 自由脱扣器；4—动触点；5—静触点；6—接线端；7— 热脱扣器

2）低压断路器符号

低压断路器的图形及文字符号如图5-10所示。

3）低压断路器型号

低压断路器型号各部分的含义如图5-11所示。

4）低压断路器的检测

低压断路器的手柄合上时，把万用表置于 $R\times1\ \Omega$ 挡，两表笔接在一对触点的两端测量其电阻，阻值应接近于零，其他触点依照同样的方法进行；再将手柄置于断开位置，用万用表测各对触点的电阻，阻值为无穷大，接通和断开状态都是正常的才能确定低压断路器的触点是好的，能实现电源的通断。

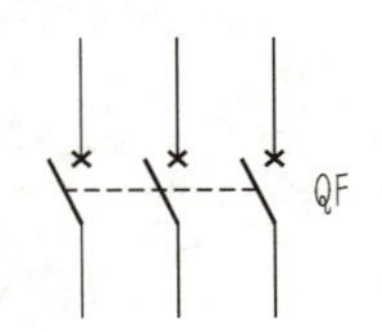

图5-10　低压断路器图形及文字符号

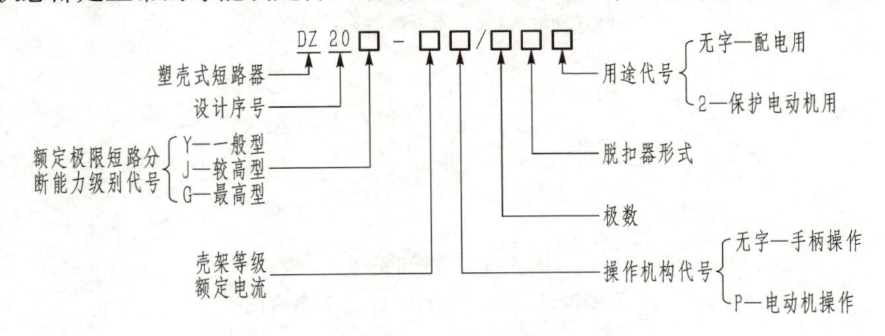

图5-11　低压断路器型号各部分含义

（二）按钮

按钮是一种适时接通或断开小电流电路的主令电器，不同外形的按钮如图5-12所示。

图5-12　按钮实物

1. 按钮种类和结构

按钮种类和结构如图5-13所示。

2. 按钮符号和型号

按钮符号和型号各部分含义分别如图5-14、图5-15所示。

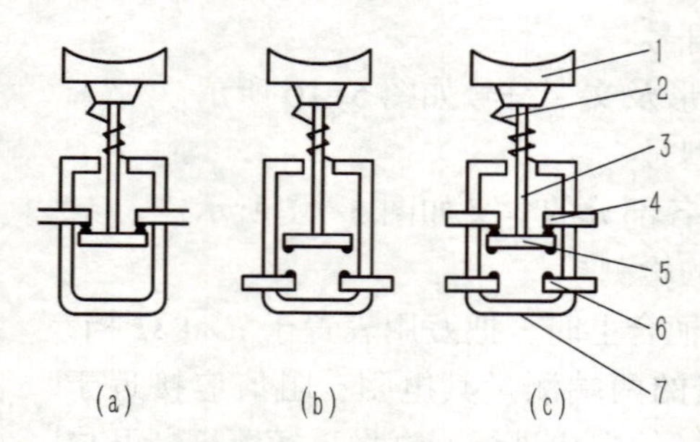

图 5-13　按钮种类和结构

（a）动断按钮；（b）动合按钮；（c）复合按钮

1—按钮帽；2—复位弹簧；3—支柱连杆；4—常闭静触头；

5—桥式动触头；6—常开静触头；7—外壳

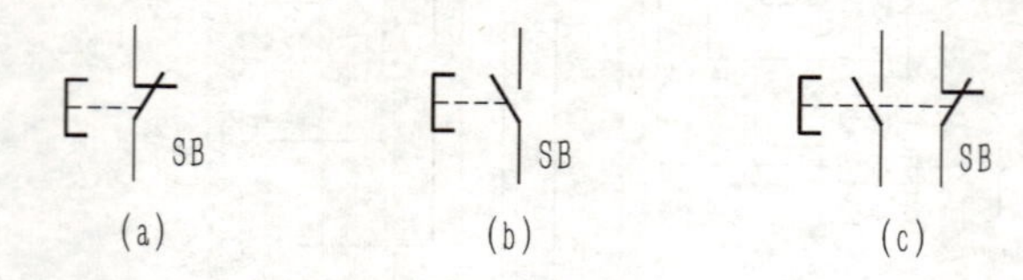

图 5-14　按钮符号

（a）动断按钮；（b）动合按钮；（c）复合按钮

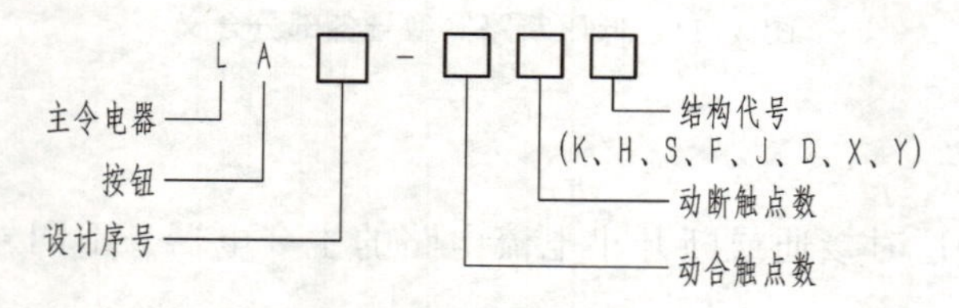

图 5-15　按钮型号各部分含义

3. 按钮的工作原理

动断按钮：常态时，触点处于闭合状态；按下时，触点断开，松开后又恢复闭合状态。

动合按钮：常态时，触点处于断开状态；按下时，触点闭合，松开后又恢复断开状态。

复合按钮：将动断按钮和动合按钮融为一体，由一对动断触点和一对动合触点组成。常态时，动断触点处于闭合状态，动合触点处于断开状态；按下时，先是动断触点由闭合变为断开状态，接着动合触点由断开变为闭合状态；松开时，动合触点先断开，动断触点后闭合，恢复成常态。

4. 按钮检测

选择万用表 $R\times1\ \Omega$ 挡：测动断按钮时，常态电阻为零，按下时电阻为无穷大；测动合按钮时，常态电阻为无穷大，按下时电阻为零；复合按钮的检测结合动断按钮和动合按钮的方法进行。

（三）熔断器

熔断器在电力拖动系统中是用作短路保护的器件。其种类很多，有封闭式、插入式、螺旋式、快速式和自复式等。使用时，熔断器应串联在所保护的电路中。当电路发生短路故障时，通过熔断器的电流达到或超过某一规定值，由于自身产生的热量使熔体熔断而自动切断电路，起到保护作用。图 5-16 所示为不同类型的熔断器实物。

图 5-16　常见熔断器实物

在机床电路中常用螺旋式熔断器，它具有分断能力较强、结构紧凑、体积小、安装面积小、更换熔体方便、熔丝熔断后有明显指示等优点，因此广泛应用于机床控制线路、配电屏及振动较大的场所，作为短路保护器件。其熔断管是一个装有熔丝的瓷管，在熔丝周围填充有石英砂，作为熄灭电弧用，熔丝焊在瓷管两端的金属盖上，其中一金属盖中间凹处有一个标有颜色的熔断指示器，一般为粉色或橙色。当熔丝熔断时，指示器便被反作用弹簧弹出自动脱落，显示熔丝已熔断，透过瓷帽上的圆形玻璃窗口可以清楚地看见，此时只需更换同规格的熔断管即可。

1. 螺旋式熔断器的结构

螺旋式熔断器的结构如图 5-17 所示。

2. 熔断器的型号和符号

熔断器的型号意义以及在电气原理图中的符号如图 5-18 所示。

3. 熔断器的检测

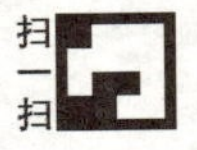

用万用表 $R\times1\ \Omega$ 挡，将红、黑表笔分别接在熔断管两端的金属帽上，指针指在接近于零刻度的位置，说明熔断管是好的；否则，熔断管已烧坏。然后装好熔断管，将红、黑表笔分别接在熔断器两端的接线柱上，指针仍指在接近于零刻度的位置，说明整个熔断器是好的，如果指针指向无穷大，说明接线柱有断路故障。

4. 螺旋式熔断器的安装

使用时将熔断管有色点指示器的一端插入瓷帽中，再将瓷帽连同熔断管一起

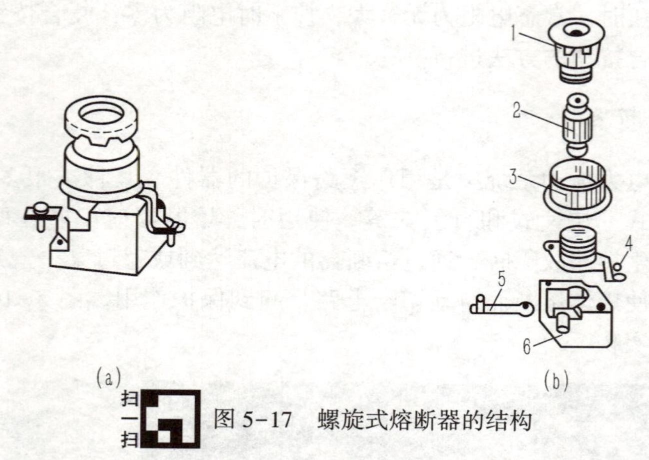

扫一扫 图 5-17 螺旋式熔断器的结构

(a) 外形；(b) 分解图

1—瓷帽；2—熔断管；3—瓷套；4—上接线柱；5—下接线柱；6—瓷座

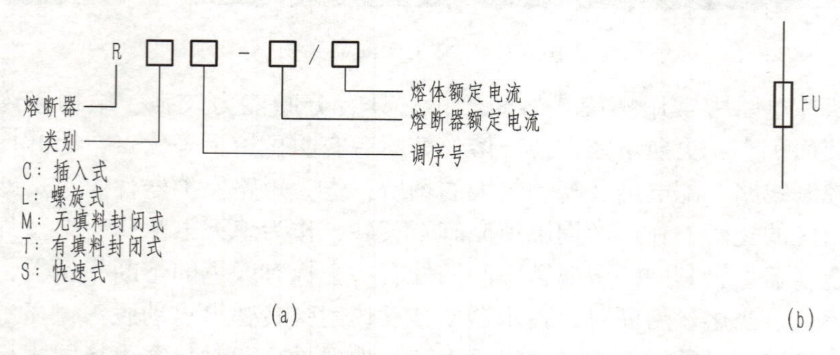

图 5-18 熔断器的型号和符号

(a) 型号意义；(b) 符号

旋入瓷座内，使熔丝通过瓷管上端金属盖与上接线座连通，瓷管下端金属盖与下接线座连通。在装接使用时，电源线应接在下接线座，负载线应接在上接线座，这样在更换熔断管时（旋出瓷帽），金属螺纹壳的上接线座便不会带电，以保证维修者安全。

（四）接触器

接触器是机床电路及自动控制电路中的一种自动切换电器，可用于远距离频繁地接通和断开交、直流主电路及大容量控制电路。其主要控制对象是电动机，也可用于控制其他电力负载，如电热设备、电焊机、电容器组等。接触器不仅能遥控通断电路，还具有欠电压、零电压释放保护功能，操作频率高，使用寿命长，工作可靠，结构简单经济，因此在电气控制中的应用十分广泛。

图 5-19 所示为不同型号接触器的实物。

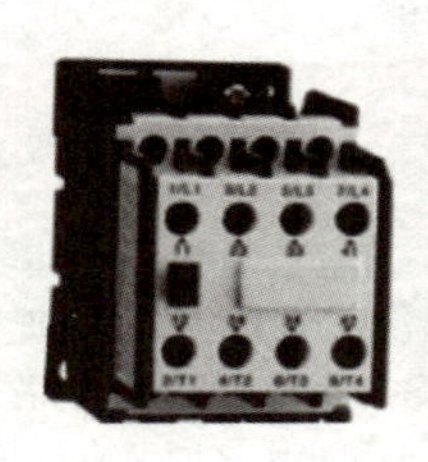
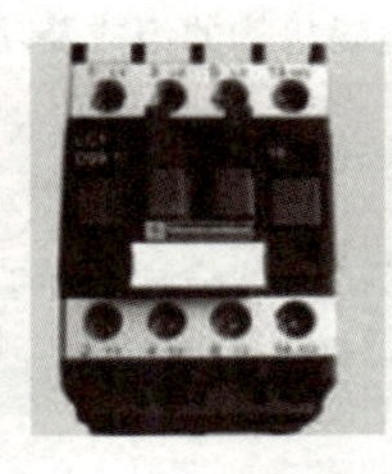

图 5-19　常用接触器实物

1. 接触器种类

接触器按主触点通过电流的种类，可分为交流接触器和直流接触器两种。

2. 交、直流接触器的特点

交、直流接触器结构与工作原理基本相同，不同之处主要在电磁机构上。

（1）交流接触器铁芯采用硅钢片叠压而成。线圈一般呈矮胖形，设有骨架，与铁芯隔离，以利于铁芯与线圈散热。

（2）直流接触器铁芯用整块钢材或工程纯铁制成。其线圈一般制成高而薄的瘦高形，不设线圈骨架，线圈与铁芯直接接触，散热性能良好。多装有磁吹式灭弧装置。

其中交流接触器应用最为广泛，直流接触器则应用范围较小。下面以交流接触器为例介绍其结构和工作原理。

3. 交流接触器的结构

交流接触器的结构如图 5-20 所示。

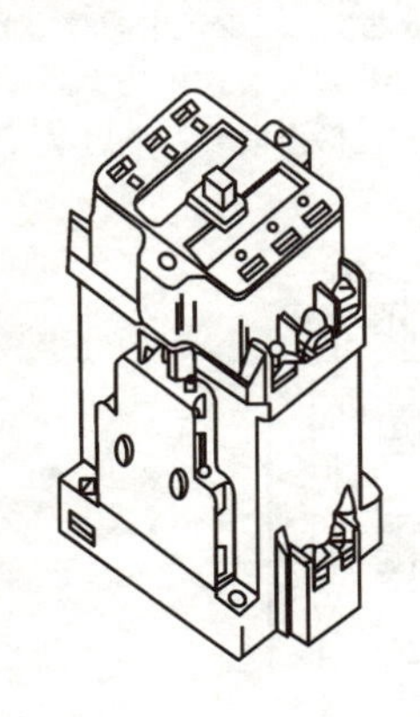
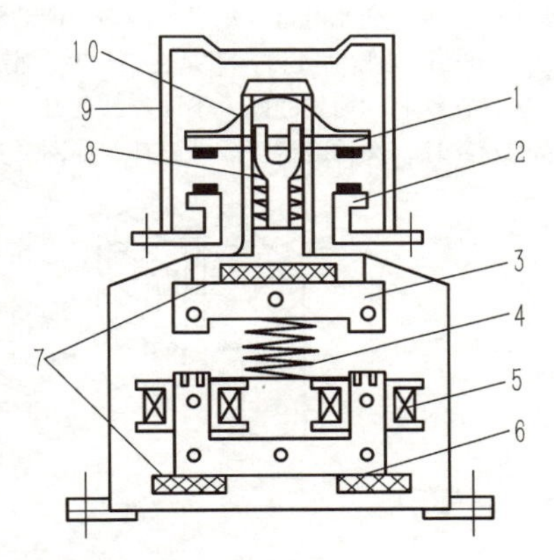

图 5-20　交流接触器的结构

1—动触点；2—静触点；3—衔铁；4—缓冲弹簧；5—电磁丝圈；6—铁芯；7—垫毡；8—触头弹簧；9—灭弧罩；10—触点压力弹簧片

1）电磁机构的组成及功能

电磁机构由线圈、铁芯和衔铁组成，其结构及功能如表 5-1 所示。

表 5-1　交流接触器电磁机构的组成及功能

电磁机构名称	结构及功能
线圈	交流接触器的线圈是利用绝缘性能较好的电磁线绕制而成的，是电磁机构动作的能源，一般并接在电源上。为了减少分流作用，降低对原电路的影响，需要的阻抗较大，因此线圈匝数多、导线细。对于交流接触器，除了线圈发热外，铁芯中有涡流和磁滞损耗，铁芯也会发热，并且占主要地位。为了改善线圈和铁芯的散热情况，在铁芯和线圈之间留有散热间隙，而且把线圈做成有骨架的矮胖形
铁芯	交流接触器的铁芯与衔铁按结构形式可分为单 E 形、单 U 形和双 E 形等，为减少交变磁场在铁芯中产生的涡流和磁滞损耗，防止铁芯过热，一般用硅钢片叠压铆成
衔铁	交流接触器衔铁的运动方式，对于额定电流为 40 A 及以下的采用直动式；对于额定电流为 60 A 及以上的多采用衔铁绕轴转动的拍合式，如图 A 所示。 A （a）直动式；（b）拍合式 1—衔铁；2—铁芯；3—线圈；4—轴 交流接触器的衔铁在吸合过程中，一方面受到线圈产生的电磁吸力的作用，另一方面受到复位弹簧的弹力及其他机械阻力的作用，只有电磁吸力大于这些阻力时，衔铁才能被吸合。由于交流电磁铁线圈中的电流是交变的，所以它产生的电磁吸力也是脉动的。电流为零时，电磁吸力也为零，交流电每变化一个周期，衔铁将释放两次，若交流电源频率为 50 Hz，则电磁吸力为 100 Hz 的脉动吸力，于是在工作时，衔铁将会振动，并产生较大的噪声。为了解决这一问题，在铁芯和衔铁的两个不同端部各开一个槽，在槽内嵌装一个用铜、康铜或镍铬合金制成的短路环，又称减振环或分磁环，如图 B 所示。 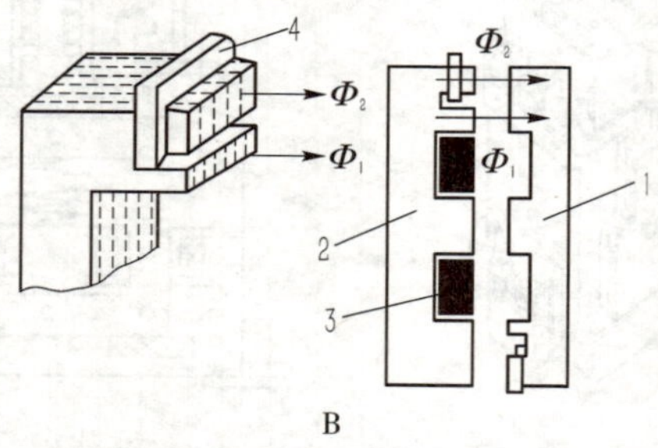 B 1—衔铁；2—铁芯；3—线圈；4—短路环 加上短路环后，磁通被分为两部分，一部分为不通过短路环的 Φ_1；另一部分为通过短路环的 Φ_2。由于电磁感应，使 Φ_1 与 Φ_2 间有一个相位差，它们不会同时为零，因此它们产生的电磁吸力也没有同时为零的时刻，如果配合比较合适的话，电磁吸力将始终大于反作用力，使衔铁牢牢地吸合，这样就消除了振动和噪声。一般短路环包围铁芯端面的 2/3

2）触点系统

交流接触器触点是接触器的执行部件，接触器就是通过触点的动作来分合被控电路的。交流接触器的触点一般采用双断点桥式触点。动触点桥一般用紫铜片冲压而成，并具有一定的钢性，触点块用银或银基合金制成，镶焊在触点桥的两端；静触点桥一般用黄铜板冲压而成，一端镶焊触点块，另一端为接线座。动、静触点的外形及结构如图 5-21 所示。

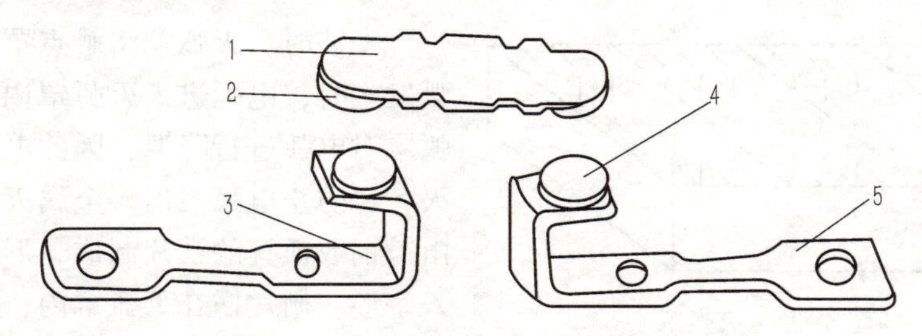

图 5-21　动、静触点的外形及结构

1—动触头桥；2—动触头块；3—静触头桥；4—静触头块；5—接线柱

按通断能力，触点分为主触点和辅助触点。主触点用于通断电流较大的主电路，体积较大，一般由三对动合触点组成；辅助触点用于通断电流较小的控制电路，体积较小，一般由两对动合触点和两对动断触点组成。

3）灭弧装置

交流接触器在断开大电流电路或高电压电路时，在高热和强电场的作用下，触点表面的自由电子大量溢出形成炽热的电子流，即电弧。电弧的产生一方面会烧蚀接触器触点，缩短其使用寿命；另一方面还使切断电路的时间延长，甚至造成弧光短路或引起火灾。因此，我们希望在断开电路时，触点间的电弧能迅速熄灭。为使电弧迅速熄灭，可采用将电弧拉长、使电弧冷却、把电弧分割成若干短弧等方法，灭弧装置就是基于这些原理来设计的。容量较小的交流接触器，如 CJ10-10 型，采用的是双断点桥式触点，本身就具有电动灭弧功能，不用任何附加装置便可使电弧迅速熄灭，其灭弧示意图如图 5-22 所示。

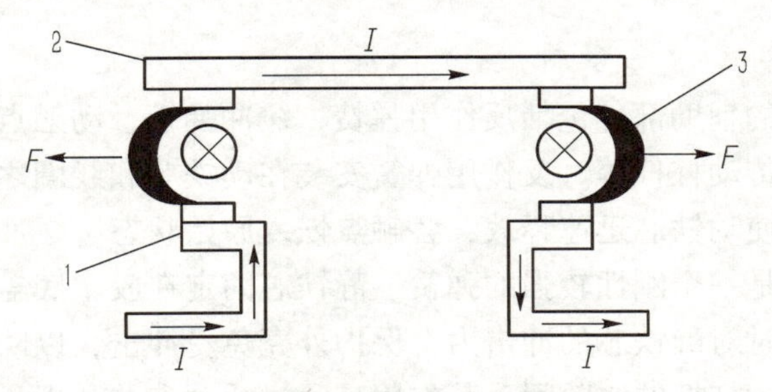

图 5-22　双断点桥式触点灭弧示意图

1—静触点；2—动触点；3—电弧

当触点断开电路时，在断口处产生电弧，静触点和动触点在弧区内产生如图5-24所示的磁场，根据左手定则，电弧电流将受到指向外侧方向的电磁力 F 的作用，从而使电弧向外侧移动。一方面使电弧拉长；另一方面使电弧温度降低，有助于电弧熄灭。对容量较大的接触器，如CJ0-20型，采用灭弧罩灭弧；CJ0-40型采用金属栅片灭弧装置。灭弧罩由陶土材料制成，其结构如图5-23所示。

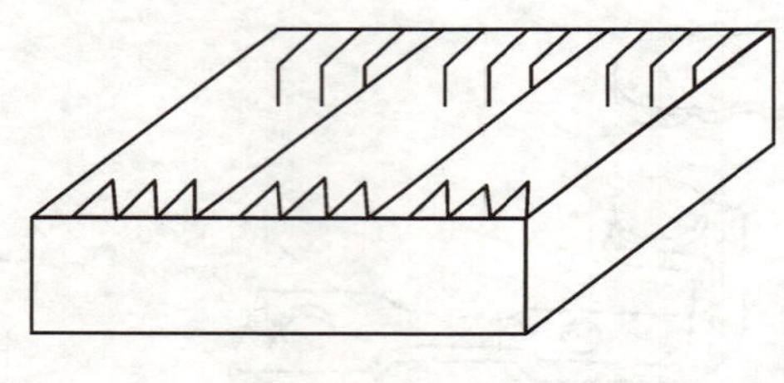

图5-23　灭弧罩

安装时，灭弧罩将触点罩住，当电弧发生时，电弧进入灭弧罩内，依靠灭弧罩对电弧进行降温，因此电弧容易熄灭，也防止电弧飞出。金属灭弧栅片是由镀铜或镀锌的铁片制成，形状一般为人字形，栅片插在灭弧罩内，各片之间相互绝缘。当触点分断产生电弧时，电弧周围产生磁场，电弧在磁场力的作用下进入栅片，被分割成许多串联的短弧，每个栅片就成了电弧的电极，电弧电压低于燃弧电压，同时栅片将电弧的热量散发，加速了电弧的熄灭，其工作原理如图5-24所示。

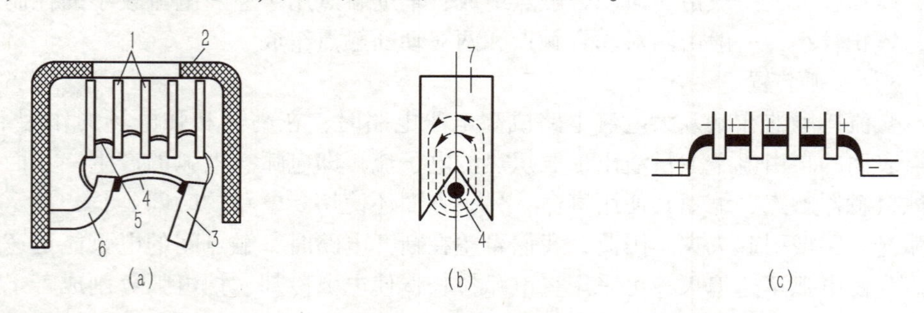

图5-24　金属栅片灭弧装置原理

（a）栅片灭弧；（b）栅片中的磁场分布；（c）电弧被切成短弧

1—灭弧栅；2—灭弧罩；3—动触点；4—电弧；5—短电弧；6—静触点；7—栅片

4）辅助部件

交流接触器的辅助部件包括反作用弹簧、缓冲弹簧、动触点固定弹簧、动触点压力弹簧片及传动杠杆等。反作用弹簧安装在动铁芯和线圈之间，其作用是在线圈断电后，促使动铁芯迅速释放，各触点恢复原始状态。缓冲弹簧安装在静铁芯与线圈之间，是一个刚性较强的弹簧。静铁芯固定在胶木底盖上，其作用是缓冲动铁芯在吸合时对静铁芯的冲击力，保护外壳免受冲击，以防损坏。动触点固定弹簧安装在传动杠杆的空隙间，其作用是通过活动夹并利用弹力将动触点固定在传动杠杆的顶部，有利于触点的维修或更换。动触点压力弹簧片安装在动触点的上面，有一定的刚性，其作用是增加动、静触点之间的压力，从而增大接触面积，减小接触电阻，防止触点过热。传动杠杆的一端固定动铁芯，另一端固定动触点，安装在胶木壳体的导轨上，其作用是在动铁芯或反作用弹簧的作用下，带动动触点实现与静触点的接通或分断。

4. 交流接触器的符号

交流接触器的符号如图 5-25 所示。

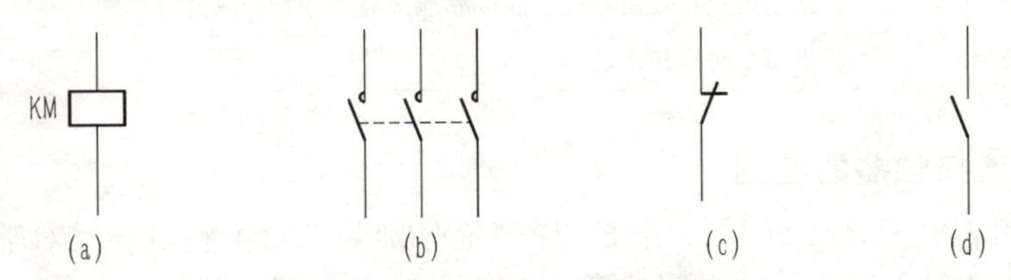

图 5-25　交流接触器的符号

(a) 线圈；(b) 主触点；(c) 辅助动断触点；(d) 辅助动合触点

5. 交流接触器的型号

交流接触器型号各部分的含义如图 5-26 所示。

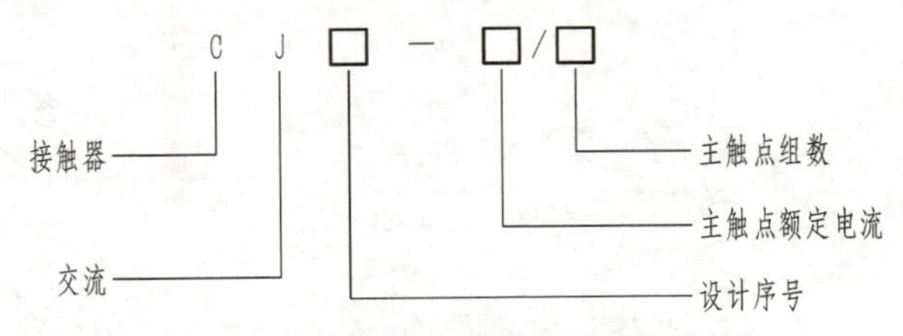

图 5-26　交流接触器型号各部分的含义

6. 交流接触器的工作原理

当电磁线圈通电后，线圈流过的电流产生磁场，使静铁芯产生足够的吸力，克服反作用弹簧和动触点压力弹簧片的反作用力，将动铁芯吸合，同时带动传动杠杆使动触点和静触点的状态发生改变，其中三对动合主触点闭合，主触点两侧的两对动断辅助触点断开，两对动合辅助触点闭合。当电磁线圈断电后，由于铁芯电磁吸力消失，动铁芯在反作用弹簧的作用下释放，各触点也随之恢复原始状态。交流接触器的线圈电压在 85%～105%额定电压时，能保证可靠工作。电压过高，磁路趋于饱和，线圈电流将显著增大；电压过低，电磁吸力不足，动铁芯吸合不上，线圈电流往往达到额定电流的十几倍。因此，线圈电压过高或过低都会造成线圈过热而烧毁。

7. 技术参数

交流接触器的技术参数及含义如表 5-2 所示。

表 5-2 交流接触器的技术参数及含义

技术参数	含义
额定电压	指主触点的额定电压
额定电流	指主触点的额定电流
负载种类	交流负载时应选用交流接触器，直流负载时选用直流接触器，但交流负载频繁动作时可采用直流线圈的交流接触器
接通和分断能力	指主触点在规定条件下能可靠地接通和分断的电流值
额定操作频率	指每小时操作次数

8. 交流接触器的检测

将万用表置于 $R\times1\ \Omega$ 挡，用红、黑表笔分别测三对主触点、两对辅助常开触点、辅助常闭触点和线圈的电阻。常态时，主触点和辅助常开触点的电阻为无穷大，辅助常闭触点的电阻为零，将万用表置于 $R\times100\ \Omega$ 挡，线圈电阻为 1.7 kΩ 左右。按下交流接触器上面的试验按钮，主触点和辅助常开触点电阻为零，辅助常闭触点为无穷大；否则，接触器是坏的。

5.3 工作单

操作员：________ “7S” 管理员：________ 记分员：________

一、绘制低压电器电路符号并填写型号

实训项目		常见低压电器的识别与检测			
实训时间		实训地点		实训课时	4
使用设备					
制订实训计划					
名称		电路符号		型号	
低压开关	刀开关				
	转换开关				
	低压断路器				

续表

按钮	动断按钮		
	动合按钮		
	复合按钮		
熔断器	插入式熔断器		
	螺旋式熔断器		
接触器	交流接触器		

二、用万用表检测低压电器的好坏(到指导教师处领取以下低压电器)

名称		触点及线圈检测方法	检测情况记录
低压开关	刀开关		
	转换开关		
	低压断路器		
按钮	动断按钮		
	动合按钮		
	复合按钮		
熔断器	插入式熔断器		
	螺旋式熔断器		
接触器	交流接触器		

项目评分表

本项目合计总分：________

1. 功能考核标准（90分）

工位号________　　　　　　　　　　　　　　　　成绩________

项目	评分项目	分值		评分标准	得分
低压电器电路符号绘制与型号填写	刀开关	42分	4分	刀开关电路符号正确得3分，型号正确得1分	
	转换开关		4分	转换开关电路符号正确得3分，型号正确得1分	
	低压断路器		4分	低压断路器电路符号正确得3分，型号正确得1分	
	动断按钮		4分	动断按钮电路符号正确得3分，型号正确得1分	
	动合按钮		4分	动合按钮电路符号正确得3分，型号正确得1分	
	复合按钮		4分	复合按钮电路符号正确得3分，型号正确得1分	
	熔断器		4分	熔断器电路符号正确得3分，型号正确得1分	
	交流接触器		14分	交流接触器电路符号正确得12分，型号正确得2分	
低压电器检测	刀开关	48分	6分	万用表挡位选择正确得1分，检测正确得5分	
	转换开关		6分	万用表挡位选择正确得1分，检测正确得5分	
	低压断路器		6分	万用表挡位选择正确得1分，检测正确得5分	
	动断按钮		6分	万用表挡位选择正确得1分，检测正确得5分	
	动合按钮		6分	万用表挡位选择正确得1分，检测正确得5分	
	复合按钮		6分	万用表挡位选择正确得1分，检测正确得5分	
	熔断器		6分	万用表挡位选择正确得1分，检测正确得5分	
	交流接触器		6分	万用表挡位选择正确得1分，检测正确得5分	

2. 安全操作评分标准（10分）

工位号________　　　　　　　　　　　　　　　　成绩________

项目	评分点	配分	评　分　标　准	得分
职业与安全知识	完成工作任务的所有操作是否符合安全操作规程	5分	符合要求得5分，基本符合要求得3分，一般得1分	
	工具摆放、包装物品等的处理是否符合职业岗位的要求	3分	符合要求得3分，有两处错误得1分，两处以上错误不得分	
	遵守实训室纪律，爱惜实训室的设备和器材，保持工位整洁	2分	符合要求得2分，未做到扣2分	
项目	加分项目及说明			加分
奖励	1. 整个操作过程对工位进行“7S”现场管理和工具器材摆放规范到位的加10分； 2. 用时最短的3个工位（时间由短到长排列）分别加5分、3分、1分			
项目	扣分项目及说明			扣分
违规	1. 带电操作或电路短路扣30分； 2. 违反操作规程使自身或他人受到伤害扣10分； 3. 不符合职业规范的行为，视情节扣5~10分； 4. 完成项目用时最长的3个工位（时间由长到短排列）分别扣5分、3分、1分			

5.4　课后练习

一、填空题

1. 刀开关安装时，手柄要________，不得倒装或平装，否则在分断状态下，手柄有可能松动落下引起误合闸，造成人身安全事故。接线时，进线和出线不能接反，________接在上端，________接在熔丝下端，否则更换熔丝时容易发生触电事故。

2. 组合开关按操作机构，可分为________和________两种。

3. 按钮开关按静态时触点的分合状况，可分为________、________和________三种。

4. 熔断器在电力拖动系统中是用来作________的器件，在使用时，熔断器________在保护电路中。

5. 在机床控制线路中，通常采用螺旋式熔断器，为保证维修安全，在装接使用时，电源线应接在________，负载线应接在________。

6. 接触器按主触点通过电流的种类，可分为________和________两种。

7. 接触器的触点有________与________，其中前者用于通断较大电流的控制电路，后者用于通断小电流的控制电路。

8. 线圈未通电时，处于断开状态的触点称为________，而处于闭合状态的触点称为________。

9. 熔断器与保护电路应________连接，当该电路及设备出现短路和严重过载故障时，熔体上产生的热量足以使熔体金属熔化，________故障电路实现对电路和设备的保护。

10. 断路器又称________。它是用于________、________和________的一种保护开关电器。

二、选择题

1. 一般情况下使用万用表时，红表笔接（　　）。

A. COM 孔　　B. “+”孔　　C. 2 500 V 孔

2. 低压开关包括刀开关、低压断路器和（　　）

A. 控制按钮　　B. 组合开关　　C. 交流接触器

3. 下列常用电器中具有欠压和失压保护的是（　　）。

A. 熔断器　　B. 交流接触器　　C. 控制按钮

4. 下列常用电气元件中具有短路保护的是（　　）。

A. 熔断器　　B. 交流接触器　　C. 控制按钮

5. 通过熔体的电流越大，熔体的熔断时间越（　　）。

A. 长　　B. 短　　C. 不变

6. 在安装螺旋式熔断器时，下接线柱应接（　　）。

A. 负载线　　B. 接地线　　C. 电源线

7. 交流接触器铁芯上安装短路环是为了（　　）。

A. 减少涡流、磁滞损耗　　B. 消除振动和噪声

C. 防止短路　　D. 过载保护

8. 熔断器（　　）联于被保护的电路中，主要起（　　）保护作用。

A. 串；缺相　　B. 串；短路　　C. 并；缺相　　D. 并；短路

三、社会实践题

1. 关闭家里的电源总闸，确保熔断器无电的情况下，检测其好坏，并记下电阻值。

2. 在教师指导下，断开普通车床的电源，用万用表检测交流接触器各触点的阻值和线圈的阻值，并判断其好坏。

项目 6 三相异步电动机的点动控制电路安装与调试

在工业生产过程中，常会见到用按钮点动控制电动机启停。如电动葫芦的控制，机床刀架、横梁、立柱等快速移动和机床对刀等。点动正转控制电路是用按钮、交流接触器来控制电动机运转的最简单的正转控制电路。所谓点动控制是指：按下按钮，电动机 M 就得电运转；松开按钮，电动机就失电停转。

本项目从电路原理、布局和安装工艺等方面对点动控制电路进行介绍，一方面培养学生的电工技能，另一方面培养学生精益求精的工匠精神。

6.1 任务书

一、任务单

<table>
<tr><td>项目 6</td><td>三相异步电动机的点动控制电路安装与调试</td><td>工作任务</td><td colspan="2">1. 绘制 CA6140 车床刀架快速移动电路原理图；
2. 绘制 CA6140 车床刀架快速移动电路布局图和接线图；
3. 根据原理图选择和检测元器件；
4. 安装调试电路</td></tr>
<tr><td>学习内容</td><td colspan="2">1. 学习绘制三相异步电动机的点动控制电路原理图和导线编码；
2. 学习绘制三相异步电动机的点动控制电路布局图；
3. 学习分析三相异步电机的电动控制电路接线图；
4. 学习按照工艺规范安装三相异步电机的电动控制电路接线；
5. 学习万用表检测主电路和控制电路；
6. 学习进行整理、整顿、清扫、清洁、素养、节约、安全管理</td><td>教学时间/学时</td><td>10</td></tr>
<tr><td>学习目标</td><td colspan="4">1. 理解电路工作原理，正确进行控制线路编码；
2. 学会根据原理图，按照工艺规范进行元器件选择、检测、布置并正确安装连接；
3. 学会调试、检测电路</td></tr>
</table>

续表

思考题	1. CA6140车床刀架快速移动电路是怎样的？查阅相关资料回答。
	2. 各元器件在网板上以什么为中心进行布局？
	3. 如何选择恰当的工具对导线进行加工？（查阅相关资料）

二、作品展示

点动控制电路如图6-1所示。

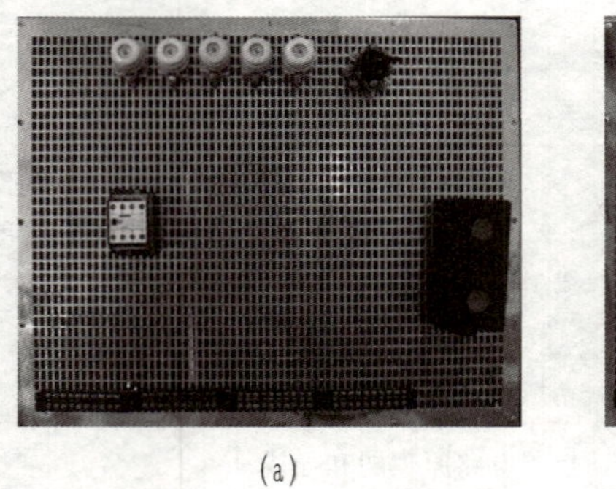

(a)

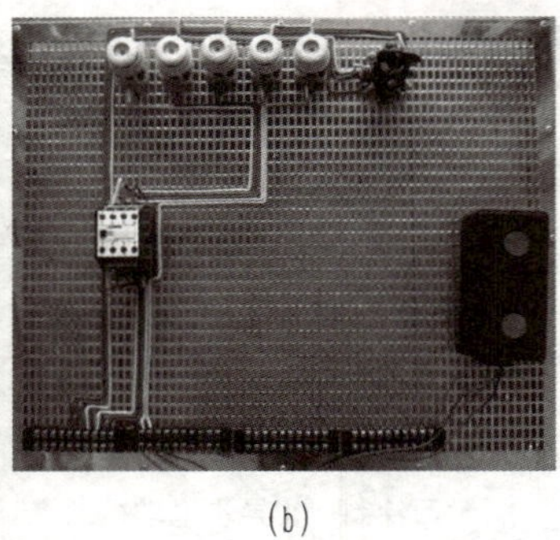

(b)

图6-1　点动控制电路

(a) 布局图；(b) 实物接线图

三、资讯途径

序号	资讯类型	序号	资讯类型
1	上网查询	4	绘制电路图的规则
2	机电类图书资料（教材、指导书）	5	安装与调试的标准和规范
3	电路元器件信息		

6.2 学习指导

一、训练目的

（1）学会使用和检测低压电器（接触器、按钮、熔断器、转换开关）。
（2）理解点动控制的工作原理。
（3）学会安装、调试点动控制电路。
（4）掌握电路安装的工艺规范和安全注意事项。

二、训练重点及难点

（1）交流接触器等的检测。
（2）根据接线图按编码接线。
（3）简单故障检测。

三、参考安装步骤

（1）工具和元器件清单整理。
（2）检测元器件的好坏。
（3）参照点动控制布置图安装元器件。
（4）参照点动控制接线图布线。
① 以交流接触器为中心安装电路。
② 连接控制电路。
③ 连接主电路。
（5）经指导教师检测后通电试车。
（6）如出现故障，分析故障原因并排除。

四、点动控制相关理论知识

（一）认识原理图

电动机点动控制原理图如图6-2所示。

电气控制原理图是根据电路的工作原理，遵循便于阅读、分析的原则，采用电气元件展开的形式绘制成的表示电气控制电路工作原理的图形。电气控制原理

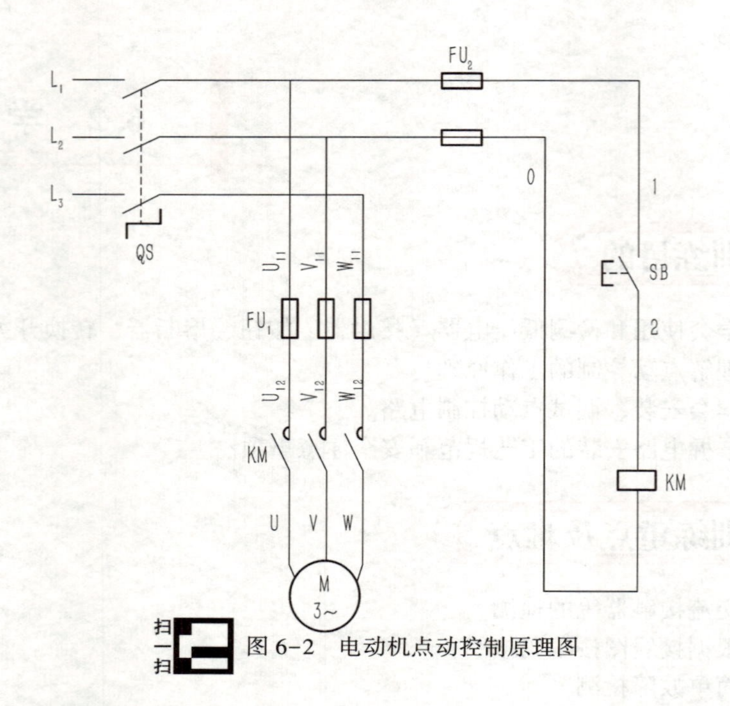

图 6-2　电动机点动控制原理图

图一般分为主电路和辅助电路。

1. 电路图中的编号法则

（1）在主电路中，从电源开关的出线端开始按相序依次编号为 U_{11}、V_{11}、W_{11}，然后按从上至下、从左至右的顺序，每经过一个电气元件，编号就递增，如 U_{12}、V_{12}、W_{12}，U_{13}、V_{13}、W_{13}等。单台三相交流电动机的三根引出线按相序依次编号为 U、V、W。有多台电动机时，为了不引起误解和混淆，在字母前用不同的数字加以区别，如 1U、1V、1W，2U、2V、2W 等。

（2）在辅助电路中，按“等电位”原则从上至下、从左至右的顺序用数字依次编号，每经过一个电气元件，编号要依次递增。控制电路编号的起始数字是 1；照明电路编号的起始数字是 101；指示电路编号的起始数字是 201。

2. 电气控制原理图的组成

电气控制原理图包括主电路和辅助电路两大部分。主电路是指从电源到电动机的大电流通过的电路。辅助电路包括控制电路、照明电路以及保护电路。它们主要由接触器或继电器的线圈、触点、按钮、照明灯及控制变压器等电气元件组成。

3. 电气控制原理图绘制基本原则

（1）在电气控制原理图中，各电气元件不画实际的外形图，而采用国家规定的统一标准图形符号来画，其文字符号也要符合国家标准。

（2）电气控制原理图一般分为主电路和控制电路两部分画出。一般主电路画在左侧，控制电路画在右侧。

(3) 电气控制原理图中，各电气元件的导电部件（如线圈和触点的位置）应根据便于阅读和分析的原则来安排，绘在它们完成作用的地方。同一电气元件的各个部件可以不画在一起。

(4) 电气控制原理图中所有电气元件的触点，都按没有通电或不受外力作用时的断开或闭合状态画出。如继电器、接触器的触点，按线圈未得电时的状态画；按钮、行程开关的触点，按不受到外力作用时的状态画；主令控制电气元件，按手柄处于“零位”时的状态画。

(5) 电气控制原理图中，有直接联系的交叉导线的连接点，要用黑圆点表示；否则，不能画黑圆点。

(6) 电气控制原理图中，无论是主电路还是辅助电路，各电气元件一般应按动作顺序从上到下或从左到右依次排列。

4. 点动控制原理图的组成

点动控制原理图主电路由转换开关 QS、熔断器 FU_1、接触器 KM 的主触点及电动机 M 组成。控制电路由熔断器 FU_2、控制按钮 SB、接触器 KM 的线圈组成。

5. 点动控制电路工作原理分析

(1) 启动过程：按下控制按钮 SB，线圈 KM 得电，接触器主触点闭合，电动机得电转动。

(2) 停止过程：松开控制按钮 SB，线圈 KM 失电，接触器主触点断开，电动机失电停转。

（二）元器件及工具清单

元器件及工具清单如表 6-1 所示。

表 6-1　元器件及工具清单

代号	名称	型号	数量
QS	转换开关	HZ10-10/3	1 只
FU_1、FU_2	熔断器	RL1-15	5 只
KM	交流接触器	CJX1-12/22	1 只
SB	控制按钮	LA4-2H	1 组（3 只）
XT	接线端	TB-1510L	1
M	三相异步电动机	Y-100L1-4	1 台
	导线	BV-1.0 BVR-0.75	若干
	编码套管		若干
	电工工具		1 套
	万用表	MF-47	1 只

（三）电气元件布置图

点动控制布置图如图 6-3 所示。

电气元件布置图主要是表明电气设备上所有电气元件的实际位置，为电气设备的安装及维修提供必要的资料。电气元件布置图可根据电气设备的复杂程度集中绘制或分别绘制。图中无须标注尺寸，但是各电器代号应与有关图纸和电器清单上所有的元器件代号相同，在图中往往留有 10% 以上的备用面积及导线管（槽）的位置，以供改进设计时用。

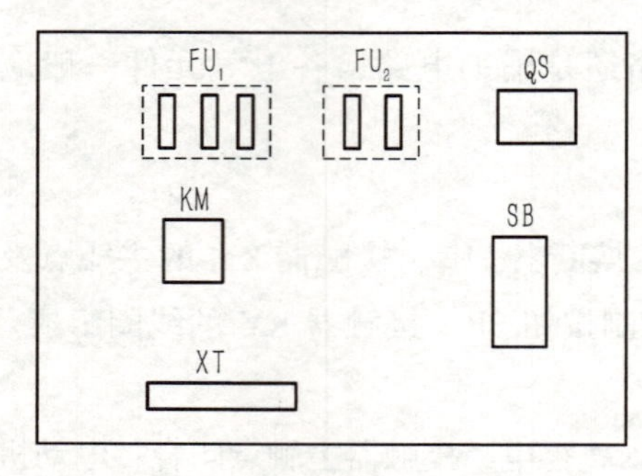

图 6-3　点动控制布置图

1. 电气元件布置图的绘制原则

（1）绘制电气元件布置图时，机床的轮廓线用细实线或点画线表示，电气元件均用粗实线绘制出简单的外形轮廓。

（2）绘制电气元件布置图时，电动机要与被拖动的机械装置画在一起；行程开关应画在获取信息的地方；操作手柄应画在便于操作的地方。

（3）绘制电气元件布置图时，各电气元件之间，上、下、左、右应保持一定的间距，并且应考虑元器件的发热和散热因素，应便于布线、接线和检修。

2. 安装电气元件的工艺要求

（1）组合开关、熔断器的受电端子应安装在控制板的外侧，并使熔断器的受电端为底座的中心端。

（2）各元件的安装位置应齐整、匀称、间距合理，以便于元件的更换。

（3）紧固各元件时要用力匀称，紧固程度适当。在紧固熔断器、接触器等易碎元器件时，应用手按住元器件一边轻轻摇动，一边用旋具轮换旋紧对角线上的螺钉，直到手摇不动后再适当旋紧些即可。

（四）电气元件接线图

点动控制接线图如图 6-4 所示。

接线图是根据电气设备和电气元件在电路板上的实际位置和安装情况而绘制的，它只用来表示电气元件的位置、接线方式和配线方式，而不直接表示电气动作原理和电气元件之间的控制关系。它是电气施工的主要图样，主要用于安装接线、线路检测和故障维修。

在实际工作中，电气原理图、元器件布置图和接线图应结合起来使用。

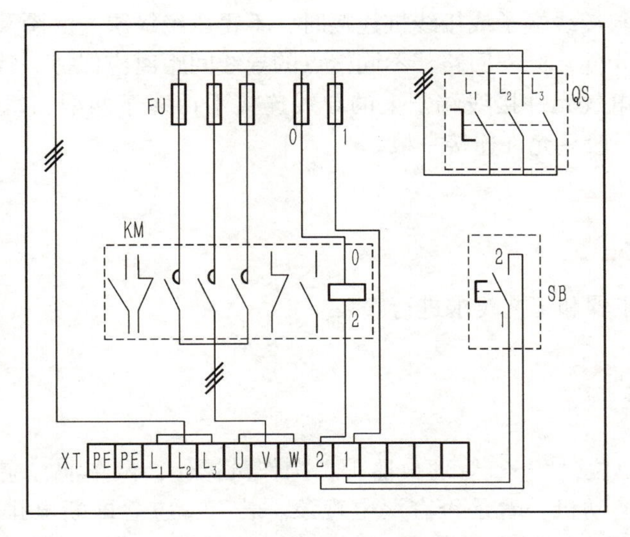

图 6-4 点动控制接线图

1. 电气安装接线图的绘制原则

（1）绘制电气安装接线图时，各电气元件均按其在安装底板中的实际位置绘出。元件所占图面按实际尺寸以统一比例绘制。

（2）绘制电气安装接线图时，一个元件的所有部件绘在一起，并用点画线框起来，有时将多个电气元件用点画线框起来，表示它们是安装在同一安装底板上的。

（3）绘制电气安装接线图时，安装底板内外的电气元件之间的连线通过接线端子板进行连接，安装底板上有几条接至外电路的引线，端子板上就应绘出几个线的接点。

（4）绘制电气安装接线图时，走向相同的相邻导线可以绘成一股线。

2. 板前明线布线的工艺要求

（1）布线通道尽可能少，同时并行导线按主、控电路分类集中，单层密排，紧贴安装面布线。

（2）同一平面的导线应高低一致，不能交叉。非交叉不可时，该根导线应在接线端子引出时就水平架空跨越，但必须走线合理。

（3）布线应横平竖直，分布均匀，变换走向时应垂直。

（4）布线时严禁损伤线芯和导线绝缘层。

（5）布线顺序一般以接触器为中心，由里向外，由高至低，先控制电路，后主电路，以不妨碍后续布线为原则。

（6）在每根剥去绝缘层的导线两端要套上编码套管。所有从一个接线端子（或接线桩）到另一个接线端子（或接线桩）的导线必须连接，中间无接头。

（7）导线与接线端子或接线桩连接时，不得压绝缘层、反圈及露铜过长。

（8）同一元件、同一回路、不同接点的导线间距离应保持一致。

（9）一个电气元件接线端子上的导线连接不得多于两根，每节接线端子板上的连接导线一般只允许连接一根。

五、安装

按照前述步骤和工艺要求进行安装。

六、自检

以小组为单位，“7S”管理员监护，操作员操作，试车前，应用试电笔检测各电气元件和电动机，看是否有漏电现象。若有，应立即断电排除故障，再通电，并用试电笔逐次检测 L_1、L_2、L_3 出线端是否有电，接着检测主电路各元器件触点是否工作正常，最后检测控制电路各部分是否工作正常，出现故障后，小组内的学生应相互讨论解决问题。试车完毕，先拆电源线，再拆电动机连线。当然，也可以用万用表对电路进行检测，以排除相应的故障。

（1）冷态测试，选择万用表电阻挡 20 kΩ 挡并进行欧姆调零。对控制电路的检查，先断开主电路，可将两表笔分别接在 U_{11}、V_{11} 两线端上，读数应为无穷大；按下 SB 时，读数应为接触器线圈的直流电阻值。然后断开控制电路，再检查主电路有无开路现象，可按下试验按钮来代替通电进行检查。

（2）通电测试，通电试车前，必须得到指导教师同意，由指导教师接通三相电源，同时在现场监护，学生合上电源开关 QS 后，按下 SB，观察接触器情况是否正常，是否符合线路功能要求，电气元件的动作是否灵活，有无卡阻及噪声过大等现象，电动机运行是否正常等。但不得对电路接线是否正确进行带电检查。观察过程中，若发现有异常现象，应立即停车。

七、安装过程注意事项

（1）电动机及按钮的外壳必须可靠接地。按钮接线时，力度应适当，以防螺钉打滑。接到电动机的导线，必须穿在电线管内加以保护，或采用坚韧的四芯橡皮线或塑料护套线临时通电试验。

（2）电源进线应接在螺旋式熔断器的下接线柱上，出线应接在上接线柱上。

（3）安装完毕的网板，必须经过认真的检查和通电前的测试后才允许通电试车，以防止错接、漏接，造成短路事故等。

6.3　工作单

操作员：________　　"7S" 管理员：________　　记分员：________

<table>
<tr><td>实训项目</td><td colspan="5">CA6140 车床刀架快速移动电路安装与调试</td></tr>
<tr><td>实训时间</td><td></td><td>实训地点</td><td></td><td>实训课时</td><td>6</td></tr>
<tr><td>使用设备</td><td colspan="5"></td></tr>
<tr><td>制订实训计划</td><td colspan="5"></td></tr>
<tr><td rowspan="8">实施</td><td colspan="2">主电路绘制</td><td colspan="3">控制电路绘制</td></tr>
<tr><td colspan="2"></td><td colspan="3"></td></tr>
<tr><td colspan="5">所需元器件和工具清单</td></tr>
<tr><td colspan="5"><table>
<tr><td>代号</td><td>名称</td><td>型号</td><td>数量</td></tr>
<tr><td></td><td></td><td></td><td></td></tr>
<tr><td></td><td></td><td></td><td></td></tr>
<tr><td></td><td></td><td></td><td></td></tr>
<tr><td></td><td></td><td></td><td></td></tr>
<tr><td></td><td></td><td></td><td></td></tr>
<tr><td></td><td></td><td></td><td></td></tr>
<tr><td></td><td></td><td></td><td></td></tr>
</table></td></tr>
<tr><td colspan="5">电路元器件布局图</td></tr>
<tr><td colspan="5"></td></tr>
<tr><td colspan="5">电路接线图</td></tr>
<tr><td colspan="5"></td></tr>
</table>

续表

实施	元器件检测	
	控制电路安装	
	主电路安装	
检查（填写检测方法）	控制电路线路检测	
	主电路线路检测	
	线路整体功能检测	
	线路安装工艺检查	
评价	作品评定	根据作品的功能、工艺、安全操作三方面评定成绩
	学生自评	根据评分表打分
	学生互评	互相交流，取长补短
	教师评价	综合分析，指出好的方面和不足的方面

CA6140 机床主轴电动机控制电路故障现象及排除方法

序号	故障现象	排故方法
故障 1		
故障 2		
故障 3		
故障 4		
故障 5		

项目评分表

本项目合计总分：________

项目	评分点	分值	评分标准	得分
电路图	制图规范	2 分	制图潦草，徒手绘图不得分	
	图形符号	3 分	1. 图形符号不符合标准符号要求，每处扣 1 分； 2. 没有元件字母符号说明，每处扣 1 分	
	原理正确	5 分	电路图中元器件符号位置放错或漏画元器件不能实现要求的功能，每处扣 1 分	

续表

项目	评分点	分值	评分标准	得分
安装与调试	元器件的检测	10分	若出现一个元器件是坏的，不能正常工作扣5分	
	元器件的安装	10	1. 元器件布置不整齐、不匀称、不合理，每个扣2分； 2. 元器件安装不牢固、安装元器件时漏装螺钉，每个扣1分； 3. 损坏元器件，每个扣5分	
	布线	10	1. 电动机运行正常，但未按电路图接线，扣2分； 2. 布线不横平竖直，每根扣1分，最多扣3分； 3. 接点松动、露铜过长、反圈、压绝缘层，标记线号不清楚、遗漏或误标，每处扣1分； 4. 损伤导线绝缘或线芯，每根扣1分； 5. 导线乱线敷设扣5分； 6. 导线漏接、脱落，每处扣1分，最多扣3分； 7. 同一接线端子上连接导线超过2条，每处扣0.5分，最多扣2分	
	自检	10分	若通电后按下启动按钮，控制电路出现短路或断路扣10分	
	一次试车后的工作过程	15分	1. 按下按钮SB，电动机能启动运转得4分； 2. 松开按钮SB，电动机能停止运转得4分； 3. 电动机能较长时间正常运行，不拉动，无明显噪声得4分； 4. 在运行时重复按下按钮，电动机能正常受控制得3分	
	调试	15分	二次试车不成功扣5分，三次试车不成功扣15分	
安全规范操作	完成工作任务的所有操作是否符合安全操作规程	10分	1. 符合要求，得10分； 2. 基本符合要求，得8分； 3. 一般，得6分	
	工具摆放、导线线头等的处理是否符合职业岗位的要求	5分	1. 符合要求，得5分； 2. 基本符合要求，得4分； 3. 一般，得3分	
	遵守实训室纪律，爱惜实训室的设备和器材，保持工位整洁	5分	1. 符合要求，得5分； 2. 未做到，不得分	

续表

奖励	用时最短的3个工位（时间由短到长排列）分别加3分、2分、1分	
违规	1. 违反操作规程使自身或他人受到伤害扣30分； 2. 不符合职业规范的行为，视情节扣5~10分； 3. 完成项目用时最长的3个工位（时间由长到短排列）分别扣3分、2分、1分	

6.4 课后练习

一、绘图题

绘制三相异步电动机点动控制原理图。

二、选择题

1. 电气原理图的主电路通常画在图的（　　）或（　　）部分。

A. 右边；上面　　B. 右边；下面

C. 左边；上面　　D. 左边；下面

2. 电气原理图分为（　　）和（　　）两部分。

A. 图形；文字符号　　B. 主电路；控制电路

C. 主电路；保护电路　　D. 元件；导线

3. 接触器线圈通电，其常闭触头（　　），常开触头（　　）。

A. 闭合；断开　　B. 闭合；闭合

C. 断开；断开　　D. 断开；闭合

4. 本项目点动控制电路中，用到的低压电气元件有：转换开关、熔断器、控制按钮和（　　）。

A. 刀开关　　B. 热继电器　　C. 断路器　　D. 交流接触器

5. 三相异步电动机铭牌上标明："额定电压 380 V/220 V，接法 Y/△"。当电网电压为 380 V 时，这台三相异步电动机应采用（　　）。

A. △接法　　B. Y 接法

C. △、Y 都可以　　D. △、Y 都不可以

三、判断题

1. 导线与接线端子或接线柱连接时，必须压住绝缘层，防止线脱落。（　　）

2. 辅助电路一般包括控制电路、照明电路以及保护电路。（　　）

3. 电气控制原理图一般分为主电路和控制电路两部分画出。一般主电路画在

右侧，控制电路画在左侧。（　　）

4. 一个电气元件接线端子上的连接导线不得多于三根。（　　）

5. 布线应横平竖直，转死角，看上去整齐、美观。（　　）

四、填空题

1. 绘制原理图时，动力电路的电源电路一般绘成________线。受电的动力装置中主电路用________绘制在图面的________侧，控制电路用________绘制在图面的________侧。

2. 热继电器是利用________来切断电路的一种________电器，它用作电动机的________保护，不宜作为________保护。

3. 电气控制系统图包括________、________、________等。

4. 电气设备安装图表示各种电气设备在机械设备和电气控制柜的实际________位置。

5. 所有电路元件的图形符号，均按电器________和________时的状态绘制。

五、社会实践题

车床加工属于机械加工种别，CDS6132 车床在切削工件时，为了避免热量使工件变形而影响加工精度，也为了避免工件与刀具摩擦产生热量而烧刀，就需要进行冷却，而水箱就是装冷却液的装置，它一般在机床底座部位，并由一台水泵和水管等组成一个冷却系统，在加工的同时对工件进行冷却处理，冷却泵电路到底是怎样设计和安装的呢？安装并调试 CDS6132 机床冷却泵电路。

项目 7 三相异步电动机的连续控制电路安装与调试

CA6140 机床的主要运动是主轴的旋转运动，是由主轴电动机的连续运转来带动的。合上电源开关，按下启动按钮，主轴电机启动运行，松开启动按钮，主轴电机仍能保持连续运转。这就是三相异步电动机连续控制电路。我们在设计安装该电路时，除了要满足功能要求，还要注意设计短路保护、过载保护等保护措施；严格安装工艺规范安装电路，做到精益求精，才能保障电路运行的安全可靠。

7.1 任务书

一、任务单

<table>
<tr><td>项目 7</td><td>三相异步电动机的连续控制电路安装与调试</td><td>工作任务</td><td colspan="3">1. 绘制电动机连续控制电路原理图；
2. 绘制电动机连续控制电路布局图和接线图；
3. 根据原理图选择和检测元器件；
4. 安装、调试电路</td></tr>
<tr><td>学习内容</td><td colspan="3">1. 学习绘制电动机连续控制电路原理图；
2. 学习绘制电动机连续控制电路布局图；
3. 学习分析接线图，能按照接线图正确规范地安装电路；
4. 学习万用表检测热继电器；
5. 学习进行整理、整顿、清扫、清洁、素养、节约、安全管理</td><td>教学时间/学时</td><td>10</td></tr>
<tr><td>学习目标</td><td colspan="5">1. 能区分和识别热继电器的种类、结构和分析其工作原理；
2. 能分析 CA6140 车床主轴电动机控制电路的工作原理和控制过程；
3. 能绘制 CA6140 车床主轴电动机控制电路原理图；
4. 正确安装和调试电路；
5. 能对电路所出现的简单故障进行分析并排除</td></tr>
<tr><td rowspan="2">思考题</td><td colspan="5">1. 如何用万用表检测电路的通断？</td></tr>
<tr><td colspan="5"></td></tr>
</table>

续表

<table>
<tr><td rowspan="4">思考题</td><td>2. 热继电器的作用是什么？</td></tr>
<tr><td></td></tr>
<tr><td>3. 如何实现电动机连续运转？</td></tr>
<tr><td></td></tr>
</table>

二、作品展示

电动机连续控制电路布局图和实物接线图如图 7-1 所示。

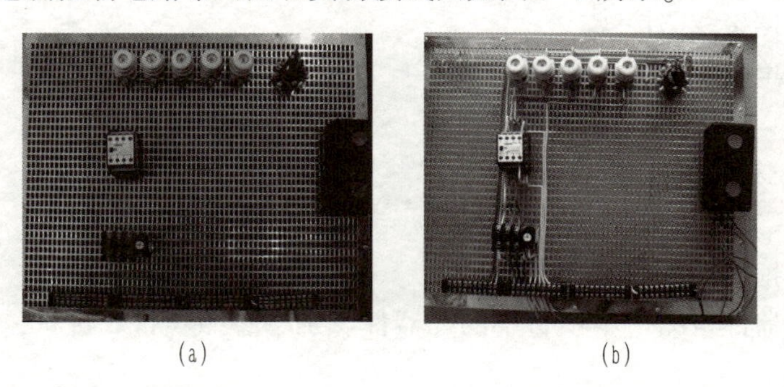

(a)　　(b)

图 7-1　电动机连续控制电路布局图和实物接线图

(a) 布局图；(b) 实物接线图

三、资讯途径

序号	资讯类型	序号	资讯类型
1	上网查询	4	绘制电路图的规则
2	机电类图书资料（教材、指导书）	5	安装与调试的标准和规范
3	电路元器件信息	6	机床维修类图书

7.2 学习指导

一、训练目的

（1）学会检测低压电器（热继电器、接触器、按钮、熔断器、转换开关）。

（2）理解 CA6140 车床主轴电动机电路控制原理。

（3）学会安装 CA6140 车床主轴电动机控制电路。

二、训练重点及难点

（1）交流接触器和热继电器的检测。

（2）识读接线图。

（3）根据接线图接线。

（4）简单故障检测。

三、参考安装步骤

（1）根据清单整理元器件和工具。

（2）元器件检测（本项目中的元器件识别可参照项目 5 进行，热继电器将单独讲解）。

（3）绘制元器件布置图与接线图。

（4）参照 CA6140 车床主轴电动机电路控制布置图安装元器件。

（5）参照 CA6140 车床主轴电动机电路控制接线图布线。

① 以交流接触器为中心安装电路。

② 连接控制电路。

③ 连接主电路。

（6）经教师检测后通电试车。

（7）如出现故障，分析故障原因并排除。

四、CA6140 车床主轴电动机控制电路相关理论知识

（一）认识热继电器

在电力拖动系统中，当三相电动机出现长时间过载运行、缺相运行时，会导致电动机绕组严重过热乃至烧坏。因此，当电动机出现以上情况时，应立即切断电源，从而保护电动机。通常热继电器可以避免上述情况的发生。

在电路中，热继电器是一种电气保护元件，其主要作用是对三相交流电动机进行过载保护、断相保护、电流不平衡保护及其他电气设备发热状态的控制。常见热继电器实物如图 7-2 所示。

图 7-2　热继电器实物

1. 热继电器种类

常用的热继电器有 JR0、JR16 和 JR36 系列。热继电器的形式有多种，如双金属片式、热敏电阻式和易熔合金式。

（1）双金属片式。

利用膨胀系数不同的双金属片（如锰镍和铜片）受热弯曲这一作用去推动杠杆而使触头动作。

（2）热敏电阻式。

利用金属的电阻值随温度变化而变化这一特性制成的热继电器。

（3）易熔合金式。

利用过载电流发热使易熔合金达到某一温度值时就熔化这一特性而使继电器动作。

以上三种热继电器中，使用最多的是双金属片式热继电器，它通常与接触器组合成电磁启动器。

双金属片式热继电器是由流入热元件的电流产生热量，使有不同膨胀系数的双金属片发生形变，当形变达到一定程度时，就推动连杆动作，使控制电路断开，从而使接触器失电，主电路断开，实现电动机的过载保护。双金属片式热继电器以其体积小、结构简单、成本低等优点而在生产中得到了广泛应用。

双金属片式热继电器的基本结构由加热元件、主双金属片、温度补偿机构、动作机构、触点系统、电流整定装置和复位机构组成。加热元件一般用康铜、镍铬合金材料制成。双金属片式热继电器结构及各部分名称如图 7-3 所示。

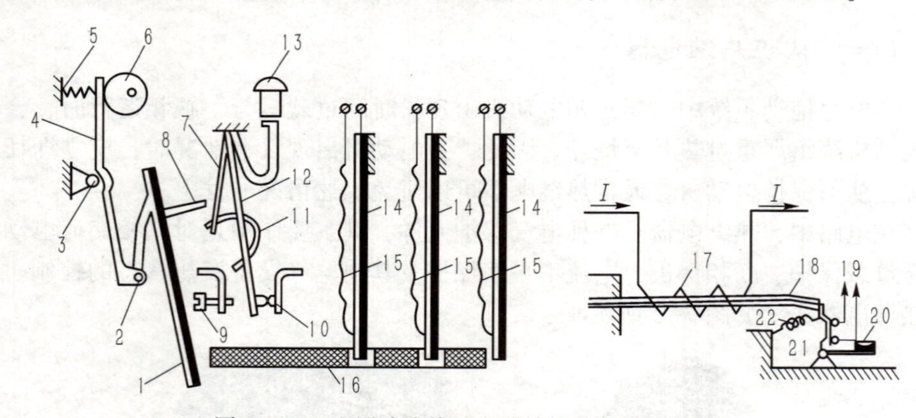

图 7-3　双金属片式热继电器结构及各部分名称

1—补偿双金属片；2—销子；3— 支承；4—杠杆；5，22—弹簧；6— 凸轮；7，12—片簧；8—推杆；9— 调节螺钉；10—触点；11—弓簧；13，20—复位按钮；14—主双金属片；15—发热元件；16— 导板；17—热元件；18—双金属片；19—常闭触点；21—扣板

使用时将加热元件串联在被保护电路中，利用电流通过时产生的热量，促使主双金属片受热弯曲。主双金属片的加热方式有直接加热式、间接加热式和复合加热式三种，其中间接加热式应用最普遍。主双金属片是由两层热膨胀系数不同的金属片通过机械碾压方式成为一体，主动层材料采用较高膨胀系数的铁镍铬合金，被动层材料采用膨胀系数很小的铁镍合金。因此，双金属片在受热后将向被动层方向弯曲。温度补偿机构也为双金属片，它能使热继电器的动作性能在 -30 ℃ ~40 ℃内基本不受周围介质温度变化的影响，其受热弯曲方向与主双金属片的弯曲方向相同。动作机构大多利用杠杆传递及弹簧跳跃式机构完成触点的动作。触点系统多为弓簧跳跃式动作。电流整定装置是通过调整推杆间隙，改变推杆移动距离，从而达到电流整定的调节。复位机构有手动和自动两种形式，可根据使用要求自由调整选择。

注意：鉴于双金属片受热弯曲过程中，热量的传递需要较长的时间，因此，热继电器不能用作短路保护，而只能用作过载保护。

2. 热继电器的型号及电路符号

热继电器的型号含义及电路符号分别如图 7-4、图 7-5 所示。

3. 热继电器的标识

热继电器面罩上相关的接线端子有：进线接线端子 1L1 ，3L2 ，5L3；出线接线端子有 2T1，4T2，6T3；常闭触点端子 NC（95-96）；常开触点端子 NO（97-98）。

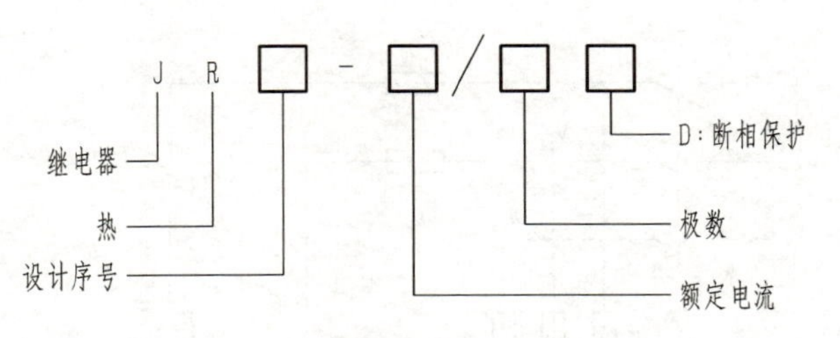

图 7-4　热继电器型号含义

电流设定盘：可根据电动机的额定工作电流的大小将设定盘转到相应的电流刻度，调节时注意箭头指示的电流大小，一般为(0.95～1.05)I_N，I_N为电动机额定工作电流。

测试按钮（TEST）：当按下测试按钮后，常开触头闭合，常闭触头断开，可以模拟实现过载脱口。

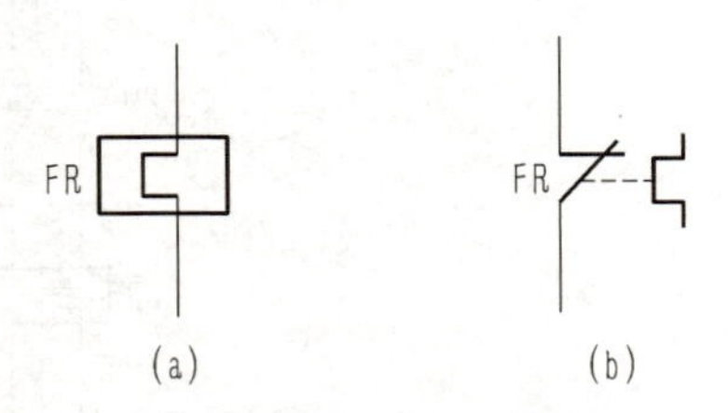

图 7-5　热继电器的电路符号
（a）热元件；（b）动断触点

4. 检测

（1）将万用表拨至 $R\times1\ \Omega$ 挡，将红、黑表笔分别接在热元件三对触点上，电阻为零，按下测试按钮，电阻变为无穷大。

（2）将红、黑表笔分别接在常闭触点上，电阻为零，按下测试按钮，电阻变为无穷大。

（3）将红、黑表笔分别接在常开触点上，电阻为无穷大，按下测试按钮，电阻变为零。

5. 热继电器安装与维护

（1）热继电器安装方向必须与产品说明书规定的方向相同，误差一般不应超过 5°。热继电器与其他电器装在一起使用时，要防止受其他电器发热的影响。热继电器的盖子要盖好。

（2）检测热继电器热元件的额定电流值或电流调整旋钮的刻度值是否与电动机的额定电流值相当。如果不相当，要更换热元件重新调整，或转动调整旋钮的刻度，使之符合要求。

（二）识读 CA6140 车床主轴电动机电气控制原理图

CA6140 车床主轴电动机电气控制原理图如图 7-6 所示。

1. 电气控制原理图的组成

电气控制原理图包括主电路和辅助电路两大部分。其中，主电路与点动控制电路相比多了热继电器的热元件部分，热元件串联在主电路中。通过对前面热继电器的学习，我们知道热继电器具有过载保护、断相保护、电流不平衡保护及其

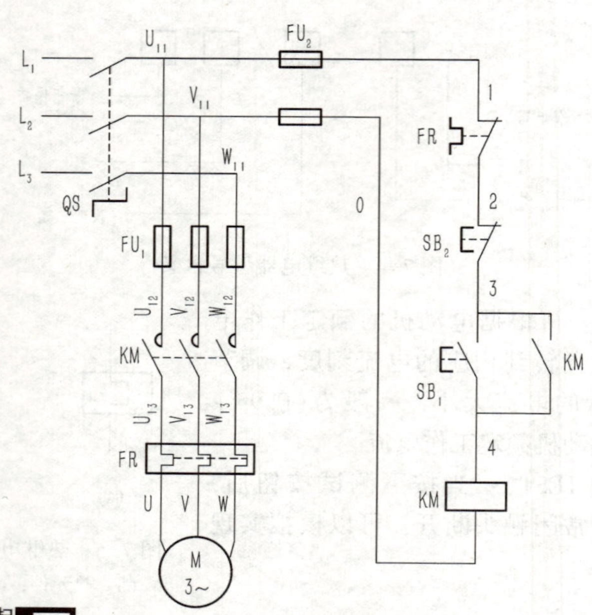

扫一扫 图 7-6 CA6140 车床主轴电动机电气控制原理图

他电气设备发热状态的控制。辅助电路和点动控制电路相比，除了串接动断按钮和热继电器的常闭触点外，还在启动按钮 SB_1 旁边并联了交流接触器的常开触点 KM。

2. 电路工作原理分析

启动过程：按下 SB_1，线圈 KM 得电，接触器主触点闭合，同时 KM 动合触点闭合自锁，电动机得电连续运转。

停止过程：按下 SB_2，线圈 KM 失电，接触器动合触点断开，同时接触器主触点断开，电动机失电停转。

（三）元器件及工具清单

元器件及工具清单如表 7-1 所示。

表 7-1 元器件及工具清单

代号	名称	型号	数量
QS	转换开关	HZ10-10/3	1 只
FU_1、FU_2	熔断器	RL1-15	5 只
KM	交流接触器	CJX1-12/22	1 只
FR	热继电器	JR36-20	1 只
SB_1、SB_2	控制按钮	LA4-2H	1 组（3 只）

续表

代号	名称	型号	数量
XT	接线端	TB-1510L	2 个
M	三相异步电动机	Y-100L1-4	1 台
	导线	BV-1.0 BVR-0.75	若干
	编码套管		若干
	电工工具		1 套
	万用表	MF-47	1 只

（四）电气元件布置图

电动机连续控制电路布置图如图 7-7 所示。

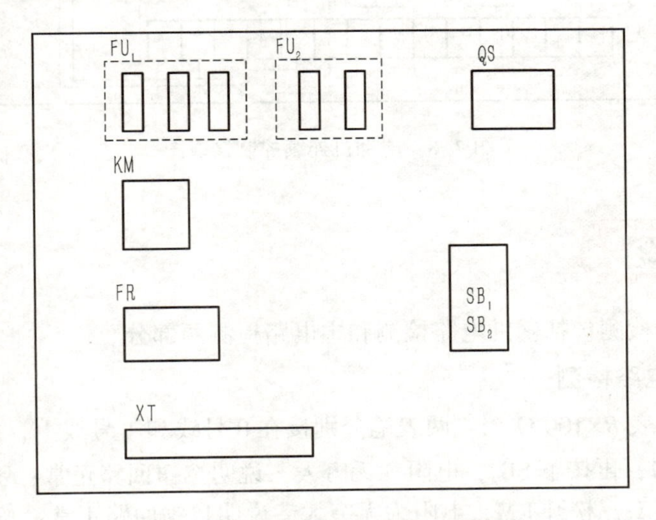

图 7-7　电机连续控制电路布置图

（五）电气元件接线图

电动机连续控制接线图如图 7-8 所示。

五、安装

按照项目 6 的安装工艺要求安装电路。

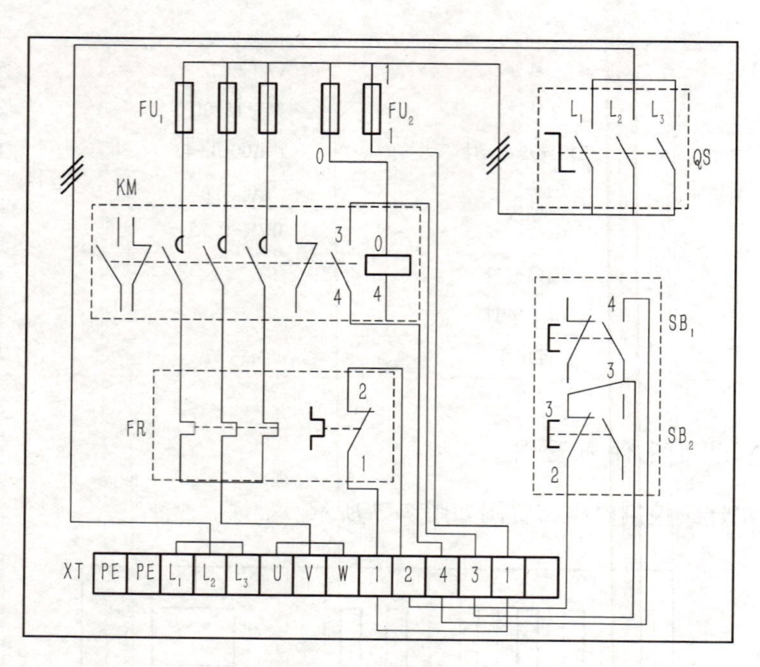

图 7-8　电动机连续控制接线图

六、自检

通电前的检测包括辅助电路检测和主电路检测两部分。

1. 辅助电路检测

利用万用表 $R\times100\ \Omega$ 挡，两表笔分别接在 0 号线和 1 号线上，按下 SB_1，电阻约为 1.9 kΩ；再按下 SB_2，电阻为无穷大，说明按钮回路正常；手动按下 KM，电阻约为 1.9 kΩ，松开 KM，电阻为无穷大，说明自锁回路正常；按下 KM 触点，电阻约为 1.9 kΩ，接着按下热继电器测试开关，电阻为无穷大，说明热继电器保护回路正常。

2. 主电路检测

（1）电路通断测量，把万用表置于 $R\times1\ \Omega$ 挡，两表笔分别接在 L_1 进线端和电动机 U 线端，电阻为零，说明是通路，用同样的方法检测其他两条线路是否为通路。

（2）检测相与相之间是否短路，将万用表拨至 $R\times10\ k\Omega$ 挡，检测 U、V、W 任意两相的电阻值，若为无穷大，说明电路正常。

七、安装过程注意事项

（1）热继电器的整定电流应根据电动机额定电流调节。

（2）若因过载导致电路停止工作，需再次启动时，应让双金属片冷却后再启动。

（3）接触器自锁触点应并联在启动按钮两端，停止按钮和热继电器动断触点应串联在辅助电路干路中，热元件应串联在主电路中。

7.3　工作单

操作员：________　　“7S”管理员：________　　记分员：________

<table>
<tr><td>实训项目</td><td colspan="5">CA6140 车床主轴电动机电路安装与调试</td></tr>
<tr><td>实训时间</td><td></td><td>实训地点</td><td></td><td>实训课时</td><td>7</td></tr>
<tr><td>使用设备</td><td colspan="5"></td></tr>
<tr><td>制订实训计划</td><td colspan="5"></td></tr>
<tr><td rowspan="4">实施</td><td colspan="2">主电路绘制</td><td colspan="3">控制电路绘制</td></tr>
<tr><td colspan="2"></td><td colspan="3"></td></tr>
<tr><td colspan="5">所需元器件和工具清单</td></tr>
<tr><td colspan="5">
<table>
<tr><td>代号</td><td>名称</td><td>型号</td><td>数量</td></tr>
<tr><td></td><td></td><td></td><td></td></tr>
<tr><td></td><td></td><td></td><td></td></tr>
<tr><td></td><td></td><td></td><td></td></tr>
<tr><td></td><td></td><td></td><td></td></tr>
<tr><td></td><td></td><td></td><td></td></tr>
</table>
</td></tr>
</table>

续表

<table>
<tr><td rowspan="7">实施</td><td colspan="2">电路元器件布局图</td></tr>
<tr><td colspan="2"></td></tr>
<tr><td colspan="2">电路接线图</td></tr>
<tr><td colspan="2"></td></tr>
<tr><td>元器件检测</td><td></td></tr>
<tr><td>控制电路安装</td><td></td></tr>
<tr><td>主电路安装</td><td></td></tr>
<tr><td rowspan="4">检查
（填写检测方法）</td><td>控制电路线路检测</td><td></td></tr>
<tr><td>主电路线路检测</td><td></td></tr>
<tr><td>线路整体功能检测</td><td></td></tr>
<tr><td>线路安装工艺检查</td><td></td></tr>
<tr><td rowspan="4">评价</td><td>作品评定</td><td>根据作品的功能、工艺、安全操作三方面评定成绩</td></tr>
<tr><td>学生自评</td><td>根据评分表打分</td></tr>
<tr><td>学生互评</td><td>互相交流，取长补短</td></tr>
<tr><td>教师评价</td><td>综合分析，指出好的方面和不足的方面</td></tr>
</table>

CA6140 机床主轴电动机控制电路故障现象及排除方法

序号	故障现象	排除方法
故障 1		
故障 2		
故障 3		
故障 4		
故障 5		

项目评分表

本项目合计总分：________

项目	评分点	分值	评 分 标 准	得分
电路图	制图规范	2分	制图潦草，徒手绘图不得分	
	图形符号	3分	1. 图形符号不符合标准符号要求，每处扣1分； 2. 没有元器件字母符号说明，每处扣1分	
	原理正确	5分	电路图中元器件符号位置放错或漏画元器件不能实现要求的功能，每处扣1分	
安装与调试	元器件的检测	10分	若出现一个元器件是坏的，不能正常工作扣5分	
	元器件的安装	10分	1. 元器件布置不整齐、不匀称、不合理，每个扣2分； 2. 元器件安装不牢固、安装元器件时漏装螺钉，每个扣1分； 3. 损坏元器件，每个扣5分	
	布线	10分	1. 电动机运行正常，但未按电路图接线，扣2分； 2. 布线不横平竖直，每根扣1分，最多扣3分； 3. 接点松动、露铜过长、反圈、压绝缘层，标记线号不清楚、遗漏或误标，每处扣1分； 4. 损伤导线绝缘或线芯，每根扣1分； 5. 导线乱线敷设扣5分； 6. 导线漏接、脱落，每处扣1分，最多扣3分； 7. 同一接线端子上连接导线超过2条，每处扣0.5分，最多扣2分	
	自检	10	1. 若通电后按下启动按钮，控制电路出现短路或断路扣10分； 2. 自检后未自锁扣5分； 3. 自检后自锁触点的一端与热继电器连接扣5分	

续表

项目	评分点	分值	评 分 标 准	得分
安装与调试	一次试车后的工作过程	15分	1. 按下启动按钮 SB_1，电动机能启动运转得3分； 2. 松开启动按钮 SB_1，电动机仍能保持运转得5分； 3. 按下停止按钮 SB_2，电动机能立即停止得5分； 4. 电动机能较长时间正常运行，不抖动，无明显噪声得2分	
	调试	15分	二次试车不成功扣5分，三次试车不成功扣15分	
安全规范操作	完成工作任务的所有操作是否符合安全操作规程	10分	1. 符合要求，得10分； 2. 基本符合要求，得8分； 3. 一般，得6分	
	工具摆放、导线线头等的处理是否符合职业岗位的要求	5分	1. 符合要求，得5分； 2. 基本符合要求，得4分； 3. 一般，得3分	
	遵守实训室纪律，爱惜实训室的设备和器材，保持工位整洁	5分	1. 符合要求，得5分； 2. 未做到，不得分	
奖励	用时最短的3个工位（时间由短到长排列）分别加3分、2分、1分			
违规	1. 违反操作规程使自身或他人受到伤害扣30分； 2. 不符合职业规范的行为，视情节扣5~10分； 3. 完成项目用时最长的3个工位（时间由长到短排列）分别扣3分、2分、1分			

7.4 课后练习

一、选择题

1. 常用的热继电器有JR0、JR16和JR36系列。热继电器的形式有热敏电阻式、易熔合金式和（　　）。

A. 单金属片式　　　　B. 双金属片式

C. 过载保护式　　　　D. 直接加热式

2. 热继电器主要由热元件、传动机构、电流整定装置、复位按钮和触点构成，对电路起（　　）作用。

A. 连接　　B. 短路保护　　C. 欠压保护　　D. 过载保护

3. 热继电器除了对电路起过载保护外，还对电路起（　　）作用。

A. 断相保护　　B. 短路保护　　C. 欠压保护　　D. 失压保护

4. 在连续控制电路中，交流接触器自锁触点应与启动按钮（　　）。

A. 混联　　B. 串联　　C. 并联　　D. 不确定

5. 电动机要实现连续运转，在辅助电路中，交流接触器一对常开触点应与启动按钮（　　）连接。

A. 串联　　　　B. 并联

C. 不确定　　　　D. 串联在启动按钮上端

二、判断题

1. 试电笔可以用来旋转螺帽。（　　）

2. 热继电器的热元件应串联在辅助电路中。（　　）

3. CJ16-10 是一种热继电器的型号。（　　）

4. 热继电器整定电流为电动机额定工作电流的 2 倍。（　　）

5. 布线时应以热继电器为中心。（　　）

6. 安装元器件时，热继电器应与交流接触器水平放置安装。（　　）

三、简答题

1. 简述电动机连续控制工作过程。

2. 设计一个点、长动控制电路。

四、社会实践题

1. 查阅相关资料，分析 CDS6132 车床主轴电动机电路的工作原理，并画出电路原理图。

2. 结合自身专业，找出两个应用电动机连续控制原理的案例。

项目 8　三相异步电动机接触器互锁正反转控制电路的安装与调试

本电路在前两个项目的基础上难度有所增加。在安装接线过程中一定要仔细认真，因为稍有马虎就可能造成电路故障，甚至相间短路。

8.1　任务书

一、任务单

<table>
<tr><td>项目 8</td><td>三相异步电动机接触器互锁正反转控制电路的安装与调试</td><td>工作任务</td><td colspan="2">1. 绘制接触器互锁正反转控制电路原理图；
2. 绘制接触器互锁正反转控制电路布置图和接线图；
3. 完成三相异步电动机接触器互锁正反转控制电路的安装与调试</td></tr>
<tr><td>学习内容</td><td colspan="2">1. 接触器互锁正反转控制的工作原理；
2. 接触器互锁正反转控制电路的安装；
3. 接触器互锁正反转控制电路自检的方法；
4. 学习进行整理、整顿、清扫、清洁、素养、节约、安全管理</td><td>教学时间/学时</td><td>10</td></tr>
<tr><td>学习目标</td><td colspan="4">1. 知道改变三相异步电动机转向的方法；
2. 理解互锁的定义及作用；
3. 理解接触器互锁正反转控制的工作原理；
4. 学会安装接触器互锁正反转控制电路；
5. 学会检测、调试接触器互锁正反转控制电路</td></tr>
<tr><td rowspan="2">思考题</td><td colspan="4">1. 如何实现三相异步电动机转向的改变？</td></tr>
<tr><td colspan="4"></td></tr>
</table>

续表

思考题	2. 如何避免两个接触器线圈同时得电出现短路故障?
	3. 简述检测反转控制接触器的主触点连接是否正确的方法。
	4. 简述检测互锁连接是否正确的方法。

二、作品展示

接触器互锁正反转控制电路如图 8-1 所示。

(a)

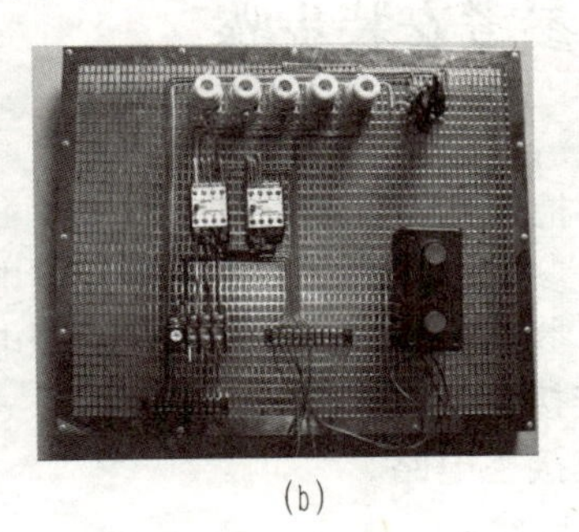

(b)

图 8-1　接触器互锁正反转控制电路

(a) 布局图；(b) 实物接线图

三、资讯途径

序号	资讯类型	序号	资讯类型
1	本项目学习指导	3	机电类图书资料（教材、指导书）
2	上网查询	4	低压电器技术参数信息

8.2 学习指导

一、训练目的

（1）理解三相异步电动机改变转向的方法。
（2）理解接触器互锁正反转控制原理。
（3）学会安装接触器互锁正反转控制电路。
（4）学会检测、调试接触器互锁正反转控制电路。

二、训练重点及难点

（1）反转控制接触器主触点的接线。
（2）KM_1、KM_2 的辅助常开触点和辅助常闭触点的接线。
（3）简单故障的原因分析与排除。

三、参考安装步骤

（1）清点工具和元器件。
（2）检测元器件的好坏。
（3）参照接触器互锁正反转控制电路布置图安装元器件。
（4）参照接触器互锁正反转控制电路接线图布线。
① 连接控制电路。
② 连接主电路。
（5）自检。
（6）经教师检测后通电试车。
（7）如出现故障，分析故障原因并排除。

四、接触器互锁正反转控制相关理论知识

（一）三相异步电动机改变转向的方法

1. 旋转磁场

当三相定子绕组通入三相交流电时，在定子、转子与空气隙中就会产生一个

沿定子内圆旋转的磁场，该磁场称为旋转磁场。旋转磁场的旋转方向取决于通入定子绕组的三相交流电源的相序，且与电源的相序一致。只要任意对调电动机两相绕组与交流电源的接线，旋转磁场即反转。

2. 转子的转向

三相异步电动机转子的转向与旋转磁场的转向相同，而旋转磁场的转向取决于定子绕组通电电流的相序。因此，要改变电动机转动方向，只要将接在定子绕组上的任意两根相线对调即可，如图 8-2、图 8-3 所示。

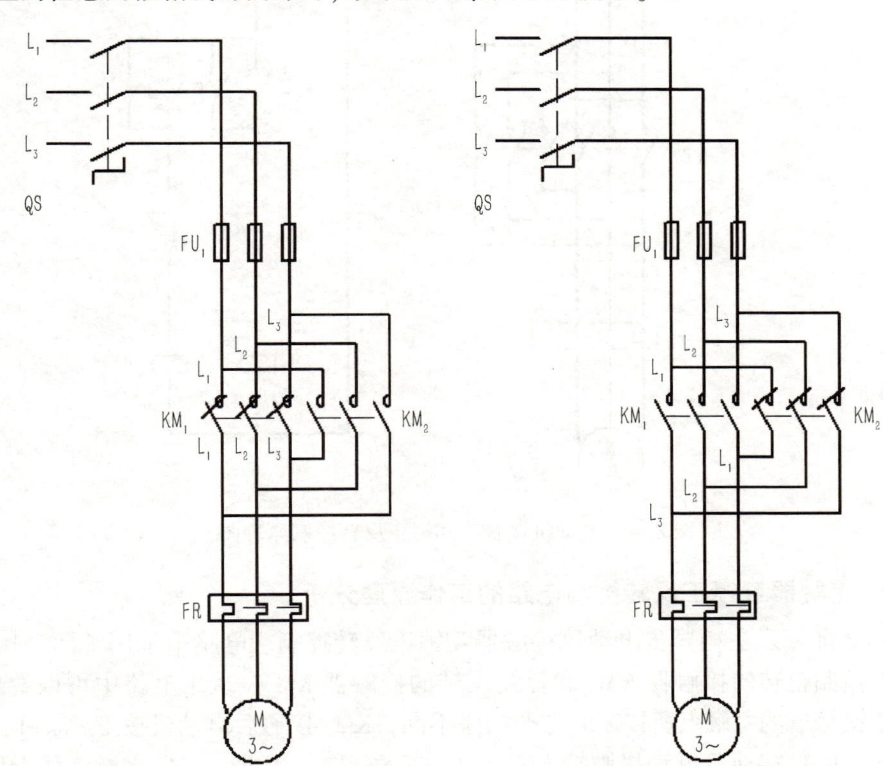

图 8-2 电动机正转相序情况 图 8-3 电动机反转相序情况

(二) 识读接触器互锁原理图

电动机接触器互锁正反转控制原理图如图 8-4 所示。

1. 互锁

KM_1、KM_2 主触点都闭合会造成 L_1 与 L_3 电源短路，引发事故，如图 8-5 所示，所以 KM_1、KM_2 线圈不能同时得电。因此，分别在 KM_1 和 KM_2 的线圈回路中接入对方接触器的辅助动断触点，从而保证一个线圈得电时另一个线圈不能得电，这种互相制约的控制关系称为“互锁”。

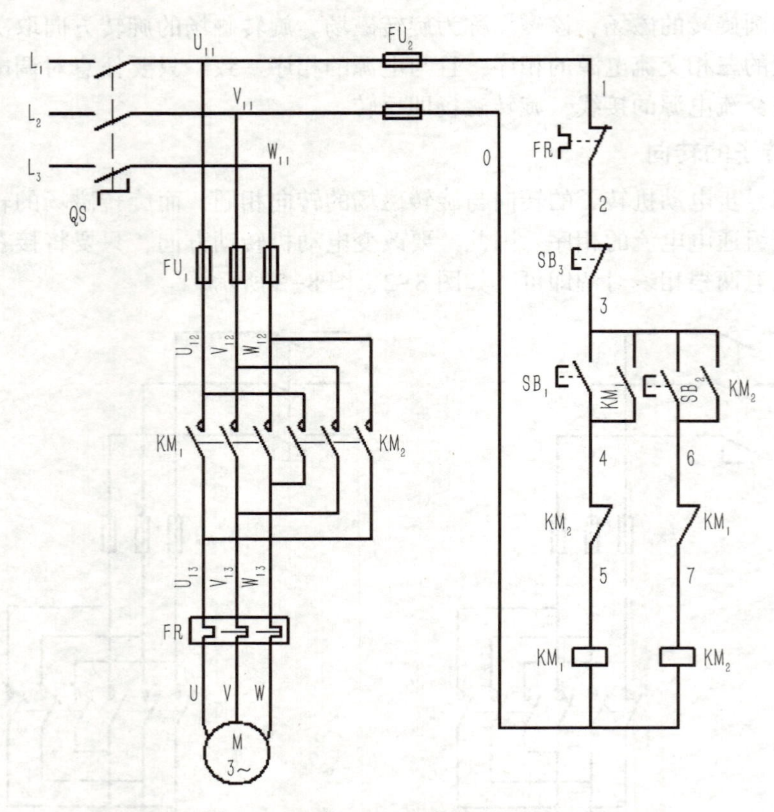

图 8-4　电动机接触器互锁正反转控制原理图

2. 接触器互锁正反转控制电路的工作原理分析

图 8-4 所示三相异步电动机接触器互锁正反转控制。电路中采用了两个接触器，即控制正转的接触器 KM_1 和控制反转的接触器 KM_2。从主电路中可以看出，这两个接触器的主触点所接通的电源相序不同，KM_1 接通后电动机按 $L_1-L_2-L_3$ 相序接线，KM_2 接通后电动机则按 $L_3-L_2-L_1$ 相序接线。因此，KM_1 主触点闭合时，电动机正转；KM_2 主触点闭合时，电动机反转。有两个相应的控制回路，分别控制 KM_1 线圈、KM_2 线圈。KM_1 和 KM_2 主触点都闭合的示意图如图 8-5 所示。

合上电源开关 QS，正转控制如图 8-6 所示；反转控制如图 8-7 所示；停止控制如图 8-8 所示。

电动机正转的过程中需要反转时，必须先按下停止按钮 SB_3，再按下反转启动按钮 SB_2；同样，电动机反转的过程中需要正转时，必须先按下停止按钮 SB_3，再按下正转启动按钮 SB_1。

（三）元器件及工具清单

元器件及工具清单如表 8-1 所示。

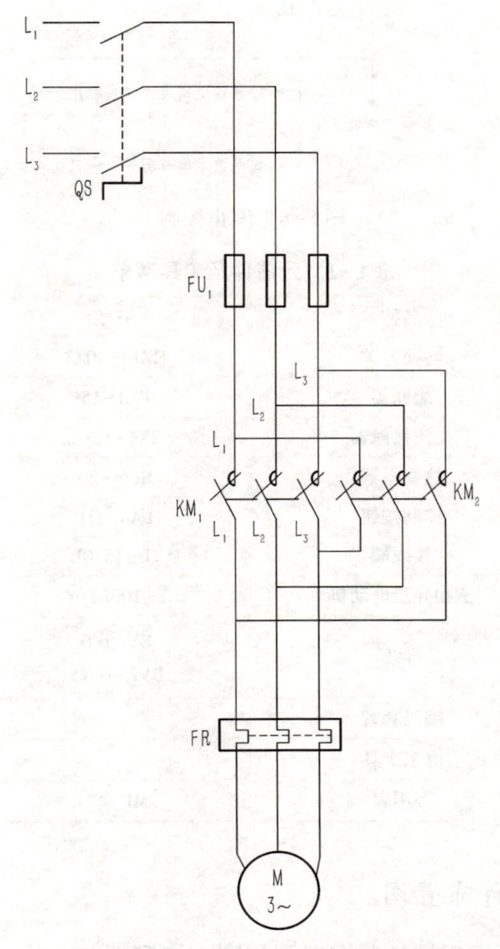

图 8-5　KM_1 和 KM_2 主触点都闭合的示意图

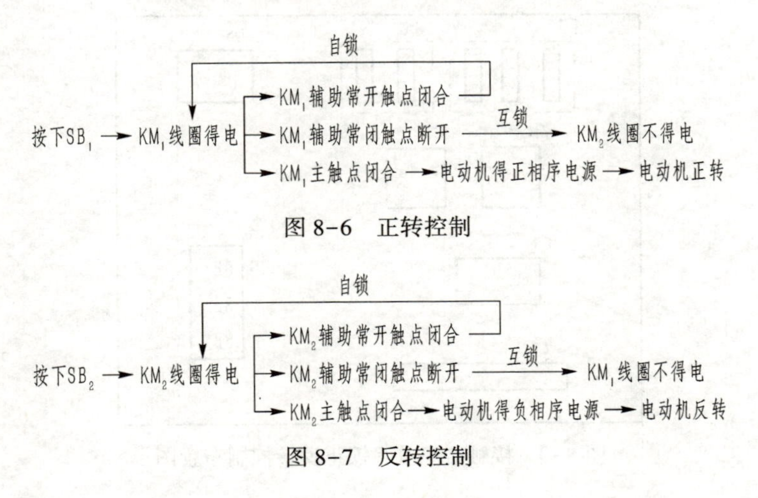

图 8-6　正转控制

图 8-7　反转控制

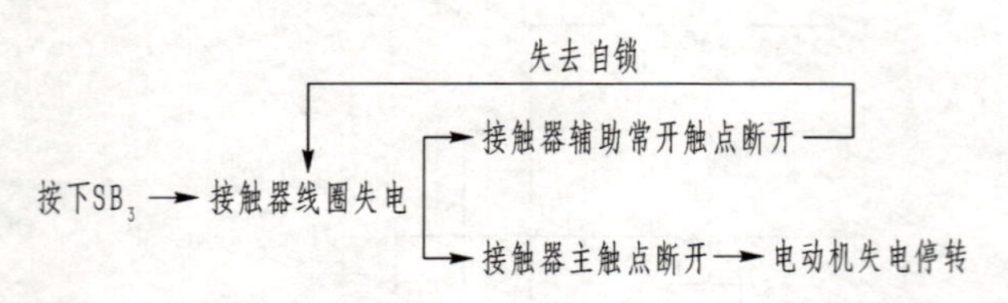

图 8-8　停止控制

表 8-1　元器件及工具清单

代号	名称	型号	数量
QS	转换开关	HZ10-10/3	1 只
FU_1、FU_2	熔断器	RL1-15	5 只
KM_1、KM_2	交流接触器	CJX1-12/22	2 只
FR	热继电器	JR36-20	1 只
SB_1、SB_2、SB_3	控制按钮	LA4-2H	1 组（3 只）
XT	接线端	TB-1510L	2
M	三相异步电动机	Y-100L1-4	1 台
	导线	BV-1.0 BVR-0.75	若干
	编码套管		若干
	电工工具		1 套
	万用表	MF-47	1 只

（四）电气元件布置图

接触器双重互锁正反转控制布置图如图 8-9 所示。

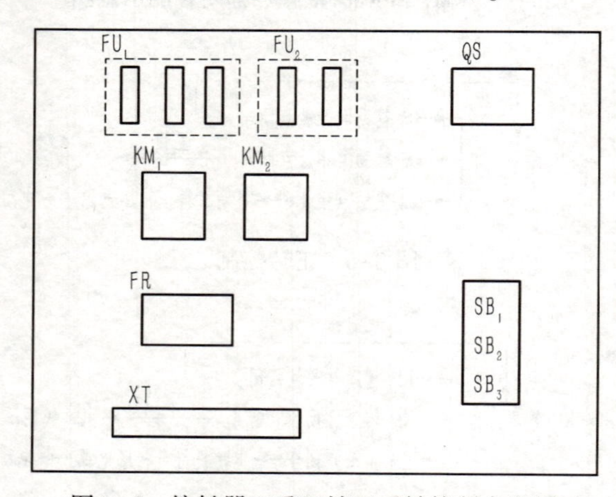

图 8-9　接触器双重互锁正反转控制布置图

（五）电气元件接线图

接触器互锁正反转控制接线图如图 8-10 所示。

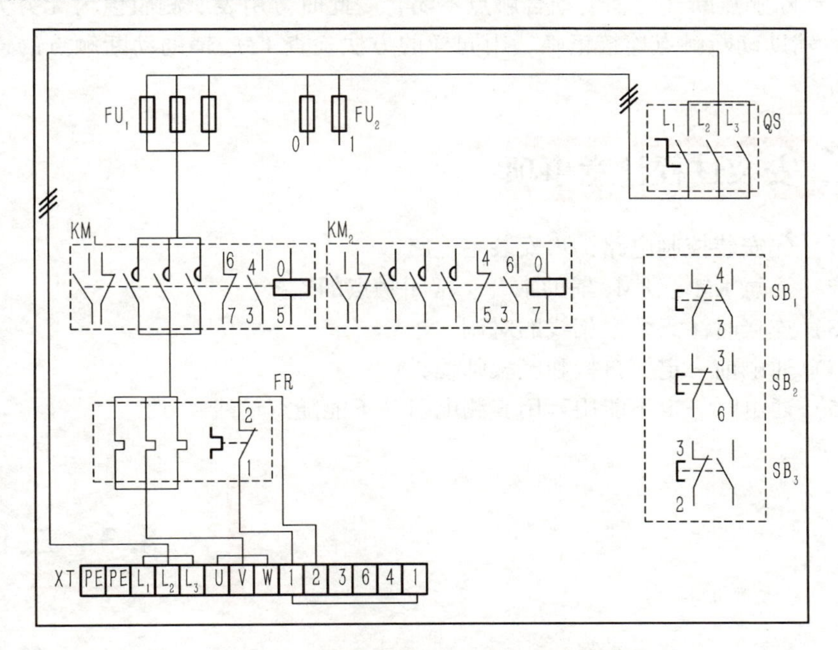

图 8-10　接触器互锁正反转控制接线图

五、安装

按照项目 6 的安装工艺要求安装电路。

六、自检

按照图 8-10 接触器互锁正反转控制电路接线图布好线后，检测控制电路。把万用表置于 $R\times100\ \Omega$ 挡，两表笔放在熔断器端的 0 号线和 1 号线上，检测情况如下：

1. 反转控制接触器 KM_2 主电路的检测

根据电气原理图 8-4 所示，两表笔分别放在进线端 L_1 和出线端 W，按下 KM_2，万用表所测阻值为零，说明这条电路正常。然后依次测量 L_2 与 V 端，L_3 与 U 端，如果万用表所测阻值都是零，说明 KM_2 主触点所在电路接线正确。

2. 互锁电路检测

按下 SB_1，万用表所测阻值为 1.7 kΩ 左右，再稍微按下 KM_2 试验按钮，使其辅助动断触点断开，辅助动合触点不闭合。此时万用表所测阻值为无穷大，说明 KM_2 辅助动断触点连接正确。用同样的方法检查 KM_1 辅助动断触点的连接是否正确。

七、安装过程注意事项

（1）先安装控制电路，再安装主电路。

（2）注意 KM_1、KM_2 辅助常开、常闭触点的连接。

（3）连接时注意两根相线的对调。

（4）通电前一定要自检和经教师检查。

（5）通电时一定不能用万用表测电阻，不能随意动线。

8.3 工作单

操作员：________ “7S”管理员：________ 记分员：________

实训项目	三相异步电动机接触器互锁正反转控制电路的安装与调试				
实训时间		实训地点		实训课时	7
使用设备					
制订实训计划					
实施	主电路绘制		控制电路绘制		

续表

<table>
<tr><td rowspan="9">实施</td><td colspan="2">所需元器件和工具清单
<table><tr><th>代号</th><th>名称</th><th>型号</th><th>数量</th></tr><tr><td></td><td></td><td></td><td></td></tr><tr><td></td><td></td><td></td><td></td></tr><tr><td></td><td></td><td></td><td></td></tr><tr><td></td><td></td><td></td><td></td></tr><tr><td></td><td></td><td></td><td></td></tr><tr><td></td><td></td><td></td><td></td></tr><tr><td></td><td></td><td></td><td></td></tr></table></td></tr>
<tr><td colspan="2">电路元器件布局图</td></tr>
<tr><td colspan="2"></td></tr>
<tr><td colspan="2">电路接线图</td></tr>
<tr><td colspan="2"></td></tr>
<tr><td>元器件检测</td><td></td></tr>
<tr><td>控制电路安装</td><td></td></tr>
<tr><td>主电路安装</td><td></td></tr>
<tr><td colspan="2"></td></tr>
<tr><td rowspan="4">检查
（填写检测方法）</td><td>控制电路线路检测</td><td></td></tr>
<tr><td>主电路线路检测</td><td></td></tr>
<tr><td>线路整体功能检测</td><td></td></tr>
<tr><td>线路安装工艺检查</td><td></td></tr>
<tr><td rowspan="4">评价</td><td>作品评定</td><td>根据作品的功能、工艺、安全操作三方面评定成绩</td></tr>
<tr><td>学生自评</td><td>根据评分表打分</td></tr>
<tr><td>学生互评</td><td>互相交流，取长补短</td></tr>
<tr><td>教师评价</td><td>综合分析，指出好的方面和不足的方面</td></tr>
</table>

三相异步电动机接触器互锁正反转控制电路的故障现象及排除方法		
序号	故障现象	排除方法
故障 1		
故障 2		
故障 3		
故障 4		

项目评分表

本项目合计总分：________

项目	评分点	分值	评分标准	得分
电路图	制图规范	2 分	制图潦草，徒手绘图不得分	
	图形符号	3 分	1. 图形符号不符合标准符号要求，每处扣 1 分； 2. 没有元器件字母符号说明，每处扣 1 分	
	原理正确	5 分	电路图中元器件符号位置放错或漏画元器件不能实现要求的功能，每处扣 1 分	
安装与调试	元器件的检测	10 分	若出现元器件是坏的，不能正常工作，每个扣 5 分	
	元器件的安装	10 分	1. 元器件布置不整齐、不匀称、不合理，每个扣 2 分； 2. 元器件安装不牢固、安装元器件时漏装螺钉，每个扣 1 分； 3. 损坏元器件，每个扣 5 分	
	布线	10 分	1. 电动机运行正常，但未按电路图接线，扣 2 分； 2. 布线不横平竖直，每根扣 1 分，最多扣 3 分； 3. 接点松动、露铜过长、反圈、压绝缘层，标记线号不清楚、遗漏或误标，每处扣 1 分； 4. 损伤导线绝缘或线芯，每根扣 1 分； 5. 导线乱线敷设扣 5 分； 6. 导线漏接、脱落，每处扣 1 分，最多扣 3 分； 7. 同一接线端子上连接导线超过 2 条，每处扣 0.5 分，最多扣 2 分	

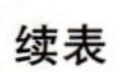

项目	评分点	分值	评分标准	得分
安装与调试	自检	10 分	1. 若通电后按下启动按钮，控制电路出现短路或断路扣 10 分； 2. 自检后未互锁扣 5 分； 3. 自检后，KM_2 主触点未实现接入电动机的电源相序是负相序扣 5 分	
	一次试车后的工作过程	15 分	1. 按下正转启动按钮，电动机正转得 3 分； 2. 松开正转启动按钮，电动机依然正转得 2 分； 3. 按下反转启动按钮，电动机反转得 3 分； 4. 松开反转启动按钮，电动机依然反转得 2 分； 5. 电动机正反转切换必须先让电动机停下来得 3 分； 6. 按下停止按钮，电动机停止运转得 2 分	
	调试	15 分	二次试车不成功扣 5 分，三次试车不成功扣 15 分	
安全规范操作	完成工作任务的所有操作是否符合安全操作规程	10 分	1. 符合要求，得 10 分； 2. 基本符合要求，得 8 分； 3. 一般，得 6 分	
	工具摆放、导线线头等的处理是否符合职业岗位的要求	5 分	1. 符合要求，得 5 分； 2. 基本符合要求，得 4 分； 3. 一般，得 3 分	
	遵守实训室纪律，爱惜实训室的设备和器材，保持工位整洁	5 分	1. 符合要求，得 5 分； 2. 未做到，不得分	
奖励	用时最短的 3 个工位（时间由短到长排列）分别加 3 分、2 分、1 分			
违规	1. 违反操作规程使自身或他人受到伤害扣 30 分； 2. 不符合职业规范的行为，视情节扣 5~10 分； 3. 完成项目用时最长的 3 个工位（时间由长到短排列）分别扣 3 分、2 分、1 分			

8.4 课后练习

一、选择题

1. 改变三相异步电动机转向的方法是（　　）。

A. 改变定子绕组中电流的相序

B. 改变电源电压

C. 改变电源频率

D. 改变电动机的工作方式

2. 两个交流接触器控制电动机的正、反转控制电路，为防止电源短路，必须实现（　　）控制。

A. 互锁　　　　B. 自锁

C. 顺序　　　　D. 时间

3. 在接触器互锁电路中，其互锁触点应是对方接触器的（　　）。

A. 主触点

B. 常开辅助触点

C. 常闭辅助触点

D. 线圈

4. 在操作接触器互锁正反转电路时，要使电动机由正转变为反转，正确的操作方法是（　　）。

A. 可直接按下反转启动按钮

B. 可直接按下正转启动按钮

C. 必须先按下停止按钮，再按下反转启动按钮

D. 正反转切换时，不作停止要求

二、问答题

1. 简述互锁的定义。

2. 三相异步电动机的接触器互锁正反转控制电路中，电动机正转时按下反转启动按钮，电动机依然正转，试分析其原因。如果要让电动机反转，该怎么做？

3. 如图 8-11（a）和（b）所示的两个正反转控制电路图，试分析各电路能否正常工作，如不能，请指出并改正。

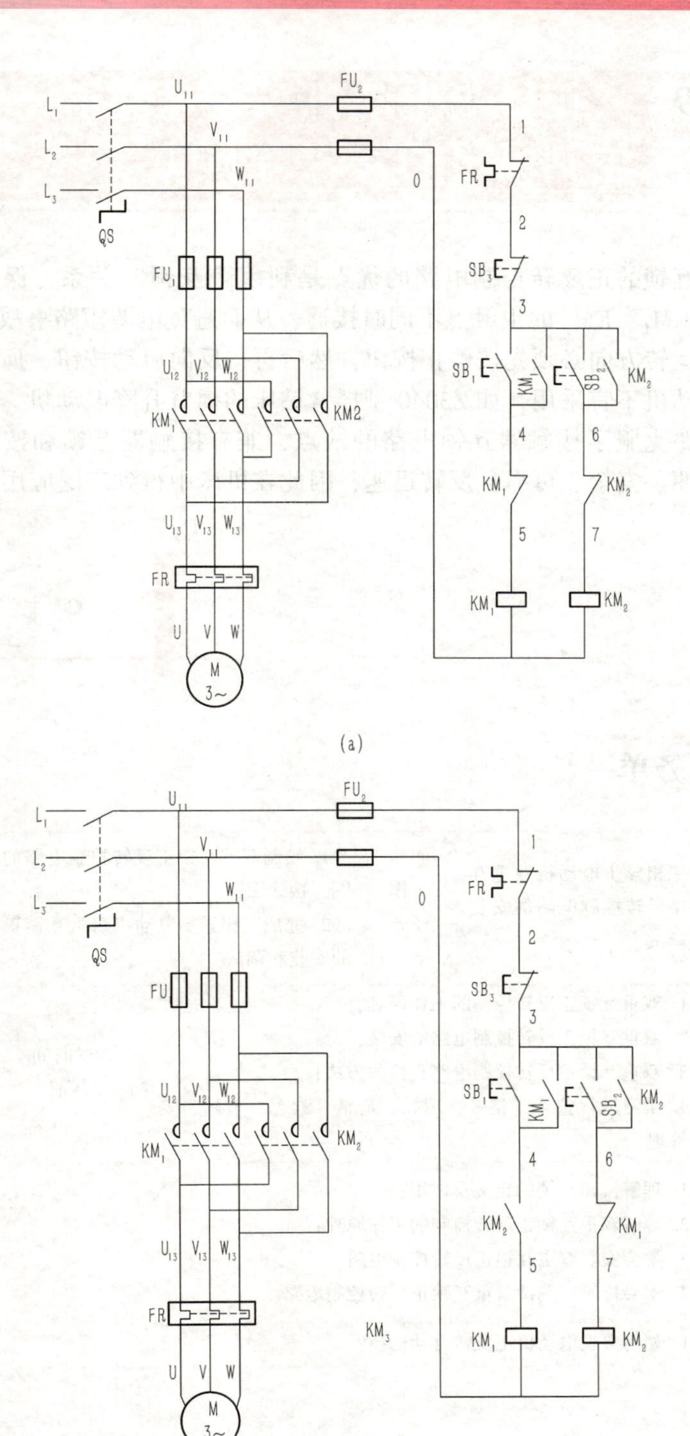

图 8-11　正反转控制电路图

项目 9 三相异步电动机双重互锁正反转控制电路的安装与调试

接触器互锁的正反转控制电路的优点是利用“互锁”关系，保证正反转控制的接触器 KM_1、KM_2 的主触点不同时接通，从而避免电源短路事故；缺点是改变电动机的运转方向必须先按停止按钮，然后再按反向启动按钮，所以需频繁改变转向的电动机不宜采用，如 Z3040 型摇臂钻床的摇臂升降电动机。本项目双重互锁控制电路克服了接触器互锁电路的缺点，兼有接触器互锁和按钮互锁的优点，操作方便、安全、可靠且反转迅速，因此在机床中得到广泛应用。

9.1 任务书

一、任务单

<table>
<tr><td>项目 9</td><td>三相异步电动机双重互锁正反转控制电路的安装与调试</td><td>工作任务</td><td colspan="2">1. 绘制双重互锁正反转控制电路的原理图、布置图、接线图；
2. 完成三相异步电动机双重互锁正反转控制电路的安装和调试</td></tr>
<tr><td>学习内容</td><td colspan="2">1. 双重互锁正反转控制的工作原理；
2. 双重互锁正反转控制电路的安装；
3. 双重互锁正反转控制电路自检的方法；
4. 学习进行整理、整顿、清扫、清洁、素养、节约、安全管理</td><td>教学时间/学时</td><td>11</td></tr>
<tr><td>学习目标</td><td colspan="4">1. 理解按钮互锁的定义及作用；
2. 理解双重互锁正反转控制的工作原理；
3. 学会安装双重互锁正反转控制电路；
4. 学会检测、调试双重互锁正反转控制电路</td></tr>
<tr><td rowspan="2">思考题</td><td colspan="4">1. 如何实现电动机正反转自动切换？</td></tr>
<tr><td colspan="4"></td></tr>
</table>

续表

思考题	2. 按钮互锁的连接方法是什么？
	3. 如何实现双重互锁？

二、作品展示

接触器双重互锁正反转控制电路如图 9-1 所示。

(a)

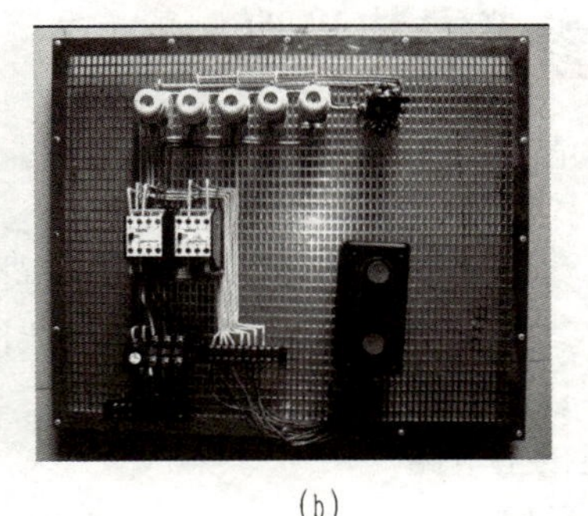
(b)

图 9-1 接触器双重互锁正反转控制电路
(a) 布局图；(b) 实物接线图

三、资讯途径

序号	资讯类型	序号	资讯类型
1	本项目学习指导	3	机电类图书资料（教材、指导书）
2	上网查询	4	低压电器技术参数信息

9.2 学习指导

一、训练目的

（1）理解按钮互锁的定义及作用。
（2）理解双重互锁正反转控制的工作原理。
（3）学会安装双重互锁正反转控制电路。
（4）学会检测、调试双重互锁正反转控制电路。

二、训练重点及难点

（1）复合按钮的接线。
（2）交流接触器辅助触点的接线。
（3）简单故障的原因分析与排除。

三、参考安装步骤

（1）清点工具和元器件。
（2）检测元器件的好坏。
（3）参照双重互锁正反转控制布置图安装元器件。
（4）参照双重互锁正反转控制接线图布线。
① 连接控制电路。
② 连接主电路。
（5）自检。
（6）经教师检测后通电试车。
（7）如出现故障，分析故障原因并排除。

四、双重互锁正反转控制相关理论知识

（一）识读双重互锁正反转控制电路原理图

1. 复合按钮

图 9-2 所示为双重互锁正反转控制电路的原理图。SB_1、SB_2 为复合按钮，

按下按钮时，动断触点先断开，经过一段机械延时后（按钮从起始位置至按到底的时间），动合触点才接通。松开按钮时，动合触点先断开，经过一段机械延时后（按钮从起始位置至按到底的时间），动断触点才恢复。

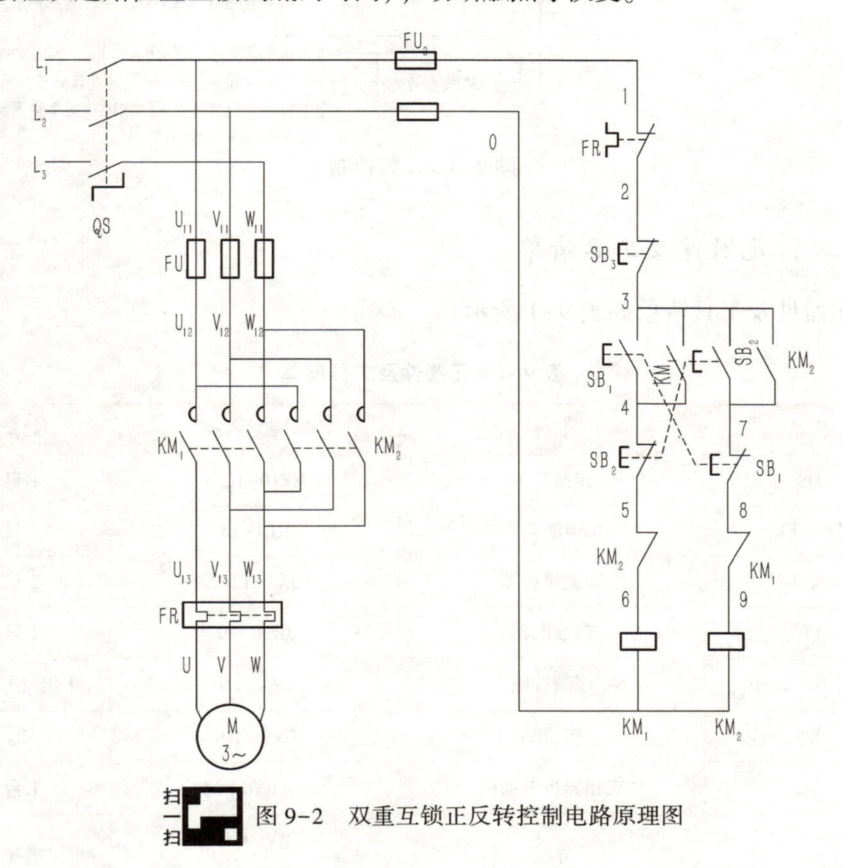

图 9-2　双重互锁正反转控制电路原理图

2. 工作原理

合上电源开关 QS，正转控制如图 9-3 所示；反转控制如图 9-4 所示。

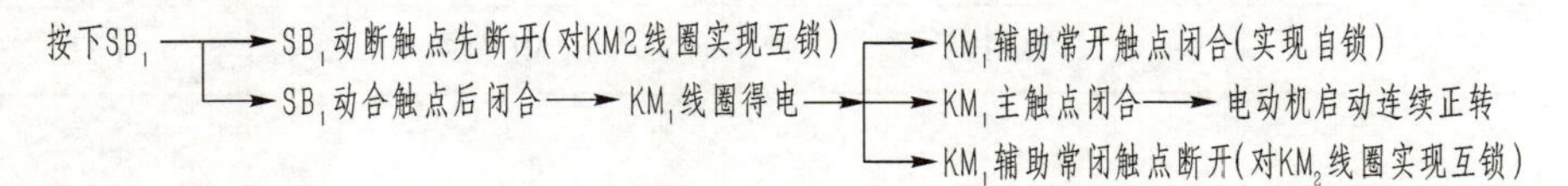

图 9-3　正转控制

停止控制：按下 SB_3，整个控制电路失电，接触器主触点断开，电动机失电停转。

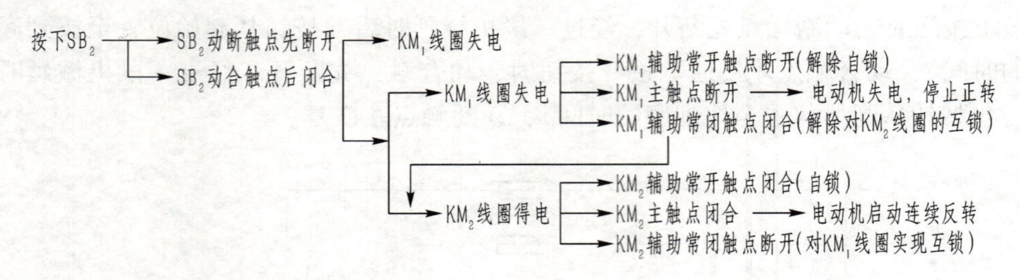

图 9-4　反转控制

(二) 元器件及工具清单

元器件及工具清单如表 9-1 所示。

表 9-1　元器件及工具清单

代号	名称	型号	数量
QS	转换开关	HZ10-10/3	1 只
FU_1、FU_2	熔断器	RL1-15	5 只
KM_1、KM_2	交流接触器	CJX1-12/22	2 只
FR	热继电器	JR36-20	1 只
SB_1、SB_2、SB_3	控制按钮	LA4-2H	1 组（3 只）
XT	接线端	TB-1510L	2
M	三相异步电动机	Y-100L1-4	1 台
	导线	BV-1.0 BVR-0.75	若干
	编码套管		若干
	电工工具		1 套
	万用表	MF-47	1 只

(三) 电气元件布置图

双重互锁正反转控制布置图如图 9-5 所示。

(四) 电气元件接线图

双重双锁正反转控制接线图如图 9-6 所示。

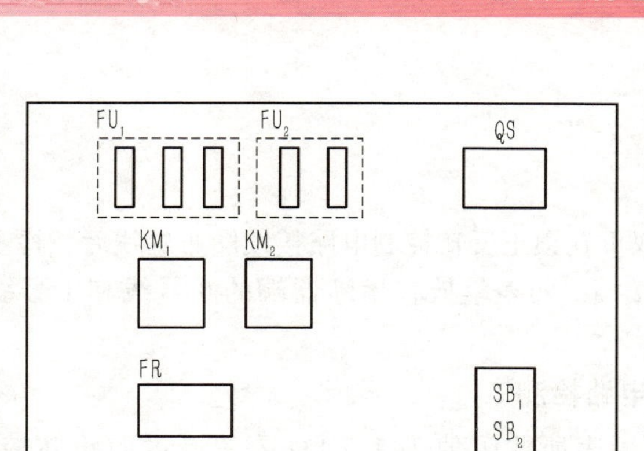

图 9-5　双重互锁正反转控制布置图

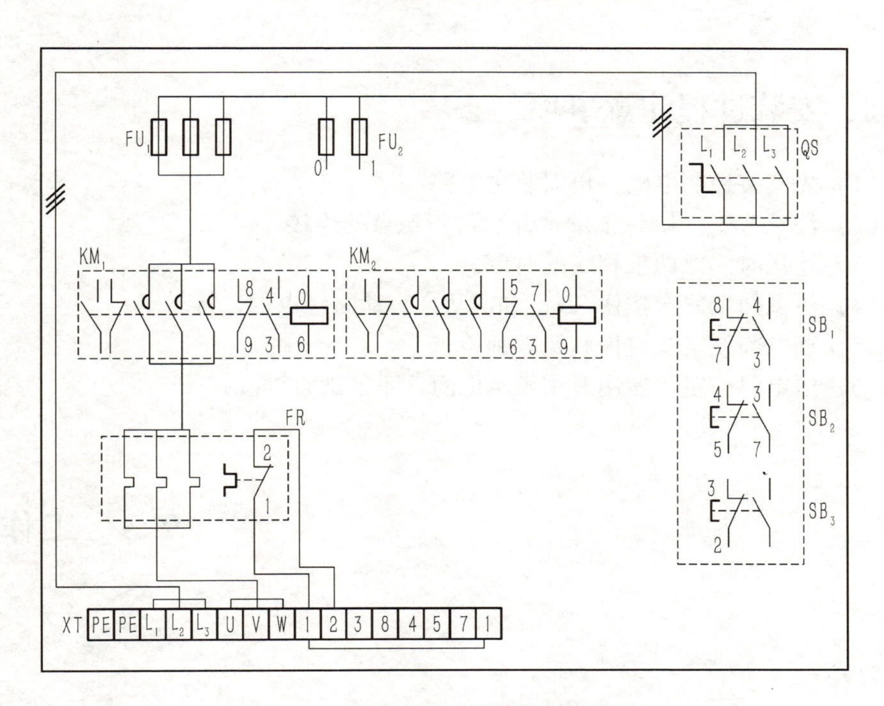

图 9-6　双重互锁正反转控制接线图

五、安装

按照项目 6 的安装工艺要求安装电路。

六、自检

按照图 9-6 双重互锁正反转控制电路接线图布好线后，检测控制电路。把万用表置于 $R\times100\ \Omega$ 挡，两表笔放在熔断器端的 0 号线和 1 号线上，其检测步骤如下：

1. 正转控制电路检测

按下 SB_1，万用表所测阻值为 1.7 kΩ 左右，说明正转控制电路无短路或断路。

2. 反转控制电路检测

按下 SB_2，万用表所测阻值为 1.7 kΩ 左右，说明反转控制电路无短路或断路。

七、安装过程注意事项

（1）先安装控制电路，再安装主电路。

（2）注意 KM_1、KM_2 辅助常开、常闭触点的连接。

（3）连接时注意两根相线的对调。

（4）注意两个复合按钮 SB_1、SB_2 动合、动断触点的连接。

（5）通电前一定要自检和经教师检查。

（6）通电时一定不能用万用表测电阻，不能随意动线。

9.3 工作单

操作员：________ “7S” 管理员：________ 记分员：________

实训项目	三相异步电动机双重互锁正反转控制电路的安装与调试				
实训时间		实训地点		实训课时	8
使用设备					
制订实训计划					

续表

实施	主电路绘制	控制电路绘制

所需元器件和工具清单

代号	名称	型号	数量

电路元器件布局图

电路接线图

实施	元器件检测	
	控制电路安装	
	主电路安装	
检查（填写检测方法）	控制电路线路检测	
	主电路线路检测	
	线路整体功能检测	
	线路安装工艺检查	

续表

评价	作品评定	根据作品的功能、工艺、安全操作三方面评定成绩
	学生自评	根据评分表打分
	学生互评	互相交流，取长补短
	教师评价	综合分析，指出好的方面和不足的方面

三相异步电动机双重互锁正反转控制电路的故障现象及排除方法		
序号	故障现象	排除方法
故障 1		
故障 2		
故障 3		
故障 4		
故障 5		

项目评分表

本项目合计总分：________

项目	评分点	分值	评分标准	得分
电路图	制图规范	2 分	制图潦草，徒手绘图不得分	
	图形符号	3 分	1. 图形符号不符合标准符号要求，每处扣 1 分； 2. 没有元器件字母符号说明，每处扣 1 分	
	原理正确	5 分	电路图中元器件符号位置放错或漏画元器件不能实现要求的功能，每处扣 1 分	
安装与调试	元器件的检测	10 分	若出现元件是坏的，不能正常工作，每个扣 5 分	
	元器件的安装	10 分	1. 元器件布置不整齐、不匀称、不合理，每个扣 2 分； 2. 元器件安装不牢固、安装元器件时漏装螺钉，每个扣 1 分； 3. 损坏元器件，每个扣 5 分	

续表

项目	评分点	分值	评分标准	得分
安装与调试	布线	10分	1. 电动机运行正常，但未按电路图接线，扣2分； 2. 布线不横平竖直，每根扣1分，最多扣3分； 3. 接点松动、露铜过长、反圈、压绝缘层，标记线号不清楚、遗漏或误标，每处扣1分； 4. 损伤导线绝缘或线芯，每根扣1分； 5. 导线乱线敷设，扣5分； 6. 导线漏接、脱落，每处扣1分，最多扣3分； 7. 同一接线端子上连接导线超过2条，每处扣0.5分，最多扣2分	
	自检	10分	1. 若通电后按下启动按钮，控制电路出现短路或断路，扣10分； 2. 自检后按钮未互锁，扣3分	
	一次试车后的工作过程	15分	1. 按下正转启动按钮，电动机正转，得3分； 2. 松开正转启动按钮，电动机依然正转，得2分； 3. 按下反转启动按钮，电动机反转，得3分； 4. 松开反转启动按钮，电动机依然反转，得2分； 5. 电动机正反转能自动切换，得3分； 6. 按下停止按钮，电动机停止运转，得2分	
	调试	15分	二次试车不成功，扣5分；三次试车不成功，扣15分	
安全规范操作	完成工作任务的所有操作是否符合安全操作规程	10分	1. 符合要求，得10分； 2. 基本符合要求，得8分； 3. 一般，得6分	
	工具摆放、导线线头等的处理是否符合职业岗位的要求	5分	1. 符合要求，得5分； 2. 基本符合要求，得4分； 3. 一般，得3分	
	遵守实训室纪律，爱惜实训室的设备和器材，保持工位整洁	5分	1. 符合要求，得5分； 2. 未做到，不得分	
奖励	用时最短的3个工位（时间由短到长排列）分别加3分、2分、1分			
违规	1. 违反操作规程使自身或他人受到伤害扣30分； 2. 不符合职业规范的行为，视情节扣5~10分； 3. 完成项目用时最长的3个工位（时间由长到短排列）分别扣3分、2分、1分			

9.4 课后练习

一、绘图题

绘制三相异步电动机双重互锁正反转控制的原理图。

二、填空题

1. 使三相异步电动机正反方向旋转，只要将接至电动机的三相电源进线中任意________相接线对调即可。

2. 在双重互锁的正反转控制电路中，双重互锁是指除了用________作机械互锁外，还采用________作电气互锁，从而形成双重互锁。

3. 按下复合按钮时，________触点先断开，________触点后合上。

三、简答题

试分析如图 9-7 所示双重互锁正反转控制电路有什么错误，运行时可能出现何种故障，应如何加以改进。

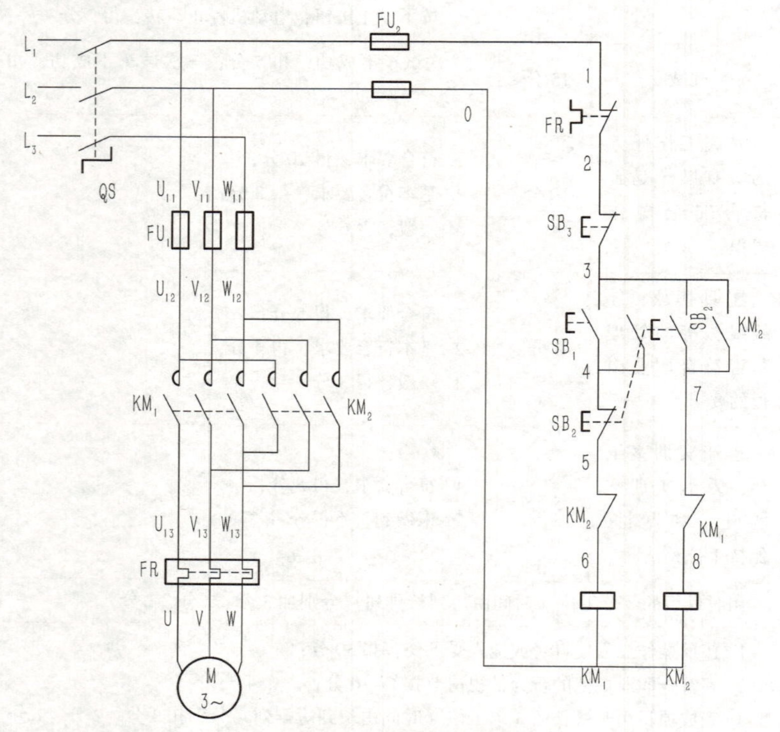

图 9-7　双重互锁正反转控制电路

项目 10　三相异步电动机星形—三角形降压启动控制电路的安装与调试

当电动机容量较大时（10 kW 以上），其较大的启动电流（额定电流的 5~7 倍）会对供电系统产生巨大的冲击，使电网电压产生波动，影响其他电气设备的正常工作，且启动转矩较小，因此一般不直接全压启动，而采用降压方式启动。对于正常运行时采用三角形接法的三相异步电动机，可采用星形—三角形降压启动（简称星三角降压启动）减小启动电流。那么星形—三角形降压启动控制如何实现呢？本项目将解决这个问题。

10.1　任务书

一、任务单

<table>
<tr><td>项目 10</td><td>三相异步电动机星形—三角形降压启动控制电路的安装与调试</td><td>工作任务</td><td colspan="2">1. 绘制星三角降压启动控制电路原理图；
2. 绘制星三角降压启动控制电路布局图和接线图；
3. 完成三相异步电动机星三角降压启动控制电路的安装和调试</td></tr>
<tr><td>学习内容</td><td colspan="2">1. 时间继电器的符号及其工作原理；
2. 星三角降压启动控制的工作原理；
3. 星三角降压启动控制电路的安装和调试；
4. 星三角降压启动控制电路自检的方法；
5. 学习进行整理、整顿、清扫、清洁、素养、节约、安全管理</td><td>教学时间/学时</td><td>11</td></tr>
<tr><td>学习目标</td><td colspan="4">1. 熟悉时间继电器的符号，并理解其工作原理；
2. 理解星三角降压启动控制的工作原理；
3. 学会安装星三角降压启动控制电路；
4. 学会检测调试星三角降压启动控制电路</td></tr>
<tr><td rowspan="2">思考题</td><td colspan="4">1. 什么是时间继电器？它有什么作用？</td></tr>
<tr><td colspan="4"></td></tr>
</table>

续表

思考题	2. 星三角降压启动的适用场合有哪些？
	3. 如何用交流接触器来完成星形和三角形换接？
	4. 时间继电器的自动控制功能是如何实现的？

二、作品展示

星三角降压启动控制电路如图 10-1 所示。

图 10-1　星三角降压启动控制电路

三、资讯途径

序号	资讯类型	序号	资讯类型
1	上网查询	3	低压电器技术参数信息
2	机电类图书资料（教材、指导书）		

10.2 学习指导

一、训练目的

（1）熟悉时间继电器的符号，并理解其工作原理。
（2）理解星三角降压启动控制的工作原理。
（3）学会安装星三角降压启动控制电路。
（4）学会检测、调试星三角降压启动控制电路。

二、训练重点及难点

（1）控制定子绕组连接方式的 KM_2、KM_3 主触点的连接。
（2）时间继电器延时触点的连接。
（3）简单故障的原因分析与排除。

三、参考安装步骤

（1）清点工具和元器件。
（2）检测元器件的好坏。
（3）参照星三角降压启动控制布置图安装元器件。
（4）参照星三角降压启动控制接线图布线。
① 连接控制电路；
② 连接主电路。
（5）自检。
（6）经教师检测后通电试车。
（7）如出现故障，分析故障原因并排除。

四、星三角降压启动控制相关理论知识

（一）时间继电器

时间继电器是一种当感测元件得到动作信号后，其执行元件（延时触点）

要延迟一定时间才动作的继电器。它按整定时间长短通断电路，常用于按时间控制原则进行控制的场合。

1. 分类

（1）按延时方式分为通电延时型和断电延时型。

① 通电延时型时间继电器。

线圈得电后要延时一段时间触点才发生变化；线圈失电后，触点瞬时恢复。

本项目使用通电延时型时间继电器实现星三角的自动换接。

② 断电延时型时间继电器。

线圈得电后，触点瞬时动作；线圈失电后，要延时一段时间触点才动作。

Z3040 型摇臂钻床电气控制中电磁阀使用断电延时型时间继电器的延时断开触点控制。

（2）按动作原理分为空气阻尼式、电动式、电子式等。

三种时间继电器的外形如图 10-2 所示。空气阻尼式时间继电器延时范围较大（0.4~180.0 s），结构简单，寿命长，价格低，但其延时误差较大，无调节刻度指示，难以确定整定延时值。在对延时精度要求较高的场合，不宜使用这种时间继电器。电动式时间继电器延时范围宽，其延时时间可在 0~72 h 内调整，并且延时值不受电源电压波动及环境温度变化的影响，而且延时的整定偏差较小，一般在最大整定值的±1%内，这些是它的优点。其主要缺点是：机械机构复杂，成本高，不适宜频繁操作等。电子式时间继电器具有延时时间长（用100 μF 的电容可获得 1 h 延时）、线路简单、延时调节方便、性能较稳定、延时误差小、触点容量较大等优点。但也存在延时易受温度与电源波动的影响、抗干扰能力差、修理不便、价格高等缺点。本项目主要介绍电子式时间继电器和空气阻尼式时间继电器。

扫一扫 (a)

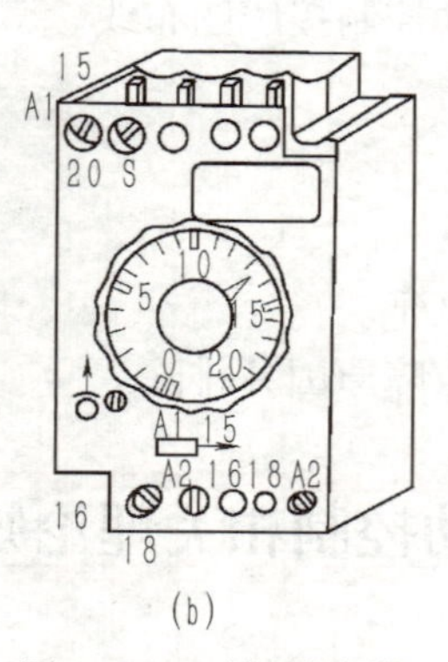

(b)

(c)

图 10-2　时间继电器

（a）空气阻尼式；（b）电动式；（c）电子式

2. 电子式时间继电器

电子式时间继电器也称为晶体管式时间继电器或半导体式时间继电器，其种类很多，常用的是阻容式时间继电器。它利用电容对电压变化的阻尼作用来实现延时。其代表产品为 JS20 系列，JS20 系列有单结晶体管电路及场效应管电路两种。图 10-3 所示为由单结晶体管组成的通电延时型时间继电器的电路图。

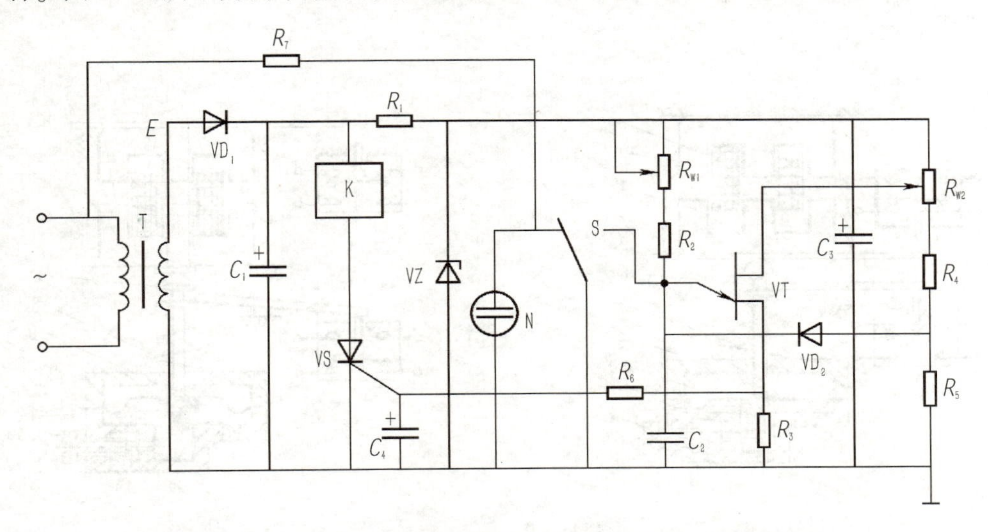

图 10-3 JS20 系列单结晶体管通电延时型时间继电器的电路图

全部电路由延时环节、鉴幅器、输出电路、电源和指示灯五部分组成。电源的稳压部分由 R_1 和稳压管 VZ 构成，供给延时和鉴幅电路；输出电路中的晶闸管 VS 和继电器 K 则由整流电路直接供电。电容 C_2 的充电回路有两条：一条是通过电阻 R_{W1} 和 R_2；另一条是通过由低阻值电阻 R_{W2}、R_4、R_5 组成的分压器经二极管 VD_2 向电容 C_2 提供的预充电路。

电路的工作原理：当接通电源后，经二极管 VD_1 整流、电容 C_1 滤波以及稳压管 VZ 稳压的直流电压通过 R_{W2}、R_4、VD_2 向电容 C_2 以极低的时间常数快速充电。与此同时，也通过 R_{W1} 和 R_2 向该电容充电。电容上电压按指数规律逐渐上升，当此电压大于单结晶体管的峰点电压 U_P时，单结晶体管导通，输出电压脉冲触发晶闸管 VS。VS 导通后使继电器 K 吸合，除用其触点来接通或分断外电路外，还利用其另一对动合触点将 C_2 短路，使之迅速放电，为下一次使用做准备。此时氖指示灯 N 启辉，晶闸管仍保持导通，除非切断电源，使电路恢复到原来状态，继电器 K 才释放。

由上可知，从时间继电器接通电源，C_2 开始被充电，到继电器 K 动作为止的这段时间就是通电延时动作时间，只要调节 R_{W1} 和 R_{W2}改变 C_2 的充电速度，就能调整延时时间。

3. 空气阻尼式时间继电器

空气阻尼式时间继电器是利用空气阻尼原理获得延时的，其结构由电磁系统、延时机构和触点三部分组成。只要改变电磁机构的安装方向，便可实现不同的延时方式：当衔铁位于铁芯和延时机构之间时为通电延时，如图 10-4（a）所示；当铁芯位于衔铁和延时机构之间时为断电延时，如图 10-4（b）所示。

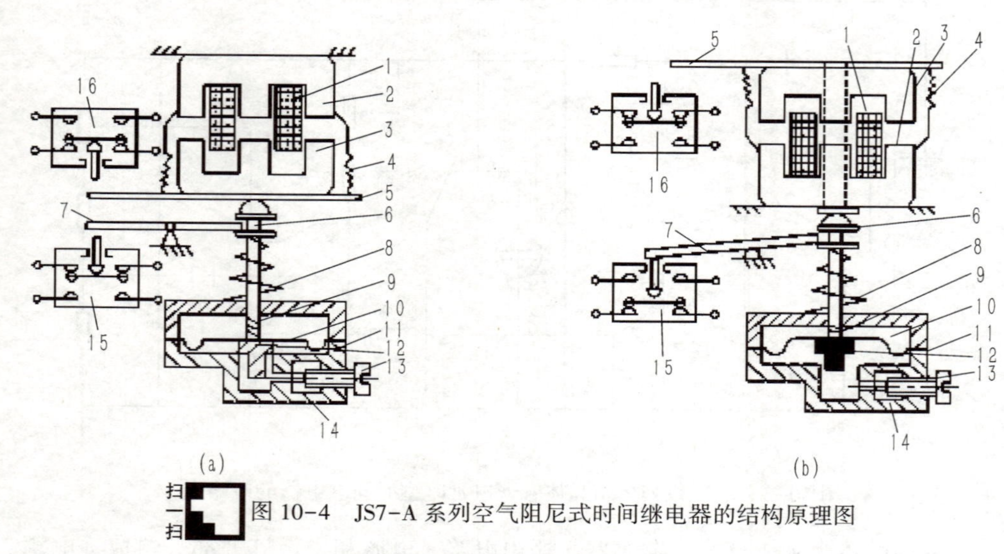

扫一扫

图 10-4　JS7-A 系列空气阻尼式时间继电器的结构原理图

（a）通电延时型；（b）断电延时型

1—线圈；2—铁芯；3—衔铁；4—反力弹簧；5—推板；6—活塞杆；7—杠杆；8—塔形弹簧；9—弱弹簧；10—橡皮膜；11—空气室壁；12—活塞；13—调节螺钉；14—进气孔；15，16—微动开关

现以通电延时型为例说明其工作原理。当线圈通电后，衔铁吸合，活塞杆在塔形弹簧作用下带动活塞及橡皮膜向上移动，橡皮膜下方空气室内的空气变得稀薄，形成负压，活塞杆只能缓慢移动，其移动速度由进气孔的气隙大小来决定。经过一段延时后，活塞杆通过杠杆压动微动开关，使其触点动作，起到通电延时作用。由线圈通电到触点动作的一段时间为时间继电器的延时时间，其长短可以通过调节螺钉调节进气孔的气隙大小来改变。当线圈断电时，衔铁释放，橡皮膜下方的空气通过活塞肩部所形成的单向阀迅速排出，使活塞杆、杠杆、微动开关等迅速复位。

断电延时型的工作原理与通电延时型相似，只是由于电磁铁的安装方向不同，当衔铁吸合时推动活塞复位，排出空气，触点迅速复位；当衔铁释放时，在空气阻尼作用下，实现断电延时。在线圈通电和断电时，微动开关在推板的作用下都能瞬时动作，其触点为时间继电器的瞬动触点。

4. 时间继电器的表示方式

1）型号意义

型号意义如图 10-5 所示。

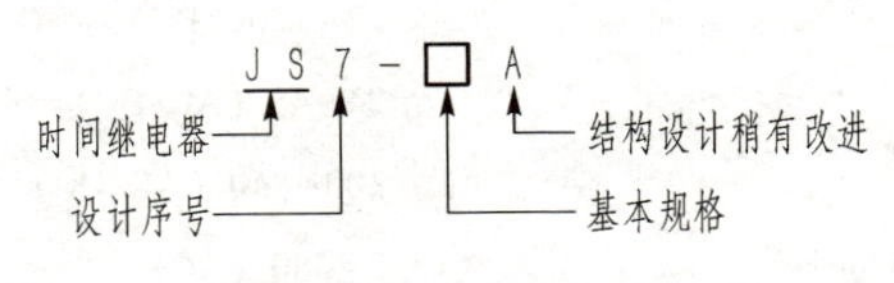

图 10-5 型号意义

2）电气符号

各电气符号如图 10-6 所示。

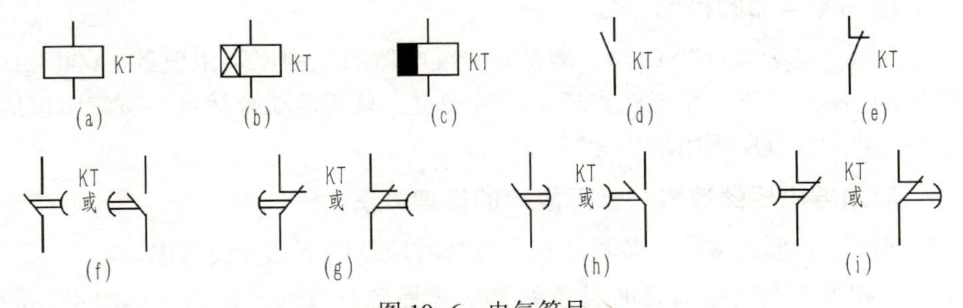

图 10-6 电气符号

（a）线圈一般符号；（b）通电延时线圈；（c）断电延时线圈；（d）瞬时闭合常开触点；（e）瞬时断开常闭触点；（f）延时闭合常开触点；（g）延时断开常闭触点；（h）延时断开常开触点；（i）延时闭合常闭触点

5. 时间继电器的主要技术参数

常用的电子式时间继电器种类非常多，能满足大多数控制需要。我们这里以 JS20 晶体管时间继电器为例，它的技术参数如表 10-1 所示。

时间继电器的主要技术参数有额定发热电流、吸引线圈电压、延时范围、延时误差和操作频率。

表 10-1 JS20 系列时间继电器的技术参数

AC-15	Ue	V	380（AC）	240（AC）	120（AC）
	Ie	A	0.95	1.5	3
DC-13	Ue	V	250（DC）	125（DC）	
	Ie	A	0.27	0.55	
重复误差			≤5%		
机械寿命		次	$\geqslant 1\times10^6$		
电气寿命		次	$\geqslant 1\times10^5$		

续表

功耗		W	≤1.5
额定控制电源电压	JS20	V	12~380（AC）
		V	12~220（DC）
		V	24~48（AC/DC）
		V	100~240（AC/DC）
	JS20-D	V	2~380（AC）
		V	12~220（DC）
延时时间		S	如：1~10、2~20、3~30、6~60、9~90 等

6. 时间继电器的检测

将万用表置于 R×100 Ω 挡，测量时间继电器的线圈电阻阻值约 1 000 Ω；时间继电器的触点，不管延时触点还是瞬时触点，只要是动合触点，所测阻值应为无穷大，动断触点所测阻值应为零。

7. 时间继电器的选择与常见故障的修理方法

时间继电器形式多样，各具特点，选择时应从以下几方面考虑。

（1）根据控制电路对延时触点的要求选择延时方式，即通电延时型或断电延时型。

（2）根据延时范围和精度要求选择继电器类型。

（3）根据使用场合、工作环境选择时间继电器的类型。如电源电压波动大的场合可选空气阻尼式或电动式时间继电器，电源频率不稳定的场合不宜选用电动式时间继电器；环境温度变化大的场合不宜选用空气阻尼式和电子式时间继电器。

（二）识读星三角降压启动控制原理图

星三角降压启动控制原理图如图 10-7 所示。

1. 主电路

扫一扫

当绕组为星形连接时，每相绕组所得电压为 220 V；当绕组为三角形连接时，每相绕组所得电压为 380 V。因此，结合图 10-7 星三角降压启动控制原理图，当 KM_1、KM_2 主触点闭合时，三相异步电动机定子绕组星形连接降压启动；当 KM_1、KM_3 主触点闭合时，三相异步电动机定子绕组三角形连接全压运行。

2. 控制电路

三相异步电动机启动时，KM_1、KM_2 线圈，时间继电器 KT 线圈得电；当延

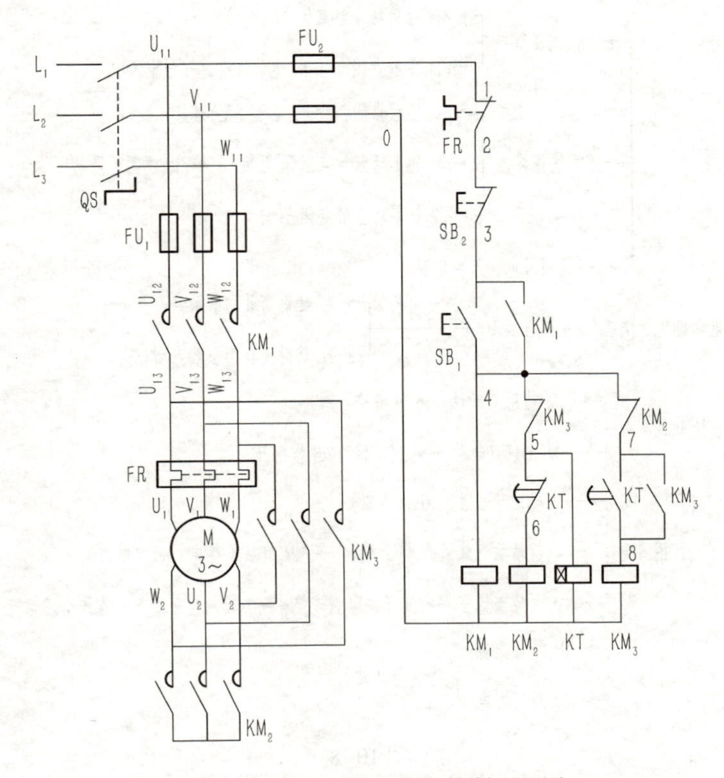

图 10-7　星三角降压启动控制原理图

时到 KM_2 线圈、时间继电器 KT 线圈失电，KM_3 线圈得电。时间继电器使 KM_2 线圈失电、KM_3 线圈得电自动切换，从而实现了三相异步电动机定子绕组星形连接降压启动，三角形连接全压运行的自动切换。

3. 工作原理

工作原理如图 10-8 所示。

合上电源开关 QS：

(三) 元器件及工具清单

元器件及工具清单如表 10-2 所示。

表 10-2　元器件及工具清单

代号	名称	型号	数量
QS	转换开关	HZ10-10/3	1 只
FU_1、FU_2	熔断器	RL1-15	5 只

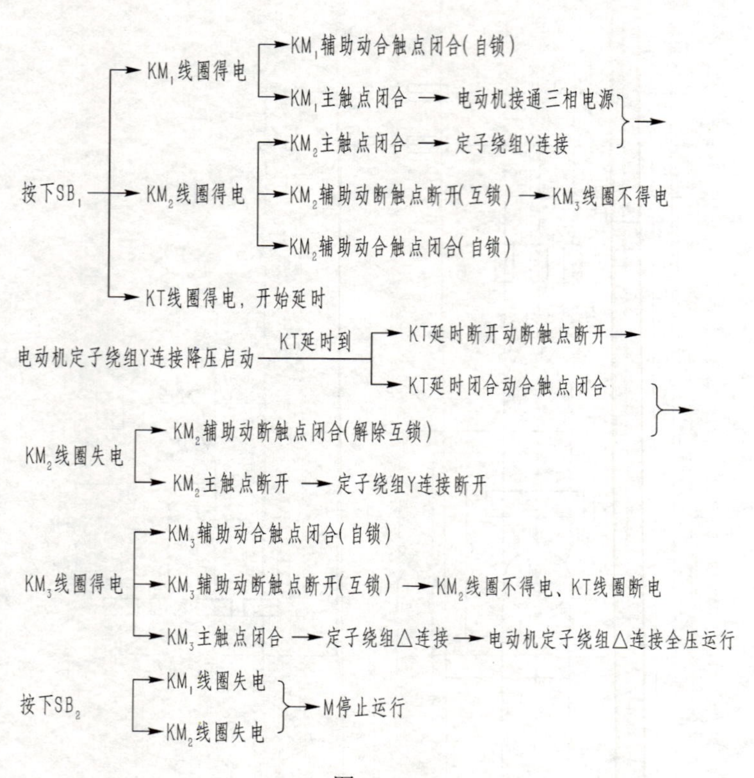

图 10-8

KM_1、KM_2、KM_3	交流接触器	CJX1-12/22	3只
FR	热继电器	JR36-20	1只
SB_1、SB_2	控制按钮	LA4-2H	1组（2只）
XT	接线端	TB-1510L	3
M	三相异步电动机	Y-100L1-4	1台
	导线	BV-1.0 BVR-0.75	若干
	编码套管		若干
	电工工具		1套
	万用表	MF-47	1只

（四）电气元件布置图

星三角降压启动控制布置图如图 10-9 所示。

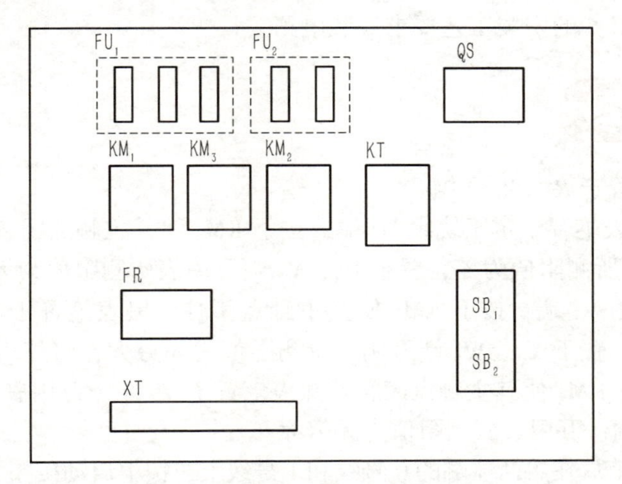

图 10-9　星三角降压启动控制布置图

（五）电气元件接线图

星三角降压启动控制接线图如图 10-10 所示。

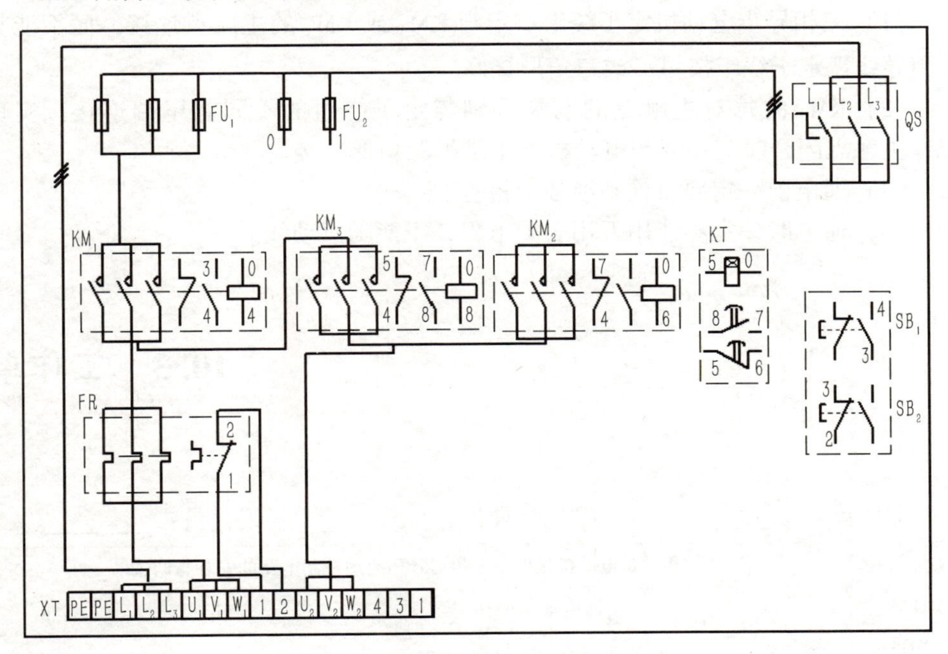

图 10-10　星三角降压启动控制接线图

五、安装

按照前项目 6 的安装工艺要求安装电路。

六、自检

把万用表置于 $R\times100\ \Omega$ 挡。

（1）将红表笔置于定子绕组 U_1 端，按下 KM_3 使其主触点闭合，黑表笔置于 W_2 端，万用表所测阻值为零，置于 U_2、V_2 端万用表所测阻值为无穷大；将红表笔置于定子绕组 V_1 端，按下 KM_3 使其主触点闭合，黑表笔置于 U_2 端，万用表所测阻值为零，置于 V_2、W_2 端万用表所测阻值为无穷大；将红表笔置于定子绕组 W_1 端，按下 KM_3 使其主触点闭合，黑表笔置于 V_2 端，万用表所测阻值为零，置于 U_2、W_2 端，万用表所测阻值为无穷大。

（2）两表笔放在熔断器端的 0 号线和 1 号线上，按下启动按钮 SB_1，如果所测阻值为无穷大，则为断路；如果所测阻值为零，则为短路，排除故障后才能试车。

七、安装过程注意事项

（1）三相异步电动机定子绕组一定与 KM_2 或 KM_3 的主触点连接，而不能直接用导线把定子绕组按星形或三角形接好。

（2）KM_3 的每对主触点的两端分别与定子绕组的不同首尾端连接，实现 KM_3 主触点闭合时三相异步电动机定子绕组三角形连接。

（3）通电前一定要自检和经教师检查。

（4）通电时一定不能用万用表测电阻，不能随意动线。

10.3 工作单

操作员：________　　“7S”管理员：________　　记分员：________

实训项目	三相异步电动机星形—三角形降压启动控制电路的安装与调试				
实训时间		实训地点		实训课时	8
使用设备					

续表

<table>
<tr><td>制订实训计划</td><td colspan="2"></td></tr>
<tr><td rowspan="10">实施</td><td>主电路绘制</td><td>控制电路绘制</td></tr>
<tr><td></td><td></td></tr>
<tr><td colspan="2">所需元器件和工具清单
<table>
<tr><th>代号</th><th>名称</th><th>型号</th><th>数量</th></tr>
<tr><td></td><td></td><td></td><td></td></tr>
<tr><td></td><td></td><td></td><td></td></tr>
<tr><td></td><td></td><td></td><td></td></tr>
<tr><td></td><td></td><td></td><td></td></tr>
<tr><td></td><td></td><td></td><td></td></tr>
<tr><td></td><td></td><td></td><td></td></tr>
<tr><td></td><td></td><td></td><td></td></tr>
</table></td></tr>
<tr><td colspan="2">电路元器件布局图</td></tr>
<tr><td colspan="2"></td></tr>
<tr><td colspan="2">电路接线图</td></tr>
<tr><td colspan="2"></td></tr>
<tr><td>元器件检测</td><td></td></tr>
<tr><td>控制电路安装</td><td></td></tr>
<tr><td>主电路安装</td><td></td></tr>
<tr><td rowspan="4">检查（填写检测方法）</td><td>控制电路线路检测</td><td></td></tr>
<tr><td>主电路线路检测</td><td></td></tr>
<tr><td>线路整体功能检测</td><td></td></tr>
<tr><td>线路安装工艺检查</td><td></td></tr>
</table>

续表

评价	作品评定	根据作品的功能、工艺、安全操作三方面评定成绩
	学生自评	根据评分表打分
	学生互评	互相交流，取长补短
	教师评价	综合分析，指出好的方面和不足的方面

星三角降压启动控制电路的故障现象及排除方法		
序号	故障现象	排除方法
故障 1		
故障 2		
故障 3		
故障 4		
故障 5		

项目评分表

本项目合计总分：________

项目	评分点	分值	评分标准	得分
电路图	制图规范	2 分	制图潦草，徒手绘图不得分	
	图形符号	3 分	图形符号不符合标准符号要求，每处扣 1 分； 没有元器件字母符号说明，每处扣 1 分	
	原理正确	5 分	电路图中元器件符号位置放错或漏画元器件不能实现要求的功能，每处扣 1 分	
安装与调试	元器件的检测	10 分	若出现元器件是坏的，不能正常工作，每个扣 5 分	
	元器件的安装	10 分	1. 元器件布置不整齐、不匀称、不合理，每个扣 2 分； 2. 元器件安装不牢固、安装元器件时漏装螺钉，每个扣 1 分； 3. 损坏元器件，每个扣 5 分	

续表

项目	评分点	分值	评分标准	得分
安装与调试	布线	10分	1. 电动机运行正常，但未按电路图接线，扣2分； 2. 布线不横平竖直，每根扣1分，最多扣3分； 3. 接点松动、露铜过长、反圈、压绝缘层，标记线号不清楚、遗漏或误标，每处扣1分； 4. 损伤导线绝缘或线芯，每根扣1分； 5. 导线乱线敷设，扣5分； 6. 导线漏接、脱落，每处扣1分，最多扣3分； 7. 同一接线端子上连接导线超过2条，第处0.5分，最多扣2分	
	自检	10分	1. 若通电后按下启动按钮，控制电路出现短路或断路，扣10分； 2. 自检后未互锁，扣5分； 3. 自检后，KM_2 主触点未实现接入电动机的电源相序是负相序，扣5分	
	一次试车后的工作过程	15分	1. 按下启动按钮，电动机降压启动，得3分； 2. 松开启动按钮，电动机连续运转，得2分； 3. 延长一定时间后，电动机全压运转，得4分； 4. 电动机能较长时间正常运行，不拉动，无明显噪声，得2分； 5. 按下停止按钮，电动机停止运转，得4分	
	调试	15分	二次试车不成功扣5分，三次试车不成功扣15分	
安全规范操作	完成工作任务的所有操作是否符合安全操作规程	10分	1. 符合要求，得10分； 2. 基本符合要求，得8分； 3. 一般，得6分	
	工具摆放、导线线头等的处理是否符合职业岗位的要求	5分	1. 符合要求，得5分； 2. 基本符合要求，得4分； 3. 一般，得3分	
	遵守实训室纪律，爱惜实训室的设备和器材，保持工位整洁	5分	1. 符合要求，得5分； 2. 未做到，不得分	
奖励	用时最短的3个工位（时间由短到长排列）分别加3分、2分、1分			
违规	1. 违反操作规程使自身或他人受到伤害扣30分； 2. 不符合职业规范的行为，视情节扣5~10分； 3. 完成项目用时最长的3个工位（时间由长到短排列）分别扣3分、2分、1分			

10.4 课后练习

一、绘图题

绘制三相异步电动机星三角降压启动控制原理图。

二、选择题

1. 电动机若采用星三角降压启动时，其启动电流为全压启动的（　　）。

A. $1/\sqrt{3}$　　B. 1/3　　C. 3 倍

2. 三相异步电动机铭牌上标明："额定电压 220 V/380 V，接法 Y-△"。当电网电压为 380 V 时，这台三相异步电动机应采用（　　）。

A. △接法　　B. Y 接法

C. △、Y 接法都可以

3. 下列时间继电器的触点中，通电延时闭合的动合触点是（　　）。

A.　　B.　　C.

4. 电源线电压为 380 V，三相异步电动机定子每相绕组的额定电压为 220 V 时，能否采用 Y-△启动？

A. 不能　　B. 能　　C. 不确定

5. 根据时间继电器触点的延时通断情况，它的延时触点共有（　　）种形式。

A. 4　　B. 2　　C. 3

三、填空题

1. 星三角降压启动的电动机在正常运行时，电动机定子绕组是________连接的。

2. 时间继电器按延时方式可以分为________延时型和________延时型。

3. 通电延时型时间继电器有两个延时动作触点，________是其延时断开动断触点；　是其________触点。

4. 断电延时型时间继电器有两个延时动作触点，　是其________；________是其延时闭合动断触点。

四、简答题

运行星三角降压启动控制电路出现以下故障时，试分析其故障原因及解决方法。

1. 一按启动按钮 SB_2，KM_2 和 KM_3 就"噼啪噼啪"切换不能吸合。

2. 电动机星形启动正常，三角形运行缺相。

项目 11 CDS6132 车床电气控制与故障检修

车床是机械加工中应用最广泛的一种机床，它可用来车削工件的内圆、外圆、端面、螺纹等。除使用车刀以外，还可使用钻头、铰刀和镗刀等刀具对工件进行加工。车床的种类很多，按结构形式的不同可分为卧式车床、立式车床等，本项目以 CDS6132 型卧式车床为例进行车床电气控制分析。

11.1 任务书

一、任务单

<table>
<tr><td>项目 11</td><td>CDS6132 车床电气控制分析与故障检修</td><td>工作任务</td><td colspan="2">1. 绘制 CDS6132 车床主轴电动机电路原理图；
2. 绘制 CDS6132 车床冷却泵电动机电路原理图；
3. 根据原理图检测元器件；
4. 排除故障</td></tr>
<tr><td>学习内容</td><td colspan="2">1. 学习 CDS6132 车床主电路的检修；
2. 学习 CDS6132 车床控制电路的检修；
3. 学习照明电路、信号电路的检测；
4. 学习万用表的使用</td><td>教学时间/学时</td><td>15</td></tr>
<tr><td>学习目标</td><td colspan="4">1. 能分析 CDS6132 车床主轴电动机电路原理图的工作原理和控制过程；
2. 能绘制 CDS6132 车床控制电路原理图；
3. 学会使用万用表检测低压电器和电动机的好坏；
4. 学会对工具和器材的“7S”现场规范管理（包括工具摆放、清理导线、连线颜色区分和线头工艺要求等）；
5. 学会对主电路和控制电路进行检测；
6. 对电路所出现的简单故障能进行分析并排除</td></tr>
<tr><td rowspan="2">思考题</td><td colspan="4">1. 简述该电路的分析方法及步骤。</td></tr>
<tr><td colspan="4"></td></tr>
</table>

续表

思考题	2. 分析主轴电动机控制过程。
	3. 分析冷却泵电路的控制过程。

二、CDS6132 车床实物图

CDS6132 车床实物如图 11-1 所示。

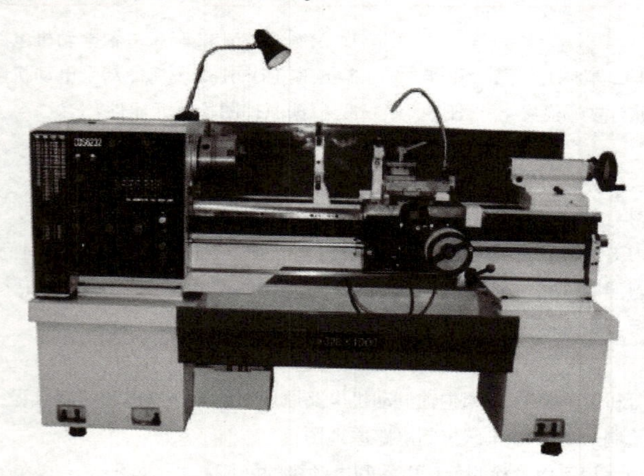

图 11-1　CDS6132 车床实物

三、资讯途径

序号	资讯类型	序号	资讯类型
1	上网查询	5	安装与调试的标准和规范
2	机电类图书资料（教材、指导书）	6	常用电工仪表工具的使用方法
3	电路元器件信息	7	机床维修类图书
4	绘制电路图的规则		

11.2　学习指导

一、训练目的

（1）学会分析典型机床电路的方法。
（2）熟悉 CDS6132 车床主轴电动机电路控制原理。
（3）学会检测 CDS6132 车床电路及故障排除。

二、参考安装检修步骤

（1）清点工具。
（2）辅助电路检测。
（3）主电路的检测。

三、操作重点及难点

（1）识读原理图。
（2）对 CDS6132 车床电路的工作过程分析。
（3）简单故障检测与排除。

四、CDS6132 车床主轴电动机控制电路相关理论知识

（一）电路原理图

CDS6132 车床电路原理图如图 11-2 所示。

（二）电气控制电路分析

CDS6132 车床的电气控制电路由主电路、控制电路、照明电路三部分组成。

1. 主电路

（1）电源由转换开关 QF 引入。
（2）主电路有两台电动机：M_2 为主轴电动机，拖动车床的主运动和进给运

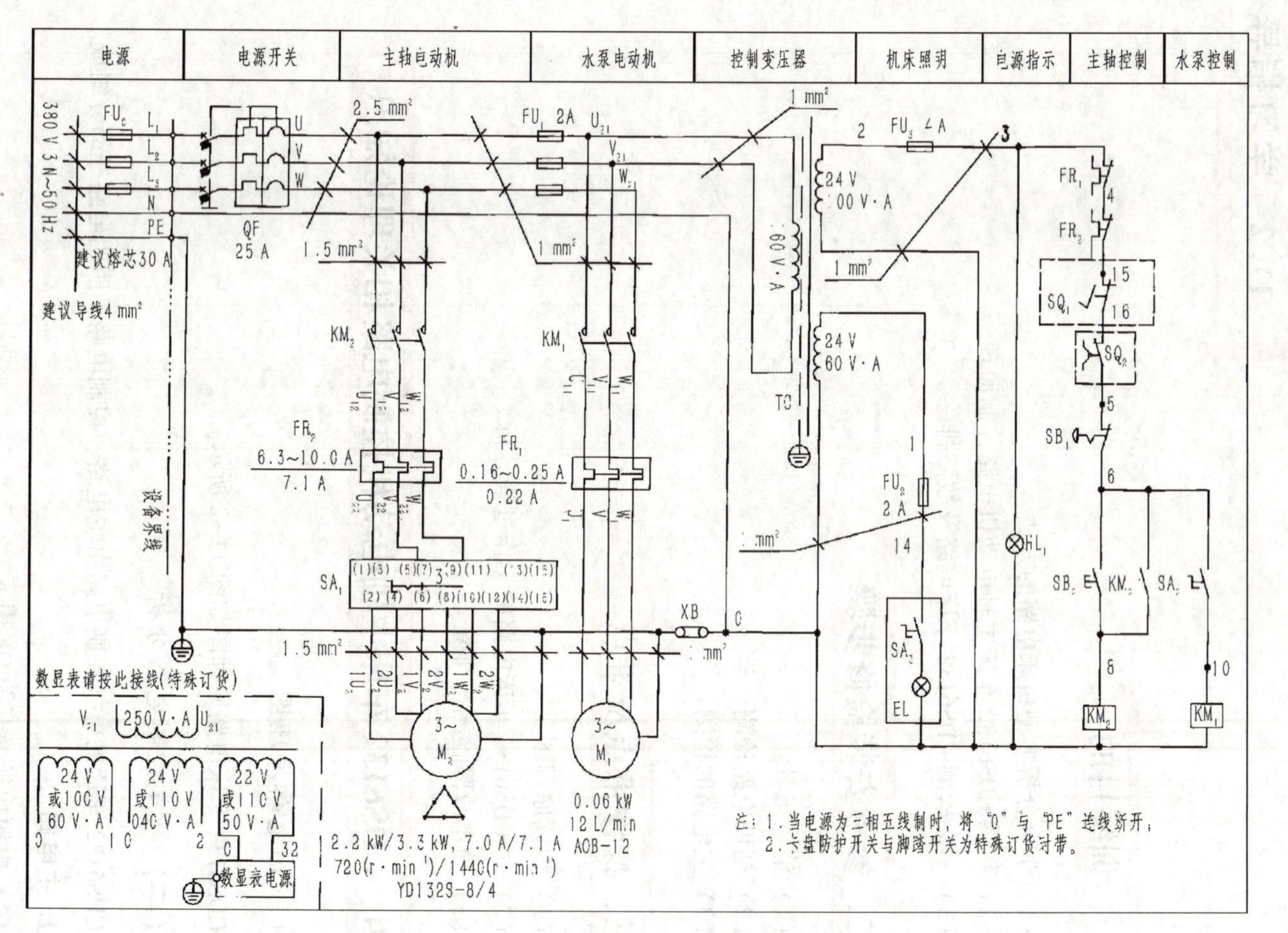

图 11－2　CDS6132 车床电路原理图

动，其运转和停止由接触器 KM_2 控制，由于电动机的容量不大，故可采用直接启动；M_1 为水冷却泵电动机，其作用是不断地向工件和刀具输送切削液，以降低在切削过程中产生的高温，起到冷却作用，它根据加工工件的需要考虑是否打开冷却泵开关。

（3）热继电器 FR_1 和 FR_2 分别对冷却电动机 M_1 和主轴电动机 M_2 进行过载保护。进入车床前的电源处已装有熔断器 FU_0，因此主轴电动机没有加熔断器作短路保护；熔断器 FU_1 对切削液泵电动机短路保护。

2. 控制电路

控制电路的电源由控制变压器 TC 将 380 V 降为 24 V 供电，并由熔断器 FU_3 作短路保护。热继电器 FR_1 和 FR_2 的动断触点串联在控制电路中，电动机过载时，其动断触点断开，控制电路断电，电动机停止。

（1）主轴电动机控制。主轴电动机控制电路如图 11-2 原理图所示，按下启动按钮 SB_2，KM_2 线圈得电，KM 主触点闭合，主轴电动机 M_2 启动；按下停止按钮 SB_1，使接触器 KM_2 失电，主触点 KM_2 断开，使主轴电动机 M_2 停止。

（2）切削液泵电动机控制。切削液泵电动机控制电路如图 11-2 原理图所示，合上启停开关 SA_2，接触器 KM_1 得电，其触点 KM_1 闭合，切削液泵电动机 M_1 启动。

3. 照明、信号电路和保护环节

这一部分控制电路比较简单，可参照原理图进行分析。照明灯 EL 由控制变压器 TC 二次侧电压 24 V 供电，通断由开关 SA_3 控制，熔断器 FU_2 作短路保护；指示灯 HL 由二次侧电压 24 V 供电，熔断器 FU_3 作短路保护。当电源开关 QF 合上后，指示灯 HL 亮，表示车床已开始工作。

当电动机出现故障，使其外壳带电或控制变压器 TC 的一次绕组和二次绕组发生短路时，可通过公共端 XB 接地，保护操作人员的人身安全。

（三）元器件及工具清单

元器件及工具清单如表 11-1 所示。

表 11-1 元器件及工具清单

项目代号	名称和用途	型号、规格及技术数据	数量
SB_1	急停自锁式蘑菇头按钮	LAY3-01ZS/1	1
SB_2	主轴启动按钮	LAY3-10	1
SA_2	水泵旋钮	LAY3-10X/2	1
SA_1	主轴变速开关	LW5-16 5.5S/4 定位式 8 级 3 位 $\Phi70$ 黑色旋钮手柄	1

续表

项目代号	名称和用途	型号、规格及技术数据	数量
KM_1	交流接触器	CJX1-9/10 线圈电压 24V 50Hz	1
KM_2	交流接触器	CJX1-12/10 线圈电压 24V 50Hz	1
FR_1	热继电器	JRS3-12. 5/Z-0C $\frac{0.16 \sim 0.25}{0.22}$ A	1
FR_2	热继电器	JRS3-25/Z-1J $\frac{6.3 \sim 10}{7.1}$ A	1
QF	电源开关	DZ15-40/3902 380 V，25 A	1
FU_1 FU_2 FU_3	熔断器 熔断器 熔断器	2 A 2 A 4 A	3 1 1
TC	变压器	JBK2-160 380 V/24 V；100 V · A /24 V；60 V · A	1
HL_1	信号灯	AD-11/B 24 V，LED 灯	1
EL	照明灯	JC-10 20 V，40 W 灯泡	1
M_1	水泵电动机	A0B-12 0. 06 kW	1
M_2	主轴电动机	YD132S-8/4 绝缘等级 BJP44 2. 2 kW/3. 3 kW 50 Hz，720（r/min^{-1}）/1 440（r/min^{-1}） 380 V	1
注：其中有些电气元件具体型号参见现场实物			

（四）电气元件接线图

CDS6132 车床接线图如图 11-3 所示。

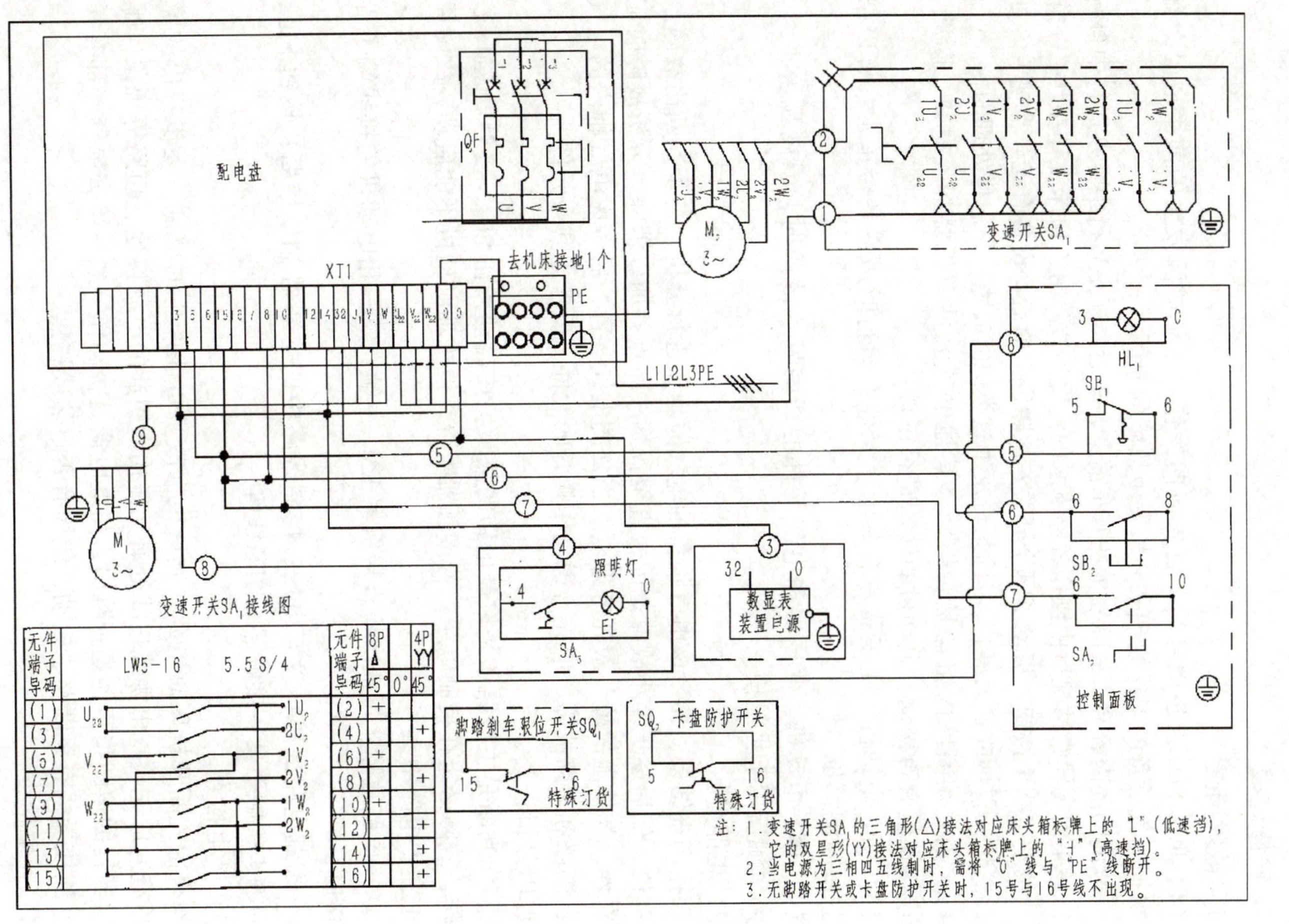

图 11-3　CDS6132 车床接线图

（五）故障检修

1. 检修过程

1）故障调查

（1）问：机床发生故障后，首先应向操作者了解故障发生的前手情况，有利于根据电气设备的工作原理来分析发生故障的原因。

一般询问的内容有：故障发生在开车前、开车后，还是运行中？是运行中自行停车，还是发现异常情况后由操作者停下来的？发生故障时，机床工作在什么工作顺序，按动了哪个按钮，扳动了哪个开关？故障发生前后，设备有无异常现象（如响声、气味、冒烟或冒火等）？以前是否发生过类似的故障，是怎样处理的？

（2）看：熔断器内熔丝是否熔断，其他电气元件有无烧坏、发热、断线，导线连接螺丝有否松动，电动机的转速是否正常。

（3）听：电动机、变压器和有些电气元件在运行时声音是否正常，可以帮助寻找故障的部位。

（4）摸：电动机、变压器和电气元件的线圈发生故障时，温度显著上升，可切断电源后用手去触摸。

2）电路分析

根据调查结果，参考该电气设备的电气原理图进行分析，初步判断出故障产生的部位，然后逐步缩小故障范围，直至找到故障点并加以消除。分析故障时应有针对性，如接地故障一般先考虑电气柜外的电气装置，后考虑电气柜内的电气元件；断路和短路故障，应先考虑动作频繁的元件，后考虑其余元件。

原因分析：

① 先判断是主线路还是控制电路的故障：按启动按钮 SB_2，接触器 KM_2 若不动作，故障必定在控制电路；若接触器吸合，但主轴电动机不能启动，故障原因必定在主电路中。

② 主电路故障：可依次检查接触器 KM_2 主触点及三相电动机的接线端子等是否接触良好。

③ 控制电路故障：没有电压；控制线路中的熔断器 FU_3 熔断；按钮 SB_1、SB_2 的触头接触不良；接触器线圈断线等。

3）断电检查

检查前先断开机床总电源，然后根据故障可能产生的部位，逐步找出故障点。检查时应先检查电源线进线处有无碰伤而引起的电源接地、短路等现象，螺旋式熔断器的熔断指示器是否跳出，热继电器是否动作。然后检查电气外部有无损坏，连接导线有无断路、松动，绝缘有否过热或烧焦。

4）通电检查

断电检查未找到故障时，可对电气设备作通电检查。

在通电检查时，要尽量使电动机和其所传动的机械部分脱开，将控制器和转换开关置于零位，行程开关还原到正常位置。然后用万用表检查电源电压是否正常，有无缺相或严重不平衡现象。再进行通电检查，检查的顺序为：先检查控制电路，后检查主电路；先检查辅助系统，后检查主传动系统；先检查交流系统，后检查直流系统。合上开关，观察各电气元件是否按要求动作，有否冒火、冒烟、熔断器熔断的现象，直至查到发生故障的部位。

2. 可能出现的故障及其原因

（1）KM_2 不吸合，主轴电动机 M_2 不启动。

故障原因应在控制电路中，可依次检查熔断器 FU_3，热继电器 FR_1 和 FR_2 的动断（常闭）触头，停止按钮 SB_1，启动按钮 SB_2 和接触器 KM_2 的线圈是否断路，以及 KM_2 自锁触点是否能吸合。

（2）KM_2 吸合，主轴电动机不启动。

故障原因应在主电路中，可依次检查接触器 KM_2 的触头，热继电器 FR_2 的热元件接线端及三相电动机的接线端。

（3）主轴不停车。

故障原因多数是接触器 KM_2 的铁芯极面上的油污使上下铁芯不能释放或 KM_2 的主触头发生熔焊，或停止按钮 SB_1 的动断（常闭）触头短路。应切断电源，清洁铁芯极面的污垢或更换触点，即可排除故障。

（4）主轴只能瞬时启动。

故障原因可能是主轴电动机不能自锁，当按下按钮 SB_2 时，电动机能运转，但放松按钮后电动机即停转，是由于接触器 KM_2 的自锁触点接触不良或位置偏移、卡阻现象引起的故障。这时只要将接触器 KM_2 自锁触点进行修整或更换即可排除故障。辅助常开触点的连接导线松脱或断裂也会使电动机不能自锁。

5）QF 经常跳闸

故障原因可能是短路、缺相、欠电压。

6）照明灯不亮

故障分析：24 V 电源没有输出，FU_2 断开，SA_3 开关损坏，灯头灯泡损坏，电路断路。

11.3　工作单

操作员：________　　“7S”管理员：________　　记分员：________

实训项目	CDS6132 车床电路检修				
实训时间		实训地点		实训课时	10
使用设备					

续表

<table>
<tr><td>实训项目</td><td colspan="4">CDS6132 车床电路检修</td></tr>
<tr><td>制订实训计划</td><td colspan="4"></td></tr>
<tr><td rowspan="2">电路绘制和工作过程分析</td><td colspan="2">主轴电动机电路</td><td colspan="2">冷却泵电动机电路</td></tr>
<tr><td colspan="2"></td><td colspan="2"></td></tr>
<tr><td rowspan="10">实施</td><td colspan="4">所需元器件和工具清单</td></tr>
<tr><td>代号</td><td>名称</td><td>型号</td><td>数量</td></tr>
<tr><td></td><td></td><td></td><td></td></tr>
<tr><td></td><td></td><td></td><td></td></tr>
<tr><td></td><td></td><td></td><td></td></tr>
<tr><td></td><td></td><td></td><td></td></tr>
<tr><td></td><td></td><td></td><td></td></tr>
<tr><td></td><td></td><td></td><td></td></tr>
<tr><td colspan="2">主轴电动机电路工作过程分析</td><td colspan="2"></td></tr>
<tr><td colspan="2">冷却泵电路工作过程分析</td><td colspan="2"></td></tr>
<tr><td rowspan="4">检查（填写检测方法）</td><td colspan="2">主电路线路检测</td><td colspan="2"></td></tr>
<tr><td colspan="2">控制电路线路检测</td><td colspan="2"></td></tr>
<tr><td colspan="2">线路整体功能检测</td><td colspan="2"></td></tr>
<tr><td colspan="2">线路安装工艺检查</td><td colspan="2"></td></tr>
<tr><td rowspan="6">CDS6132 机床主轴电动机控制电路故障现象及排除方法</td><td>序号</td><td>故障现象</td><td colspan="2">排除方法</td></tr>
<tr><td>故障 1</td><td></td><td colspan="2"></td></tr>
<tr><td>故障 2</td><td></td><td colspan="2"></td></tr>
<tr><td>故障 3</td><td></td><td colspan="2"></td></tr>
<tr><td>故障 4</td><td></td><td colspan="2"></td></tr>
<tr><td>故障 5</td><td></td><td colspan="2"></td></tr>
<tr><td rowspan="4">评价</td><td colspan="2">作品评定</td><td colspan="2">根据作品的功能、工艺、安全操作三方面评定成绩</td></tr>
<tr><td colspan="2">学生自评</td><td colspan="2">根据评分表打分</td></tr>
<tr><td colspan="2">学生互评</td><td colspan="2">互相交流，取长补短</td></tr>
<tr><td colspan="2">教师评价</td><td colspan="2">综合分析，指出好的方面和不足的方面</td></tr>
</table>

项目评分表

本项目合计总分：________

1. 功能考核标准（80 分）

工位号________　　　　成绩________

项目	评分项目	分值		评分标准	得分
提交	填写工作单	10 分	10 分	工作单填写正确，无漏写、错写得 10 分	
初始状态	使用万用表检测元器件	25 分	15 分	每个元器件的每个触点或接线端子都被检测得 15 分； 未检测 1 处扣 1 分，最多扣 15 分	
	各个元器件能正常工作		5 分	经万用表检测后能确认是好的得 5 分，若出现一个是坏的，不能正常工作扣 2 分，最多扣 5 分	
	在运行之前必须检查电路		5 分	不带电接线，在运行之前必须重新检查一遍电路，保证各个开关是断开的，熔断器是好的得 5 分； 出现 1 处错误扣 1 分，最多扣 5 分； 未重新检查电路扣 5 分	
按钮控制	按下“总停”按钮 SB_1	40 分	10 分	所有电动机停止运转得 10 分	
	按下启动按钮 SB_2		10 分	主轴电动机 M_2 立即转动得 10 分	
	按下冷却开关 SA_2		10 分	冷却泵电动机能立即工作得 10 分	
	按下开关 SA_3		10 分	照明灯 HL 亮得 10 分	
工作过程	电动机运行	5 分	2 分	电动机能较长时间正常运行，不抖动，无明显噪声得 2 分；若出现故障扣 2 分	
	故障排除		3 分	在运行时如果有故障，能排除故障让电动机正常运转得 3 分	

2. 工艺评分标准（10分）

工位号________　　　　　　　　　　　　　　　　　　成绩________

项目	项目配分	评分点	配分	评 分 标 准	得分
电路图	10分	制图规范	3分	制图潦草，徒手绘图另扣5分	
		图形符号	3分	图形符号不符合标准符号要求，每处扣1分； 没有元器件字母符号说明，每处扣1分，最多扣3分	
		原理正确	4分	电路图中元器件符号位置放错或漏画元器件不能实现要求的功能，可能造成设备或元器件损坏，每处扣1分，最多扣4分	

3. 安全操作评分标准（10分）

工位号________　　　　　　　　　　　　　　　　　　成绩________

项目	评分点	配分	评 分 标 准	得分
职业与安全知识	完成工作任务的所有操作是否符合安全操作规程	5分	符合要求得5分，基本符合要求得3分，一般得1分	
	工具摆放、包装物品、导线线头等的处理是否符合职业岗位的要求	3分	符合要求得3分，有两处错误得1分，两处以上错误不得分	
	遵守实训室纪律，爱惜实训室的设备和器材，保持工位整洁	2分	符合要求得2分，未做到扣2分	
项目	加分项目及说明			加分
奖励	1. 整个操作过程对工位进行“7S”现场管理和工具器材摆放规范到位的加10分； 2. 用时最短的3个工位（时间由短到长排列）分别加5分、3分、1分			
项目	扣分项目及说明			扣分
违规	1. 电路短路扣30分； 2. 违反操作规程使自身或他人受到伤害扣10分； 3. 不符合职业规范的行为，视情节扣5~10分； 4. 完成项目用时最长的3个工位（时间由长到短排列）分别扣5分、3分、1分			

11.4　课后练习

一、绘图题

绘制 CDS6132 车床主轴电动机电路原理图和冷却泵电路原理图。

二、选择题

1. 机床电路中，为了保证人身安全，一般要求对机床中主轴电动机和冷却泵采取（　　）措施。

A. 保护接地　　B. 保护接零　　C. 星形连接　　D. 三角形连接

2. CDS6132 型卧式车床的电气控制电路由（　　）、控制电路和照明电路三部分组成。

A. 保护电路　　B. 主电路　　C. 冷却泵　　D. 元器件和导线

3. 接触器线圈通电，其常闭触头（　　），常开触头（　　）。

A. 闭合；断开　　B. 闭合；闭合

C. 断开；断开　　D. 断开；闭合

4. 熔断器（　　）联于被保护的电路中，主要起（　　）保护作用。

A. 串；缺相　　B. 串；短路

C. 并；缺相　　D. 并；短路

5. 机床上的低压照明灯，其电压不应超过（　　）。

A. 36 V　　B. 110 V　　C. 12 V

6. 对电气设备进行停电检修时，确定有无电压的根据是（　　）。

A. 开关已经拉开

B. 电流表无指示

C. 指示灯熄灭

D. 用合格的试电笔证明电气设备确无电压

7. 下列选项中哪一个不是电气控制系统中常设的保护环节？（　　）

A. 过电流保护　　B. 短路保护

C. 过载保护　　D. 过电压保护

8. 机床电气控制系统中用作传递信号的电器是（　　）。

A. 交流接触器　　B. 控制按钮

C. 继电器　　D. 行程开关

9. 负载减小时，变压器的一次绕组电流将（　　）。

A. 增大　　B. 不变　　C. 减小　　D. 无法判断

10. 变压器传递功率的能力是用（　　）表示。

A. 有功功率　　B. 无功功率　　C. 视在功率　　D. 瞬时功率

11. 同一台变压器在不同负载下效率也不同，一般在（　　）额定负载时效率最高。

A. 30%～40%　　B. 40%～60%

C. 60%～80%　　D. 80%～100%

12. 三相交流鼠笼式异步电动机旋转磁场的转向取决于三相交流电源的(　　)。

A. 相位　　B. 频率　　C. 相序　　D. 幅值

13. 在对机床进行故障检修时，一般按照故障检查、（　　）、断电检查和通电检查四个步骤进行。

A. 元器件检测　　B. 判断主电路的好坏

C. 判断控制电路的好坏　　D. 电路分析

三、判断题

1. 在对机床电路进行检修时，可以带电检测电阻，以便排除故障。　（　　）
2. 在机床电路的控制电路中可以不接熔断器。　（　　）
3. 熔断器在安装时，下接线柱在下方，上接线柱在上方。　（　　）
4. 一个电气元件接线端子上的连接导线不得多于三根。　（　　）
5. 布线应横平竖直，转死角，看上去整齐、美观。　（　　）

四、简答题

1. 简述检修机床的一般步骤。
2. 简述检修机床的安全注意事项。
3. 变压器的主要用途是什么？其基本结构是怎样的？

五、社会实践题

车床加工属于机械加工种别，CDS6132 车床在切削工件时，为了避免热量使工件变形影响加工精度，也为了避免工件与刀具摩擦产生热量而烧刀，就需要进行冷却。水箱就是装冷却液的装置，它一般在机床底座部位，并由一台水泵和水管等组成一个冷却系统，在加工的同时对工件进行冷却处理，冷却泵电路到底是怎样设计和安装的呢？安装并调试 CDS6132 机床冷却泵电路。

项目 12 电动机点动运行 PLC 控制

随着微电子技术和计算机技术的迅猛发展，工业环境中可编程逻辑控制器（简称 PLC）用得越来越广泛，它采用了可编程序的存储器通过数字的、模拟的输入和输出，控制各种类型的机械或生产，促进了工业生产向自动化和智能化发展。本项目以在花园中要安装一个小型喷泉（见图 12-1）为工程案例，讲解如何采用 PLC 实现项目控制。

12.1 任务书

一、任务单

<table>
<tr><td>项目 12</td><td>电动机点动运行 PLC 控制</td><td>工作任务</td><td colspan="2">1. 了解 PLC 的产生、定义、特点、应用范围、发展趋势；
2. 了解 PLC 的硬件和软件；
3. 根据点动控制原理图安装连接电路；
4. 编写小型喷泉程序，实现 PLC 点动控制</td></tr>
<tr><td>学习内容</td><td colspan="2">1. 学习 PLC 的硬件和软件；
2. 分析点动控制电路原理图，安装连接 PLC 控制线路；
3. 编写小型喷泉 PLC 点动控制程序；
4. 学习 PLC 控制电路布线工艺</td><td>教学时间/学时</td><td>10</td></tr>
<tr><td>学习目标</td><td colspan="4">1. 掌握 PLC 中的输入、输出继电器的应用；
2. 掌握基本逻辑指令 LD、LDI、AND、ANI、OUT、END 的应用；
3. 了解 PLC 实现控制的基本工作步骤；
4. 会应用 PLC 实现电动机的单向点动运行控制</td></tr>
</table>

续表

思考题	1. 可编程控制器有什么基本特点？查阅相关资料回答。
	2. 简述 PLC 的外部结构。
	3. 简述 PLC 的工作原理。查阅相关资料回答。

二、小型喷泉点动控制实物图

在花园中要安装一个小型喷泉如图 12-1 所示。任务要求：当按下按钮时，开始喷泉；松开按钮，停止喷泉。

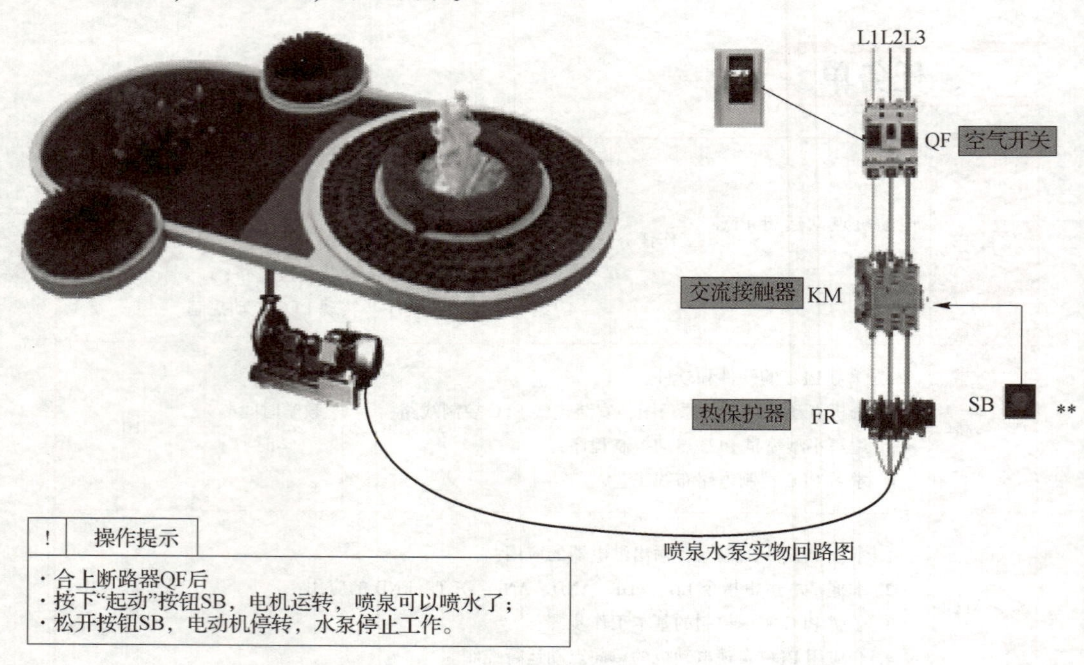

图 12-1 小型喷泉点动控制实物图及电路

三、资讯途径

序号	资讯类型
1	上网查询
2	机电类图书资料（教材，指导书）
3	电路元器件信息
4	绘制电路图的规则
5	安装与调试的标准和规范

12.2 学习指导

一、训练目的

（1）掌握 PLC 中的输入、输出继电器的应用。

（2）掌握基本逻辑指令 LD、LDI、AND、ANI、OUT、END 的应用。

（3）了解 PLC 实现控制的基本工作步骤。

（4）会应用 PLC 实现电动机的单向点动运行控制。

二、参考安装修步骤

（1）工具和元器件清单整理。

（2）检测元器件的好坏。

（3）参照点动控制布置图安装元器件。

（4）参照点动控制接线图布线。

（5）经指导教师检测后通电试车。

（6）如出现故障，分析故障原因并排除。

三、操作重点及难点

（1）基本逻辑指令 LD、LDI、AND、ANI、OUT、END 的应用。

（2）应用 PLC 实现电动机的单向点动运行控制。

四、PLC 单向点动控制相关理论知识

（一）认识原理图

本项目喷泉电动机属于单向点动控制，其继电器-接触器电气原理图如图 12-2 所示。合上断路器 QF 后，按下起动按钮 SB1，主回路中 KM 吸合，电机运转，水泵工作，喷泉可以喷水了；松开按钮 SB1，电动机停转，水泵停止工作。其功能是典型的电动机点动运行控制。图 12-2 中，用继电器、接触器符号画出了水泵电动机的主电路图和控制电路图。

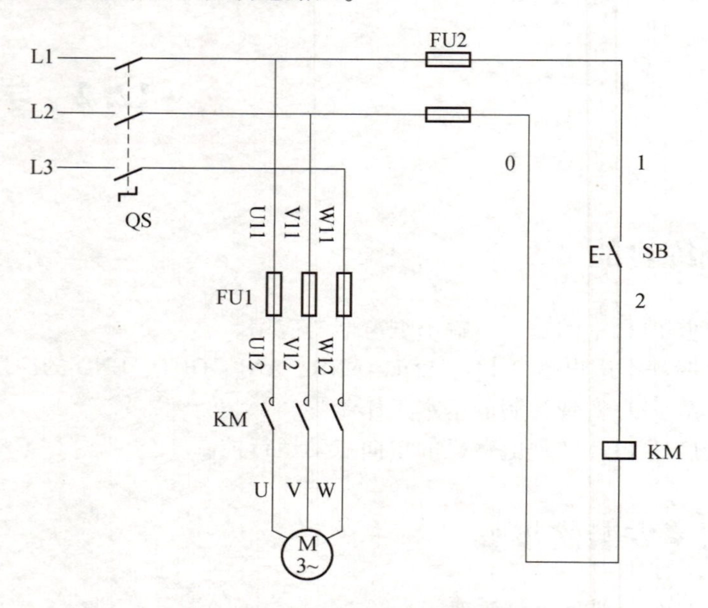

图 12-2　电动机点动控制原理图

（二）相关知识储备

PLC 外部结构如图 12-3 所示。

1. PLC 外部结构

（1）RS232 口。该口与 PC 机通讯编程，也可连接其它外围设备。

（2）电池座：放外置锂电池，寿命 5 年左右。

（3）电源输入端子。主机有交、直流电源两种类型，交流型接 100-240V 交流电源，直流型接 24V 直流电源。

（4）输出端子。该端子板为两头带螺丝可拆卸的板。

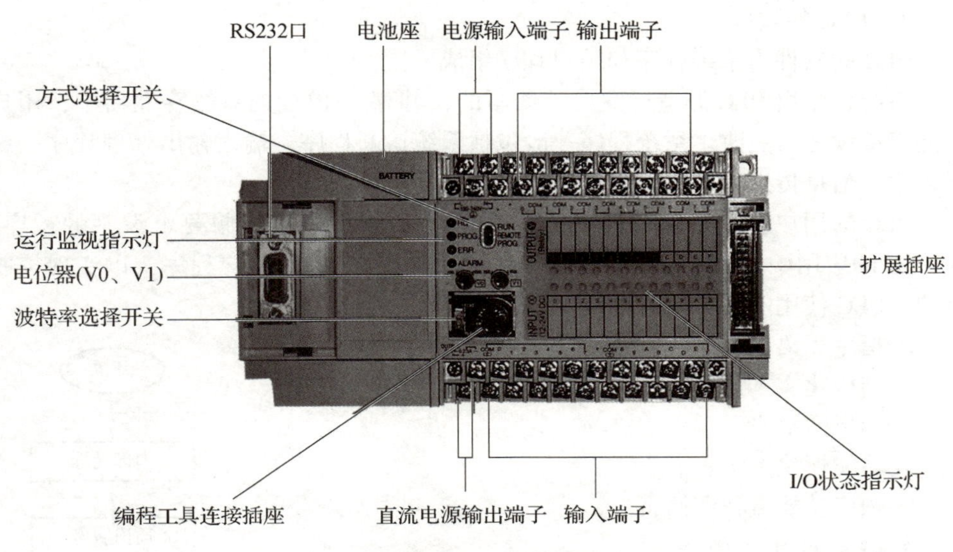

图 12-3　PLC 外部结构

2. PLC 的硬件与软件

1）PLC 的硬件构成

PLC 种类繁多，功能多样，但由于 PLC 实质上是一种工业控制计算机，所以同样具有计算机的典型结构，即由硬件和软件两部分组成。硬件主要包括中央处理器（CPU）、存储器、输入接口、输出接口、通信接口、扩展接口、电源等部分，如图 12-4 所示。

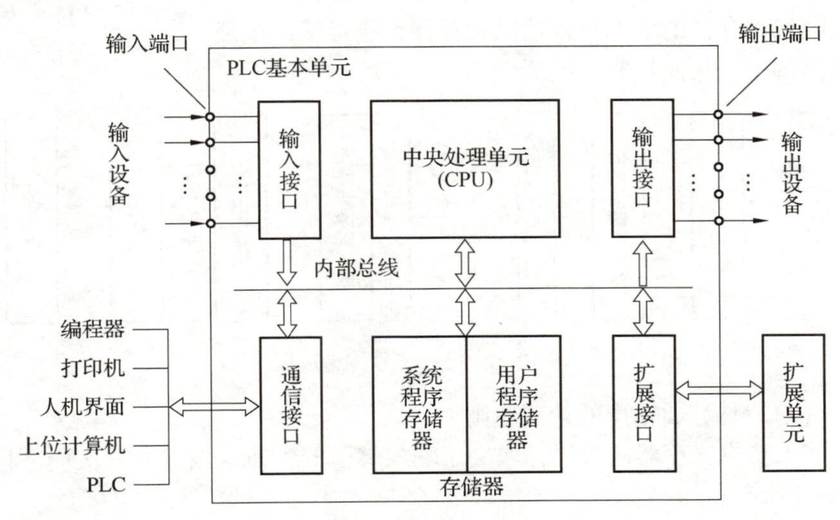

图 12-4　PLC 基本硬件构成

2）PLC 的软件

PLC 的软件由系统程序和用户程序组成。

系统程序由 PLC 制造厂商设计编写的，并存入 PLC 的系统存储器中，用户不能直接读写与更改。系统程序一般包括系统诊断程序、输入输出处理程序、编译程序、信息传送程序、监控程序等。

PLC 的用户程序是用户利用 PLC 的编程语言，根据控制要求编制的程序。在 PLC 的应用中，最重要的是用 PLC 的编程语言来编写用户程序，以实现控制目的。PLC 使用的编程语言共有 5 种：

①指令表语言。

②结构化文本语言。

③梯形图语言。

④功能模块图语言。

⑤顺序功能流程图语言。

3. PLC 的工作原理

可编程控制器在开机后，完成内部处理、通讯服务、输入刷新、程序执行、输出刷新五个工作阶段，称为一个扫描周期，如图 12-5 所示。完成一次扫描后，又重新执行上述过程，可编程控制器这种周而复始的循环工作方式称为扫描工作方式。

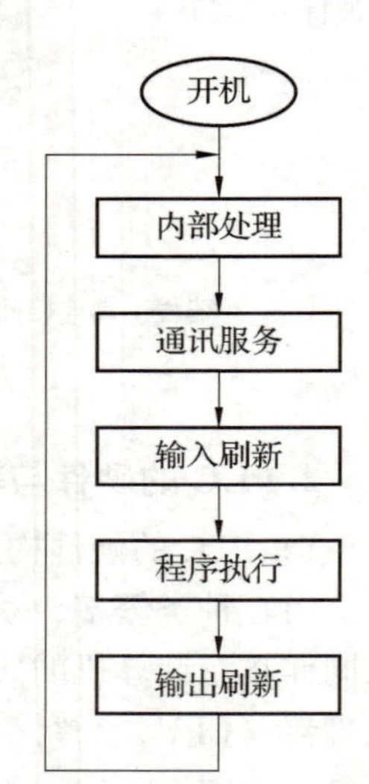

图 12-5　PLC 扫描周期

1）信号传递过程（从输入到输出）

PLC 信号传递过程如图 12-6 所示。最终输出刷新：将输出映像寄存器的状态写入输出锁存器，再经输出电路传递输出端子，从而控制外接器件动作。

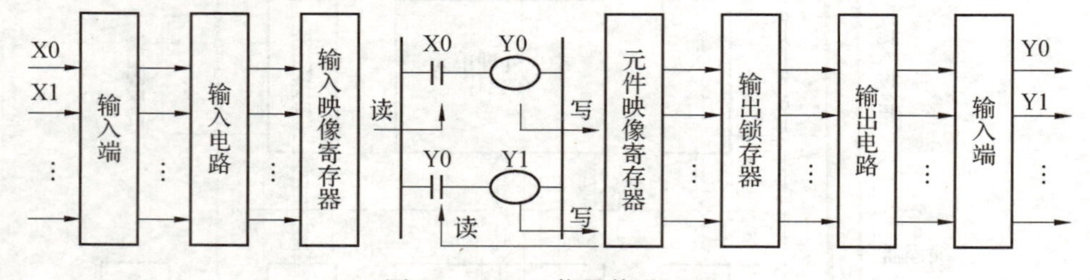

图 12-6　PLC 信号传递过程

2）PLC 对输入/输出的处理原则

①输入映像寄存器的数据，取决于输入端子的各输入点在上一次刷新期间的接通/断开状态。

②程序如何执行，取决于用户所编程序和输入/输出映像寄存器的内容，及其他各元件映像寄存器的内容。

③输出映像寄存器的数据取决于输出指令的执行结果。

④输出锁存器中的数据，由上一次输出刷新期间输出映像寄存器中的数据决定。

⑤输出端子的接通/断开状态，由输出锁存器决定。

3）编程方式

PLC 编程器用于用户程序的编制、编辑、调试检查和监视，也可以通过其键盘去调用和显示 PLC 的一些内部状态和系统参数。它通过通讯端口与 CPU 联系，完成人机对话连接。

4）扫描周期和 I/O 滞后时间

扫描周期和 I/O 滞后时间，如图 12-7 所示。可编程控制器在运行工作状态时，执行一次扫描操作所需要的时间称为扫描周期，其典型值为 1～100ms。

I/O 滞后时间又称为系统响应时间，是指可编程控制器外部输入信号发生变化的时刻起至它控制的有关外部输出信号发生变化的时刻之间的间隔。

I/O 滞后现象的原因：

①输入滤波器有时间常数。

②输出继电器有机械滞后。

③PC 循环操作时，进行公共处理、I/O 刷新和执行用户程序等产生扫描周期。

④程序语句的安排，也影响响应时间。

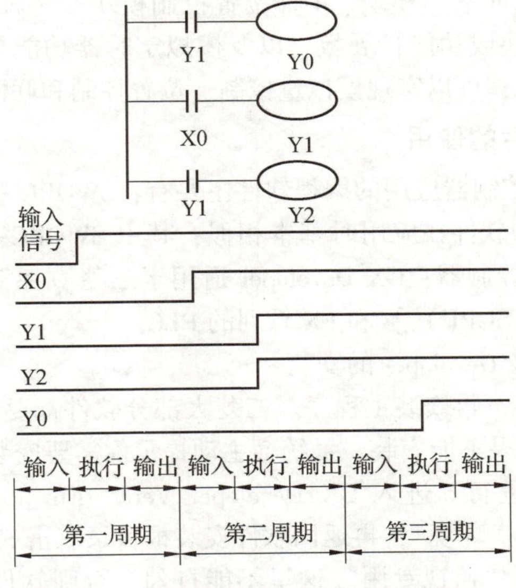

图 12-7　扫描周期和 I/O 滞后时间

4. 可编程控制器的系统配置

（1）FX 系列 PLC 型号命名的基本格式如图 12-8 所示。

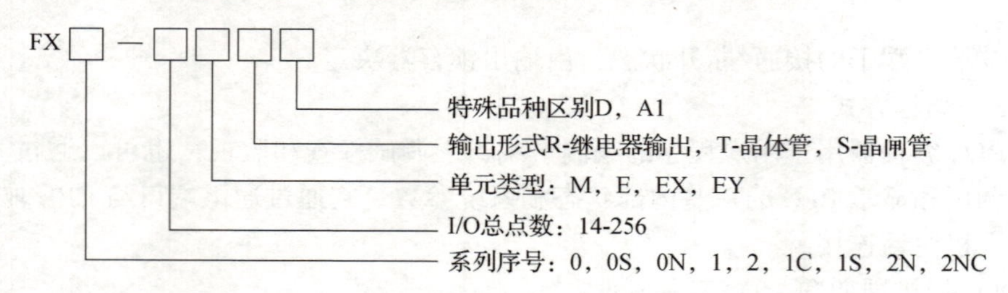

图 12-8　FX 系列 PLC 型号

单元类型：

M—基本单元；

E—输入输出混合扩展单元及扩展模块；

EX—输入专用扩展模块；

EY—输出专用扩展模块。

（2）FX2N 系列可编程控制器系统配置。

FX2N 是 FX 系列中功能最强、速度最高的微型可编程控制器。它的基本指令执行时间高达 0.08s，远远超过了很多大型可编程控制器。用户存储器容量可扩展到 16K 步，最大可以扩展到 256 个 I/O 点，有 5 种模拟量输入/输出模块、高速计数器模块、脉冲输出模块、4 种位置控制模块、多种 RS-232C/RS-422/RS-485 串行通信模块或功能扩展板，以及模拟定时器功能扩展板。使用特殊功能模块和功能扩展板，可以实现模拟量控制、位置控制和联网通信等功能。

5. PLC 编程软件的使用

FX 系列可编程控制器应用的编程软件主要有：SWOPC-FXGP/WIN-C 和 GX Developer 等。这两种软件在应用时基本相似，其中 SWOPC-FXGP/WIN-C 适用于 FX 系列的可编程控制器；GX Developer 适用于三菱 Q 系列、QnA 系列、A 系列［包括运动控制（SCPU）］和 FX 系列的 PLC。

1）三菱 PLC GX Developer 的安装

（1）先安装环境，再安装主程序。三菱大部分软件都要先安装“环境”，否则不能继续安装，如果不能安装，系统会主动提示你需要安装环境。具体操作可根据“安装说明”进行。进入 GX Developer Ver8、Env \ MEL 文件夹，双击“SETUP. EXE”安装“环境”，再返回软件安装根目录双击 SETUP 开始主程序。

（2）安装过程中“监视专用”这里不能打勾，否则软件只能监视，这个地方也是出现问题最多的地方。注意：往往缺省安装都没有问题的。

2）三菱 PLC GX Developer 软件的运行

（1）创建一个新工程。创建工程时，先设定 PLC 的型号、程序类型和工程名，如图 12-9 所示。

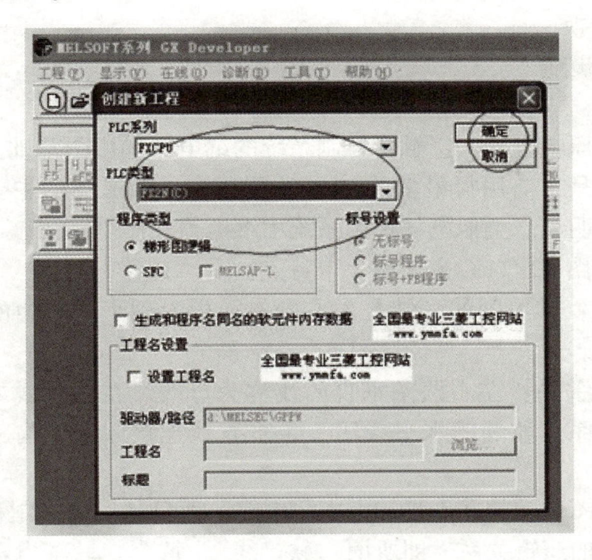

图 12-9　GX Developer 软件中创建新工程

（2）进入编辑界面，如图 12-10 所示。

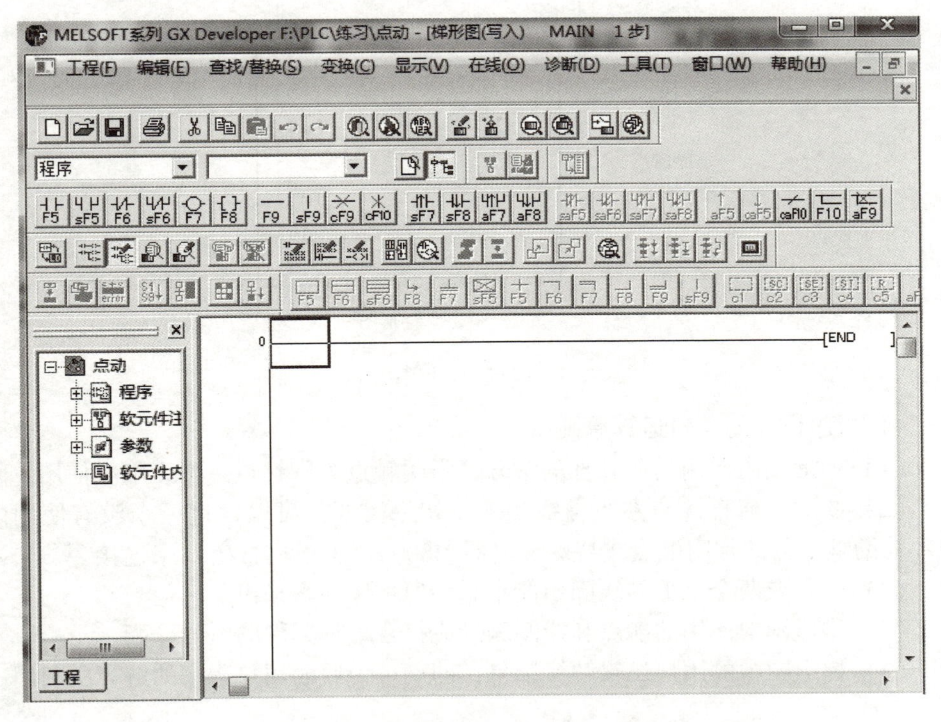

图 12-10　GX Developer 软件的编辑界面

(3) 编写梯形图程序。

(4) 程序转换。

(5) 程序传送。

3) 梯形图

梯形图是在原继电器—接触器控制系统的继电器梯形图基础上演变而来的一种图形语言。它是目前用得最多的 PLC 编程语言。梯形图的主要优点是：形象直观，逻辑关系明显。类似电气控制系统中继电器控制电路图。

梯形图（见图 12-11）主要有 2 个特点：

(1) 方向性：梯形图的联结是由左向右，由上到下。右边的元件必须是输出元件。

(2) 串并联关系：左右两条垂直的线称为母线。在两母线之间，接点在水平线上是串联关系。相邻的水平线用一条垂直线连接起来，构成逻辑上的并联关系。

注意：梯形图表示的并不是一个实际电路，而只是一个控制程序，其间的连线表示它们之间的逻辑关系，即所谓“软接线”。每个“软继电器”仅对应 PLC 存储单元中的一位，该位状态为“1”时，对应的继电器线圈接通，其常开触点闭合；状态为“0”时，对应的继电器线圈不通，其常开、常闭触点保持原态。

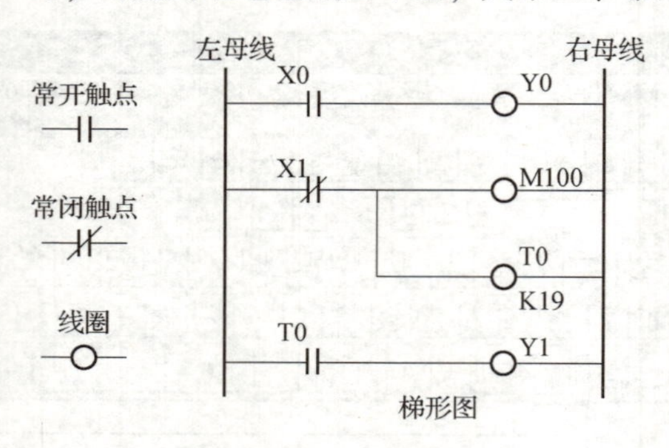

图 12-11　梯形图

4) 程序设计的逻辑运算原则

(1) 梯形图内使用的各软件的常开、常闭触点为软触点，可无限次使用。

(2) 线圈不能直接与左边母线相连。如果需要，可以通过一个没有使用的内部辅助继电器的常闭触点或特殊继电器 M8000（上电后常闭）来连接。

(3) 两个或两个以上的线圈不能串联，但可以并联输出。

(4) 梯形图中使用的触点和线圈编号应符合编程元件的编号分配。

(5) 梯形图中的用户逻辑解算结果，即刻可为后面用户程序的解算所利用。

五、项目实施

（一）确定 I/O 点总数及地址分配

本项目控制元件为按钮 SB1、热继电器 FR；执行元件为接触器 KM、交流异步电动机。为了能将继电器的控制、执行元件与 PLC 的输入、输出继电器一一对应，需要对 PLC I/O（输入/输出）进行地址分配，具体分配表如表 12-1 所示。

表 12-1　电动机点动运行 PLC 控制项目 I/O 分配表

输入端（I）		输出端（O）	
外接控制元件	输入端子	外接执行元件	输出端子
调试按钮 SB1 常开触点	XO	接触器 KM 线圈	YO
热继电器 FR 常闭触点	XI		

（二）画出 PLC 的 I/O 接线图

电动机点动控制 I/O 接线图如图 12-12 所示。

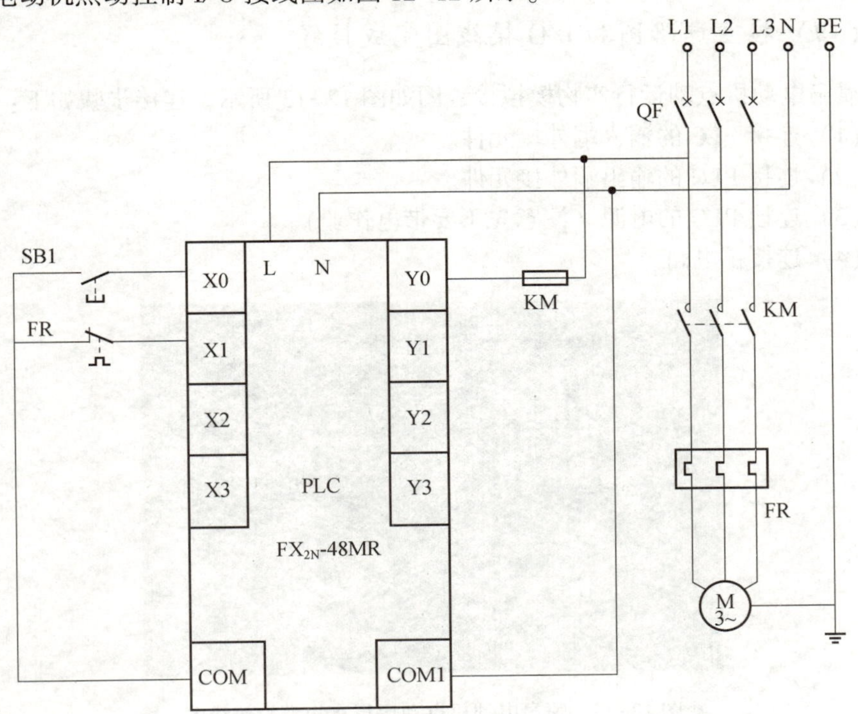

图 12-12　电动机点动控制 I/O 接线图

（三）元器件及工具清单

元器件及工具清单如表 12-2 所示。

表 12-2　元器件及工具清单

序号	符号	器材名称	型号、规格、参数	单位	数量	备注
1	PLC	可编程控制器	FX2N-48MR	台	1	
2	SB	按钮开关	LA39-11	个	1	动合
3	M	交流电动机	Y-112M-4 380V	台	1	
4	QF	空气断路器	DZ47-D25/3P	个	1	
5	KM	交流接触器	CJ20-10	个	1	
6	FR	热继电器	JR16-20/3	个	1	
7		计算机	装有 FXGP-Win-C 或 GX Developer 软件	台	1	
8		连接导线		条	若干	
9		电工常用工具		套	1	

（四）按主电路图和 I/O 接线图完成接线

喷泉电动机点动运行实物模拟接线图如图 12-13 所示。连接步骤如下：

（1）连接 PLC 的输入端外接元件。

（2）连接 PLC 的输出端外接元件。

（3）连接 PLC 的电源（注意先不要带电作业）。

（4）连接主电路。

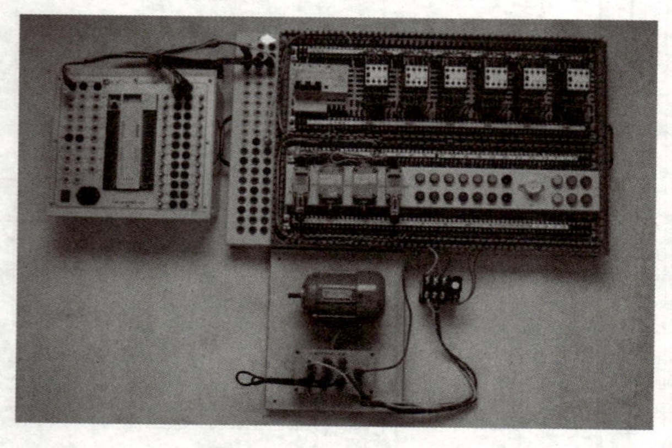

图 12-13　喷泉电动机点动运行实物模拟接线图

（五）程序编写

（1）根据继电器逻辑设计的参考梯形图、指令表程序如图 12-14 所示。

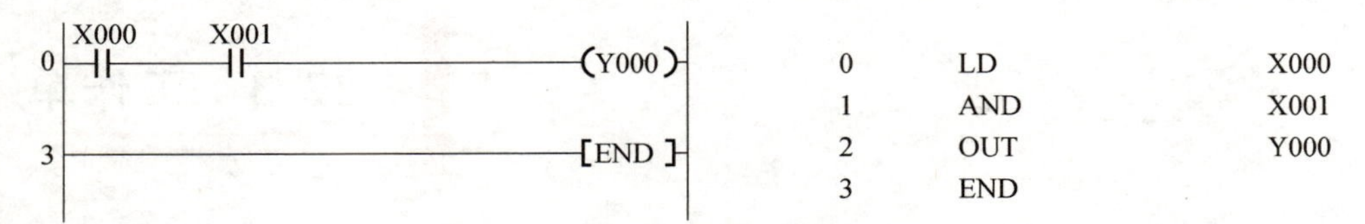

图 12-14　喷泉电动机点动运行的梯形图、指令表程序

（2）基本指令简介，如表 12-3 所示。

表 12-3　基本指令

助记符及名称	功能	梯形图表示	可用元件	指令表达式	程序步
LD 取	与左母线相连常开触点	X0	X，Y，M，S，T，C	LD X0	1 步
LDI 取反	与左母线相连常闭触点	X0		LDI X0	1 步
AND 与	串联常开触点	X0　X1		LD X0 AND X1	1 步
ANI 与反	串联常闭触点	X0　X1		LD X0 ANI X1	1 步
OUT 输出	驱动线圈	X0　Y0	Y，M，C，S，T	LD X0 OUT Y0	1~5 步
END 结束	程序结束并返回 0 步	X0　Y0 END	无	LD X0 OUT Y0 END	0 步

（六）运行调试

（1）将程序写入 PLC。

（2）核对外部接线。

（3）空载调试：在不接通主电路电源的情况下，按下按钮 SB1 观察 PLC 输出指示灯 Y0 的状态。

（4）系统调试：接通主电路电源，按下按钮 SB1 观察接触器 KM、电动机动作是否符合控制要求。

12.3　工作单

操作员：________　　“7S”管理员：________　　记分员：________

<table>
<tr><td>实训项目</td><td colspan="5">电动机点动运行 PLC 控制</td></tr>
<tr><td>实训时间</td><td></td><td>实训地点</td><td></td><td>实训课时</td><td></td></tr>
<tr><td>使用设备</td><td colspan="5"></td></tr>
<tr><td>制定实训计划</td><td colspan="5"></td></tr>
<tr><td rowspan="4">实施</td><td colspan="3">电动机点动控制 I/O 接线图绘制</td><td colspan="2">PLC 控制程序编写</td></tr>
<tr><td colspan="3"></td><td colspan="2"></td></tr>
<tr><td colspan="5">所需元件和工具清单</td></tr>
<tr><td colspan="5"><table>
<tr><td>代号</td><td>名称</td><td>型号</td><td>数量</td></tr>
<tr><td></td><td></td><td></td><td></td></tr>
<tr><td></td><td></td><td></td><td></td></tr>
<tr><td></td><td></td><td></td><td></td></tr>
<tr><td></td><td></td><td></td><td></td></tr>
<tr><td></td><td></td><td></td><td></td></tr>
<tr><td></td><td></td><td></td><td></td></tr>
<tr><td></td><td></td><td></td><td></td></tr>
</table></td></tr>
<tr><td rowspan="4">检查（填写检测方法）</td><td>控制电路线路检测</td><td colspan="4"></td></tr>
<tr><td>梯形图程序检查</td><td colspan="4"></td></tr>
<tr><td>线路整体功能检测</td><td colspan="4"></td></tr>
<tr><td>线路安装工艺检查</td><td colspan="4"></td></tr>
<tr><td rowspan="4">评价</td><td>作品评定</td><td colspan="4">根据作品的功能、工艺、安全操作三方面评定成绩</td></tr>
<tr><td>学生自评</td><td colspan="4">根据评分表打分</td></tr>
<tr><td>学生互评</td><td colspan="4">互相交流，取长补短</td></tr>
<tr><td>教师评价</td><td colspan="4">综合分析，指出好的方面和不足的方面</td></tr>
</table>

项目评分表

本项目合计总分：________

评价项目	评价内容	配分	评价标准	得分
课堂学习能力	学习态度与能力	10	态度端正，学习积极	
团结协作意识	分工协作，积极参与	5		
学习过程：程序编制、调试、运行、工艺	外部接线	10	按照电气原理图正确接线	
	布线工艺	5	符合布线工艺标准	
	I/O 分配	5	I/O 分配正确合理	
	程序设计	15	能完成点动控制要求，10 分；具有创新意识，5 分	
	程序调试与运行	25	程序输入正确，5 分；符合点动控制要求，10 分；能排除故障，10 分	
应用拓展	项目拓展测评	15	能完成数控机床主轴电动机的控制要求，5 分；及时正确地完成技术文件，5 分；能排除故障，5 分	
安全文明生产	正确使用设备和工具	10		

12.4 课后练习

一、选择题

1. 常闭触点与左母线相连接的指令是（　　）。

A. LDI　　B. LD　　C. AND　　D. OUT

2. 线圈驱动指令 OUT 不能驱动下面哪个软元件？（　　）

A. X　　B. Y　　C. T　　D. C

3. 有一 PLC 控制系统，已占用了 16 个输入点和 8 个输出点，请选择合理的 PLC 型号是哪一项？（　　）

A. FX2N-16MR　　B. FX2N-32MR　　C. FX2N-48MR　　D. FX2N-64MR

二、应用题

1. 请分析如图 12-15 所示的梯形图程序能实现的控制要求，利用状态时序图加以说明。

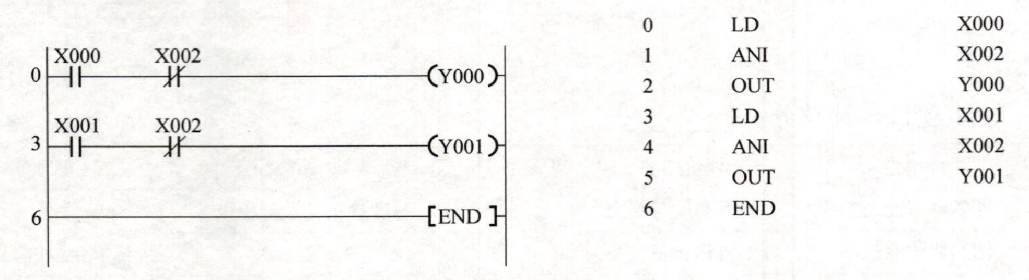

0	LD	X000
1	ANI	X002
2	OUT	Y000
3	LD	X001
4	ANI	X002
5	OUT	Y001
6	END	

图 12-15　梯形图、指令表

2. 根据如图 12-16 所示的梯形图程序，写出相应的指令表程序。

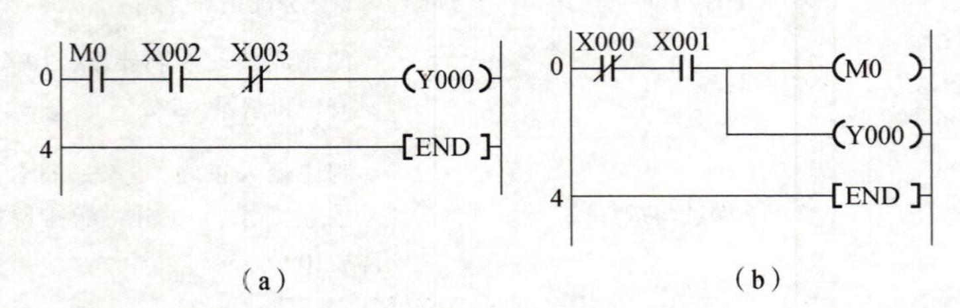

（a）　　（b）

图 12-16　梯形图程序

3. 根据如图 12-17 所示的指令表程序，写出相应的梯形图程序。

0	LD	X000
1	OUT	Y000
2	LDI	X000
3	OUT	Y001
4	LD	X001
5	LDI	X002
6	OUT	Y002
7	END	

（a）

0	LD	X000
1	ANI	X002
2	OUT	M0
3	OUT	Y000
4	LDI	X000
5	ANI	X002
6	OUT	Y001
7	END	

（b）

图 12-17　指令表程序

三、实践题

数控机床设备的初始化检测项目的控制要求：只有在主轴卡盘限位开关（X1）、润滑液感应传感器（X2）都满足条件（接通为“ON”）时，按下启动按钮 SB1（X3）主轴电动机（Y0）才能带电转动。

根据上述控制要求，完成主电路、控制电路、I/O 地址分配、PLC 程序及元件选择，并编制规范的技术文件。

附　录

附录 I　实作室“7S”现场管理检查表

7S	7S 意义	检查项目及内容	责任人
整理整顿	把现场要与不要的物品分开，要的留下，不要的清理出现场；把需要的物品加以定点定位放置，并保持在需要时能立即取出之状态。保证实作室整洁、有序、美观	1. 破烂的凳子、工具、扫把等报损并按要求处理（不定时）； 2. 铁屑、焊头、短管、短电线等实作副产物清理出工位，并归入规划的区域（实作一次清理一次）； 3. 将实作室工具分类放置并贴上标签，用后复位； 4. 合理规划并放置设备设施，材料、扫把、撮箕等用后复位； 5. 发现标语、制度框有脱落情况及时报告并修复； 6. 实作室工位编号，每期按编号对学生进行分组实作	实作管理员 实作教师
清扫清洁	将不需要的物品加以清除，丢弃，以保持工作场所无污染之状态	1. 室内外天花板无蛛网； 2. 室内外窗台、门窗、墙壁瓷砖、讲桌、设备设施等无灰尘，机类设备洁净； 3. 地面无污迹，电子类实作室地面无灰尘； 4. 电扇、开关、空调等保持干净	实作管理员
素养	养成严格遵守规章制度的习惯和作风	1. 管理员提前 5~10 min 开门候课，到下班时间才离开实作室，教师提前 3~5 min 到实作室 2. 下课后关电源、风扇、空调； 3. 上课时是否有抽烟、离岗现象； 4. 安排和督促学生打扫卫生、还清工具； 5. 填写好班务日志和实作记录、借还登记表	实作管理员 实作教师
节约	养成节省成本的意识，主动落实到人及物	1. 学生领物是否登记并签字； 2. 是否先盘存，再申报低质易耗品购买量； 3. 是否严格要求学生合理下料； 4. 教师是否要求学生合理使用废材料； 5. 学生是否有故意浪费材料的现象	实作管理员 实作教师
安全	安全操作，无事故	1. 是否关锁好门窗，做好了防火防盗工作； 2. 是否存在电线裸露、开关脱落等安全隐患，是否报告； 3. 学生是否佩戴好劳动保护用具； 4. 学生是否遵守安全操作规程	实作教师 实作管理员

附录Ⅱ　CA6140 型卧式车床的电气控制电路

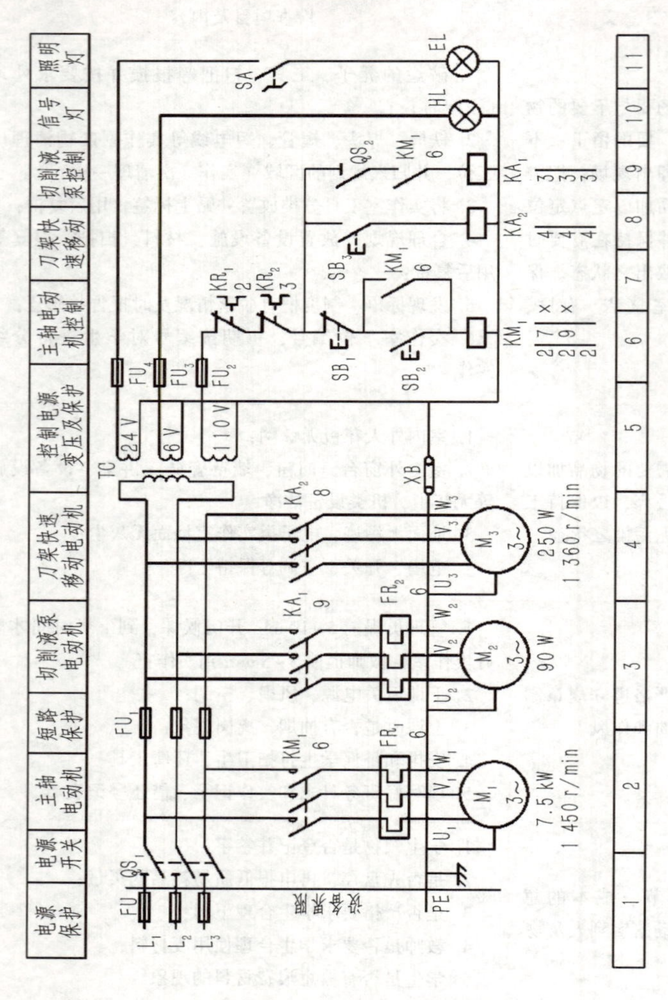

附录Ⅲ　Z3040 摇背钻床电路原理图

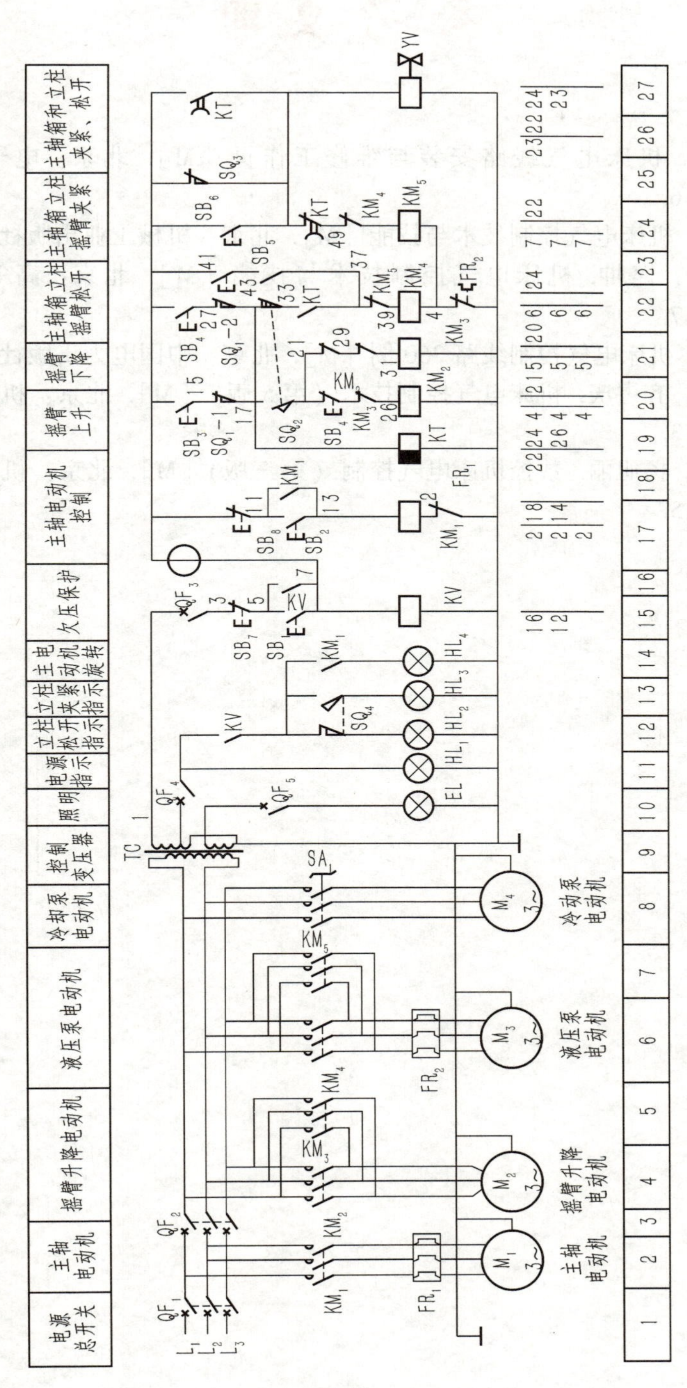

参考文献

[1] 杨杰忠. 机床电气线路安装与维修工作页［M］. 北京：电子工业出版社，2016.

[2] 林尔付. 机床电气控制技术与技能［M］. 北京：机械工业出版社，2017.

[3] 杜德昌，路坤. 机床电气控制技术与技能［M］. 北京：高等教育出版社，2017.

[4] 李响初. 机床电气控制线路260例［M］. 北京：中国电力出版社，2019.

[5] 王振臣，齐占庆. 机床电气控制技术（第5版）［M］. 北京：机械工业出版社，2013.

[6] 廖兆荣，杨旭丽. 数控机床电气控制（第三版）［M］. 北京：机械工业出版社，2015.